基礎と実践

大学新入生のための微分積分

疋田瑞穂

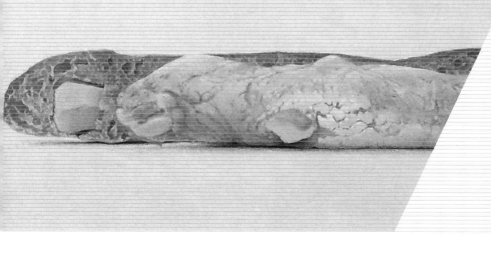

現代数学社

序文

　本書は、理工系の大学1年生のための教科書である。内容は、極限、微積分、偏微分および重積分、簡単な微分方程式であり、理工系の大学1年で必要とされる解析学の内容はほぼ網羅している。方針の一つとして、ほぼ全ての定理に詳しい証明をつけた。各定理の証明は、全てを講義する必要はない。だが、学生の自学自習のためにも証明は必要と判断した。また、学生の興味をひきつける為に、微積分の有用な応用を通常より詳しく記述した。

　なお、理論よりも微積分の計算の習熟に重きを置くならば、1章から3章までは飛ばして、4章の初等関数の定義に少し触れて、5章から始めても良い。小テストでは、

　番号 10, 11, 12, 14, 15, 17, 18, 20, 21, 23, 24, 25, 27, 28, 30,

の15講義分が該当する。その場合、マークシートによる毎回の演習とレポートは、計算の習熟に特に効果的である。

　本書の最大の特徴は、通年30講義分のマークシートによる小テストである。1講義分の内容が小テストに集約されているので、小テストの解説を中心に講義を組み立てれば、12回分のレポートと会わせて、本書の内容が自然に身に付くようになっている。

　マークシートの読み取りと成績処理の1例は、ドキュメントスキャナーと「Remark office omr（ハンモック社）」によるシステムである。このシステムによる成績処理は、非常に効率が良い上に効果的である。マークシート採点と成績処理その他のフォーマットは、現代数学社のホームページに置いた。

　以下、本書の構成を述べる。

　第1章は、本書で必要とされる集合論の初歩と論理である。この章が、$\epsilon-\delta$ 法の準備になっている。また、トピックとして集合論の矛盾も取り上げた。

　第2章で、$\epsilon-\delta$ 法による数列の極限を扱っている。$\epsilon-\delta$ 法は、理論的に重要なだけでなく、最も数学らしい題材である。本書では、集合論から初めて、定義と証明を丁寧に解説した。特に「集積点定理、コーシーの収束条件、級数の収束半径」等の証明は、上限下限の概念を基にして、厳密に記述した。これらは、丁寧に解説すれば、それほど難解なわけでもなく、毎回のマークシートを活用すれば、容易に理解可能である。

第3章で、関数の極限と連続を扱った。ここでの主な目標は、「最大最小の原理、中間値の定理」の厳密な証明である。補足として、単調関数が全射ならば連続になり逆関数を持つ事を解説した。これは、次の章の初等関数の連続性の証明に使用される。また、一様連続についても解説した。さらに、ハイネの定理を理解させる為に、位相空間の初歩とコンパクトの概念も解説した。一様収束に関しては、「連続性、項別積分定理、項別微分定理、M判定法、多項式近似定理」の証明を載せた。

第4章は、初等関数の定義と連続性の証明を取り上げている。これらは、定義の仕方により自明にもなるので、高校の復習も兼ねた補足の章である。

第5章は微分法である。計算が目的ならば、本章から読み始めても構わない。基本公式および初等関数の微分公式が証明されている。応用として、「平均値の定理、テーラー展開、不定形の極限、グラフの概形」を述べた。高校数学と重なる部分も多いので復習も兼ねている。

第6章は積分法である。まず、不定積分の定義とその公式を与えた。次に逐次求積法により定積分を定義した、また、置換積分法、部分積分法も解説した。この章も最初は高校の復習の面がある。この章では、極座標による定積分がハイライトであり、様々な極座標表示の曲線を解説した。また、部分分数分解による有理関数の積分も取り上げた。そこでは、展開公式が計算の鍵である。また、部分積分の応用として、「Γ関数、ラプラス変換」を扱った。最後に、積分の直接の応用として、面積、長さ、体積について述べた。特に、極座標表示のグラフや、サイクロイド、アステロイド等の曲線の面積や長さについて記述した。

第7章は偏微分法である。定義と計算方法を解説した。また、平均値の定理、合成関数の微分、テーラー展開にも触れた。応用として、曲面の概形と、ラグランジュの乗数法を解説した。

第8章は重積分法である。定義と累次積分による計算法を与えた。また、底面が極座標で表示されている場合も記述した。応用として、重心の計算と正規分布の使用方法を通常よりも詳しく解説した。

第9章は微分方程式である。実用上有用な、変数分離形、線形微分方程式、ラプラス変換等を取り上げた。微分方程式に関しては、応用が大事であるので、様々なタイプの人口論、放射性物質の崩壊、ニュートンの冷却法則、ロジステック曲線、噂の伝播、交流回路等を解説した。これらは、初歩的に解け、しかも興味を引く題材である。

なお、実用性とは無関係であるが、解の存在と一意性、重ね合わせの原理についても証明を付けた。これらは、既刊書ではあまり見かけないが、重要な事項である。

２０１４年１２月２５日

著者

目次

序文 ... i

第1章 集合と論理 ... 1
- 1.1 集合と関数 ... 1
- 1.2 命題と論理記号 ... 6

第2章 数列の極限 ... 15
- 2.1 極限の定義と性質 ... 15
- 2.2 実数と上限下限 ... 25
- 2.3 コーシーの収束条件 ... 31
- 2.4 級数とべき級数 ... 35

第3章 関数の極限と連続関数 ... 45
- 3.1 関数の極限 ... 45
- 3.2 連続関数 ... 52
- 3.3 単調連続関数 ... 57
- 3.4 一様連続と一様収束 ... 60

第4章 初等関数 ... 73
- 4.1 指数関数と対数関数 ... 73
- 4.2 三角関数と逆三角関数 ... 79

第5章 微分法 ... 85
- 5.1 導関数 ... 85
- 5.2 指数関数と対数関数の導関数 ... 90
- 5.3 三角関数と逆三角関数の導関数 ... 95
- 5.4 平均値の定理とテーラー展開 ... 98
- 5.5 導関数の応用 ... 107

第 6 章　積分法　117

- 6.1　不定積分と定積分 …… 117
- 6.2　置換積分法 …… 130
- 6.3　有理関数の積分 …… 137
- 6.4　部分積分法 …… 142
- 6.5　面積、長さ、体積 …… 149

第 7 章　偏微分法　161

- 7.1　偏導関数 …… 161
- 7.2　平均値の定理と合成関数の微分 …… 167
- 7.3　極値 …… 175

第 8 章　重積分法　181

- 8.1　重積分 …… 181
- 8.2　極座標表示、体積、重心 …… 187
- 8.3　正規分布 …… 194

第 9 章　微分方程式　199

- 9.1　微分方程式とその解 …… 199
- 9.2　線形微分方程式 …… 207
- 9.3　定数係数線形微分方程式 …… 213
- 9.4　解の存在と一意性 …… 222

付録 A　記号表　229

付録 B　略解　233

索引　243

第1章

集合と論理

1.1 集合と関数

1.1.1 集合

この節ではこの本で使用する集合の記号について解説する。

集合論は現代の数学のあらゆる分野での基礎となる考え方である。微分積分においても例外ではなく、その基礎になる極限の概念や実数を理解するには集合の考え方が必要になる。また、ベクトルや行列の理論においてもこれらの記号は必要となる。まずは、基本的な集合の定義と記号を示す。

定義 1.1 (1) **集合**とは、数学的にはっきり区別できる物の集まりである。
(2) 集まっている物を**要素**と呼ぶ.
(3) a が集合 A の要素である事を記号 $a \in A$ で表し、「a は A に含まれる（属する）」などと読む、また a が A に含まれない（属さない）事を $a \notin A$ と表す。一般的に、集合は、$A, B, C, \cdots, X, Y, Z$ のように、大文字のアルファベットで表し、要素は、$a, b, c, \cdots, x, y, z$ のように、小文字で表す。
(4) 特に、何も要素を持たない特別な集合を**空集合**と呼び、記号 $\emptyset$ で表す。
(5) 集合 A を表すのに、$A = \{a, b, c, \cdots\}$ のように集まっている物を書き並べて括弧 $\{\ \}$ で括る方法と, $A = \{a | a \text{ の条件}\}$ のように集める要素 a の条件を書く方法の2通りがある。例えば、自然数の集合 $\mathbf{N}$ は、$\{1, 2, 3, \cdots\cdots\}$ とも書けるし、$\{n | n \text{ は自然数}\}$ とも書ける。もちろん、無限個の要素を持つ無限集合の場合は、条件で表現するのが正確である。

さて、いくつかの集合が与えられたら、それから新しい集合を得る事が出来る。例えば、ある集合 A から幾つかの要素を選び出し集めれば、それも集合になり、そのような

集合を A の部分集合という。また、二つの集合 A, B が与えられたとき、共通の要素のみを集めた集合が、共通集合で、二つの集合の要素を集めた集合が和集合である。ある集合に含まれない要素の集合が補集合である。

定義 1.2 (1) 集合 A, B において、B の要素が全て A の要素ならば、「B は A に含まれる」と言い、$B \subset A$ と表し、B を A の**部分集合**と言う。

(2) 2つの集合 A, B に対し、**和集合 $A \cup B$** と **共通集合 $A \cap B$** を次のように定義する。
$$A \cup B = \{x | x \in A \text{ または } x \in B\}, \quad A \cap B = \{x | x \in A \text{ かつ } x \in B\}$$

(3) しばしば考察する集合 A の範囲をある集合 U の部分集合に限る事がある。この集合 U を**全体集合**と呼ぶ。その時、A の**補集合 $\overline{A}$** を $\overline{A} = \{x | x \notin A\}$ で定義する。補集合は A^c とも書く。

注 $A \subset B$ の証明は、「$a \in A$ ならば $a \in B$」を示せばいい。$A = B$ の証明は、$A \subset B$ と $B \subset A$ の両方を示す。

集合のこの定義は曖昧で不十分であるが、厳密に述べるにはさらなる知識を必要とする。また、1.2.4 節で見るように、全ての集合を要素とする集合のようなひどく大きい集合を考えると矛盾が生じる事が知られている。しかし、この本で使用する範囲内ならこの定義で十分であり、矛盾も生じないので、このように定義する。

さて、視覚的に集合を捉えるために、円の内部で集合を表す事がある。その図を**オイラー図またはベン図**と呼ぶ。

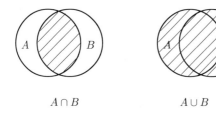

図 1.1.1

次の問題で記述されている公式は、集合を扱うときの基本公式である。

問題 1.1 次の公式をオイラー図により確認せよ。

(1) $A \cup B = B \cup A$ (2) $A \cap B = B \cap A$
(3) $A \cup (B \cap C) = (A \cup B) \cap (A \cup C)$ (4) $A \cap (B \cup C) = (A \cap B) \cup (A \cap C)$
(5) $A \cup (A \cap B) = A$ (6) $A \cap (A \cup B) = A$

(7) $\overline{\overline{A}} = A$ (8) $\overline{(A \cup B)} = \overline{A} \cap \overline{B}$ (9) $\overline{(A \cap B)} = \overline{A} \cup \overline{B}$

本書で扱う基本的な集合と記号を以下に記す。
$\mathbf{N} = \{1, 2, 3, 4, \cdots\}$：全ての自然数の集合。
$\mathbf{Z} = \{\cdots, -2, -1, 0, 1, 2, \cdots\}$：全ての整数の集合。
$\mathbf{Q} = \left\{ \dfrac{a}{b} \,\middle|\, a \in \mathbf{Z}, b \in \mathbf{N} \right\}$：全ての有理数の集合。
$\mathbf{R}$：全ての実数の集合。これは、座標の入った数直線と同一視される。
$\mathbf{C} = \{a + bi \,|\, a, b \in \mathbf{R}\}$：全ての複素数の集合。これは $i = \sqrt{-1}$ として、$a + bi$ ($a, b \in \mathbf{R}$) という形の複素数全てであり、座標平面の点 (a, b) と同一視する事により、平面 $\mathbf{R}^2$ とみなせる。
$\mathbf{R}^n = \{(x_1, x_2, \cdots, x_n) \,|\, x_i \in \mathbf{R}\}$：座標のある n 次元空間。$n = 1$ の時は数直線 $\mathbf{R}$、$n = 2$ の時は平面、$n = 3$ の時は空間と同一視できる。また、n 次元ベクトル全体とも同一視出来る。

1.1.2 区間

集合の具体的な例は、数直線 $\mathbf{R}$ 上の区間であり、図を描く事により、前節の集合の記号を理解するのにも役立つ。本書では、$\leqq$ や $\geqq$ の代わりに、$\leq$ や $\geq$ を使用する
$[a, b] = \{x \,|\, a \leq x \leq b, x \in \mathbf{R}\}$, $[a, \infty) = \{x \,|\, a \leq x\}$, $(-\infty, b] = \{x \,|\, x \leq b\}$：閉区間
$(a, b) = \{x \,|\, a < x < b\}$, $(a, \infty) = \{x \,|\, a < x\}$, $(-\infty, b) = \{x \,|\, x < b\}$：開区間
$(a, b] = \{x \,|\, a < x \leq b\}$, $[a, b) = \{x \,|\, a \leq x < b\}$：半区間
$(-\infty, a] = \{x \,|\, x \leq a\}$, $(a, \infty) = \{x \,|\, a < x\}$

例 1.1　色々な区間の図を以下に示す。ここで、$a < b < c < d < e < f$ とする。

(1) $[a, b]$

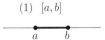

(2) (a, b)

(3) $\overline{(a, b]} = (-\infty, a] \cup (b, \infty)$

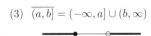

(4) $(a, c) \cap [b, d] = [b, c)$

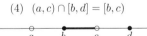

(5) $(a, c) \cup [b, d] = (a, d]$

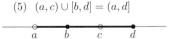

(6) $[b, e) \cap \{(a, c) \cup [d, f]\} = \{[b, e) \cap (a, c)\} \cup \{[b, e) \cap [d, f]\} = [b, c) \cup [d, e)$

1.1.3 関数

定義 1.3 (1) X から Y への**関数 (写像)** $f: X \to Y$ または $X \xrightarrow{f} Y$ とは集合 X の各要素 x に集合 Y の要素 y を一つづつ対応させる、対応づけである。X を**定義域**、Y を**値域**と言う。各 x を**変数値**と言い、対応する y を $f(x)$ と記す。$f(x)$ を x に対する f の**関数値**と言い、各 x ごとにただ一つ確定していなければならない。しばしば、$\boldsymbol{y = f(x)}$ あるいは $\boldsymbol{f: x \mapsto y}$ と表記し、$y = f(x)$ は X で定義されていると言う。

(2) 関数 $f: X \to Y$ は、もし $f(x) = f(x')$ ならば $x = x'$ である時、**単射**と言う。また、どの要素 $y \in Y$ に対しても適当な $x \in X$ があり $f(x) = y$ となる時、**全射**と言う。単射かつ全射である関数は**全単射**、または**1対1対応**と呼ばれる。

$f: X \to Y$ が全単射の時、任意の $y \in Y$ に対し、$f(x) = y$ となる $x \in X$ がただ一つある。したがって、対応 $y \mapsto x$ は関数になる。これを**逆関数**と呼び、f^{-1} と表記する。

(3) 二つの関数 $f: X \to Y$, $g: Y \to Z$ がある時、$x \in X$ に $g(f(x)) \in Z$ を対応させると、新しい関数になる。これを**合成関数**と呼び、$g \circ f$ と表記する。

集合 X の全ての要素 x に自分自身 x を対応させると、これも関数になる。これを**恒等関数**と言い、$I_X : X \to X$ で表す。全単射 $f: X \to Y$ に対し、もし関数 $g: Y \to X$ が $g \circ f = I_X, f \circ g = I_Y$ となるならば、g は f の逆関数である。

定義域と値域が実数 R の時、関数 $f: \mathbf{R} \to \mathbf{R}$ はしばしば数式で表現される。例えば、$f(x) = x^2$ というのは、対応 $x \mapsto x^2$ の事である。また、$\mathbf{R}^2$ の部分集合 $G = \{(x, f(x)) \mid x \in G\}$ の事を**グラフ**と呼び、これは曲線を表現する。2変数の関数 $f: \mathbf{R}^2 \to \mathbf{R}$ の場合、グラフ $\{(x, y, f(x, y)) \mid (x, y) \in \mathbf{R}^2\} \subset \mathbf{R}^3$ は曲面を表す。

例 1.2 (1) 二つの集合 $\{1,2,3\}, \{1,2\}$ の間の対応 $1 \mapsto 1, 1 \mapsto 2, 2 \mapsto 2, 3 \mapsto 2$ は関数ではないが、$1 \mapsto 1, 2 \mapsto 1, 3 \mapsto 2$ は関数である。

(2) $f(x) = x$ とすると、$f: \mathbf{R} \to \mathbf{R}$ は恒等関数 $I_\mathbf{R}$ である。

(3) $f(x) = x^2$ とすると、$f: \mathbf{R} \to \mathbf{R}$ は全射にも単射にもならないが、$f: \mathbf{R} \to [0, \infty)$ は全射であり、$f: [0, \infty) \to [0, \infty)$ は全単射である。さらに $g(x) = \sqrt{x}$ とすると、$g: [0, \infty) \to [0, \infty)$ は f の逆関数である。

(4) $f(x) = 4x - 5, g(x) = x^2 + 3x + 2$ とすると、$g \circ f(x) = (4x-5)^2 + 3(4x-5) + 2$ である。

テスト 1

問 1. 次の集合の記号に対応するベン図を選びなさい。
(1) $x \in X$ (2) $x \notin X$ (3) $A \subset X$ (4) $\overline{X}$
(5) $A \cap B$ (6) $A \cap B = \emptyset$ (7) $A \cup B$
(8) $A \cap (B \cup C)$ (9) $A \cup (B \cap \overline{C})$ (10) $(\overline{A} \cup \overline{B}) \cap C$

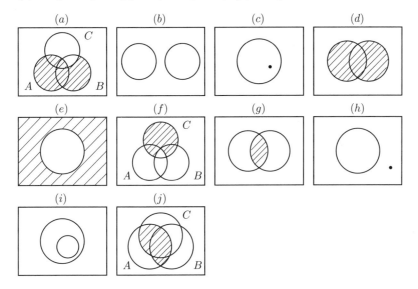

問 2. (1) $[1,3] \cap (2,4) = \left(\boxed{A}, \boxed{B}\right]$ (2) $[1,3] \cup (2,4) = \left[\boxed{C}, \boxed{D}\right)$

(3) $\overline{[5,6]} = \left(-\infty, \boxed{E}\right) \cup \left[\boxed{F}, \infty\right)$

問 3 $(a) = \{na \mid n \in \mathbf{Z}\}$ とする。以下の空欄を $\in, \subset, =$ で埋めよ。
(1) $a = mb$ $(m \in \mathbf{Z})$ ならば、
全ての要素 $na \in (a)$ に対して、$na = nmb = (nm)b \in (b)$ となる。
よって、$(a) \boxed{A} (b)$ である。

(2) $(a) \subset (b)$ ならば、
$a = 1a \in (a) \subset (b)$ より、$a \in (b)$ である。
よって、(b) の定義から、適当な整数 $m \in \mathbf{Z}$ があって $a \boxed{B} mb$ である。

(3) 上の (1),(2) から、$a = mb$ は $(a)\boxed{C}(b)$ と同値である。

(4) a, b の最小公倍数を d とすると、$d = na$, $d = mb$ $(n, m \in \mathbf{Z})$ となる。
上の (1) より、$(d)\boxed{D}(a)$, $(d)\boxed{D}(b)$ である。
よって、$(d)\boxed{D}(a) \cap (b)$ となる。

(5) $c \in (a) \cap (b)$ ならば、c は a, b の公倍数である。
a, b の最小公倍数を d とすると、適当な整数 $n \in \mathbf{Z}$ があって $c = nd$ となる。
(d) の定義から、$c\boxed{E}(d)$ である。
よって、$(a) \cap (b)\boxed{F}(d)$ である。

(6) 上の (4),(5) から $(d)\boxed{G}(a) \cap (b)$ が分かる。

1.2 命題と論理記号

1.2.1 命題

集合を、$\{x\,|\,x\text{ の条件 }\}$ のように表すとき、この条件に使う記号が論理記号である。命題 P と言うのは, 意味がはっきりしていて正しい（真）か正しくない（偽）かが客観的に判定できる文 P の事であり、ある集合の要素 x の一つ一つについて真か偽かが定まる時、**命題関数**と呼び $P(x)$ のように書く。

例 1.3 (1) 命題 P「数 2 は自然数である」は真。命題 Q「$\sqrt{2}$ は有理数である」は偽。

(2) 命題関数 $P(x)$「$x \geq 1$」は、x が自然数ならば常に真であるが、実数の時は値によって真と偽が定まる。

命題関数 Q(x)「$x^2 < 0$」は、x が実数ならば偽であるが、複素数の時は値によっては真になる。

命題は集合を表現する条件として使うので、命題 $P(x)$ と集合 $X = \{x\,|\,P(x)\}$（命題 $P(x)$ が真となる要素 x の集合）は本質的に同じ物で、平行して考える事が出来る。定義 1.2 で定義した集合の各記号に対して、それぞれに対応する論理記号がある。

定義 1.4 以下、$P(x)$, $Q(x)$ を命題関数とし、対応する集合を $X = \{x\,|\,P(x)\}, Y = \{x\,|\,Q(x)\}$ とする。

(1) 「$\boldsymbol{P \Rightarrow Q}$」は「$P$ ならば Q」と読み、命題 P から命題 Q が論理的に導ける事を意味する。集合で言うと、$x \in X$ は、x が $P(x)$ を満たす事と同じである。そのとき、$P(x) \Rightarrow Q(x)$ は、$P(x)$ が真ならば $Q(x)$ も真になる事を意味するから、$x \in Y$ となる。

これは $X \subset Y$ を意味する。逆に、$X \subset Y$ ならば、$P(x)$ を満たす x は Y の要素になるから、$Q(x)$ をも満たす。よって $P(x) \Rightarrow Q(x)$ となる。

例えば、「$x > 1 \Rightarrow x^2 > 1$」は $x > 1$ ならば $x^2 > 1$ という意味である。$X = \{x \in \mathbf{R} \,|\, x > 1\} = (1, \infty)$, $Y = \{x \in \mathbf{R} \,|\, x^2 > 1\} = (-\infty, -1) \cup (1, \infty)$ とすると、$X \subset Y$ である。

「$P \Leftrightarrow Q$」は「P は Q と**同値である**」と読み、「$P \Rightarrow Q$」と「$Q \Rightarrow P$」とがどちらも成り立つ事を意味する。この時、「P は Q の**必要十分条件**」とも言う。これは、$X = Y$ に対応する。

(2)「x は条件 P かつ Q を満たす」というのは、x について条件 P と Q が同時に成り立つ事を意味する。記号として、$\boldsymbol{P(x) \wedge Q(x)}$ を使用する。集合では、共通集合 $X \cap Y = \{x \,|\, P(x) \wedge Q(x)\}$ に対応する。

「x は条件 P または Q を満たす」というのは、x について条件 P か Q か少なくとも一つが成り立つ事を意味する。記号は $\boldsymbol{P(x) \vee Q(x)}$ である。集合では、和集合 $X \cup Y = \{x \,|\, P(x) \vee Q(x)\}$ に対応する。

(3) 命題関数 $P(x)$ の否定を $\boldsymbol{\neg P(x)}$ または $\overline{P(x)}$ と書く。例えば、$\neg(x \le a) = (a < x)$ である。集合では、補集合 $\overline{X} = \{x \,|\, \overline{P(x)}\}$ にあたる。

(4) 命題「$P \Rightarrow Q$」に対し、命題「$\neg Q \Rightarrow \neg P$」を**対偶**と言う。対偶と元の命題は同値である。集合では、$X \subset Y$ が $\overline{Y} \subset \overline{X}$ と同値な事に対応する。

集合の演算で成立する基本公式は、問題 1.1 で示したが、対応する論理記号の基本公式は次の通りである、

定理 1.1 次の公式が成り立つ。

(1) $P \vee Q = Q \vee P$ \hspace{2em} (2) $P \wedge Q = Q \wedge P$
(3) $P \vee (Q \wedge R) = (P \vee Q) \wedge (P \vee R)$ \hspace{1em} (4) $P \wedge (Q \vee R) = (P \wedge Q) \vee (P \wedge R)$
(5) $P \vee (P \wedge Q) = P$ \hspace{2em} (6) $P \wedge (P \vee Q) = P$
(7) $\neg(\neg P) = P$ \hspace{1em} (8) $\neg(P \vee Q) = (\neg P) \wedge (\neg Q)$ \hspace{1em} (9) $\neg(P \wedge Q) = (\neg P) \vee (\neg Q)$

区間を表現する不等式も命題であるから、前の節で挙げた区間の例 1.1 を論理式で置き換えてみる。

例 1.4 $a < b < c < d < e < f$ とする。

(1) $a \le x \le b$ \hspace{1em} (2) $a < x < b$ \hspace{1em} (3) $\neg(a < x \le b) = (x \le a) \vee (b < x)$
(4) $(a < x < c) \wedge (b \le x \le d) = (b \le x < c)$
(5) $(a < x < c) \vee (b \le x \le d) = (a < x \le d)$
(6) $(b \le x < e) \wedge \{(a < x < c) \vee (d \le x \le f)\}$

$= \{(b \leq x < e) \wedge (a < x < c)\} \vee \{(b \leq x < e) \wedge (d \leq x \leq f)\}$
$= (b \leq x < c) \vee (d \leq x < e)$

1.2.2 任意と適当

特殊な記号として、「∀」と「∃」がある。

定義 1.5 (1)「∀」は「任意の」と読み、全てのという意味である。例えば、「$\forall x \in X; P$」は「X の任意の要素 x に対し命題 P が成り立つ」と読み、「全ての X の要素 x に対し P は真」という意味であり、どんな x を選んでも P が真という意味になる。

(2)「∃」は「適当な」と読み、うまく選んだある要素という意味である。例えば、「$\exists x \in X; P$」は「X の適当な要素 x に対し条件 P が成り立つ」と読み、「X のうまく選んだある一つの要素 x について P が成り立つ」という意味であり、少なくとも一つの x で P が成り立てばよく、その x 以外で P が成り立たなくてもよい。

これらの記号を否定すると、∀ は ∃ になり、∃ は ∀ になる。$\neg(\forall x; P)$ は、全ての x について P が成り立つ事の否定であるから、P の成り立たない x が一つでもあればよい。したがって、$(\exists x; \neg P)$ と同じになる。また、$\neg(\exists x; P)$ は、少なくとも一つの x について P が成り立つ事の否定であるから、全ての x について P が成り立たない事になる。よって、$(\forall x; \neg P)$ と同じである。

(1.2.1) $\qquad \neg(\forall x; P) \Leftrightarrow (\exists x; \neg P), \qquad \neg(\exists x; P) \Leftrightarrow (\forall x; \neg P)$

つまり、命題 $(\forall x; P)$ を否定する為には、ある x について P が成り立たない事を示せばよい。この x を**反例**と言う。また、命題 $(\exists x; P)$ が正しい事を示す為には、ある x について P が成り立つ事を示せばよい。この x を**実例**と言う。

例 1.5 (1) 命題 $(\forall x \in \mathbf{R}; x^2 > 0)$ は、反例 $x = 0$ があるから偽である。
(2) 命題 $(\exists x \in \mathbf{R}; x^2 \leq 0)$ は、実例 $x = 0$ があるから真である。

任意と適当の記号二つの組み合わせは、次の 4 通りがある。特に重要なのは (2) であり、厳密な極限の定義はこの形である。
(1) $(\forall x, \forall y; P)$: 全ての x, y に対して、P が成立。
(2) $(\forall x, \exists y; P)$: 全ての x それぞれに、適当な y があって、P が成立。
(3) $(\exists x, \forall y; P)$: 少なくとも一つの x があって、全ての y に対して、P が成立。
(4) $(\exists x, \exists y; P)$: 少なくとも一組の (x, y) があって、P が成立。

例 1.6 (1) $(\forall x \in \mathbf{R}, \forall y \in \mathbf{R}; x^2 + y^2 \geq 0)$: 全ての実数 x, y について成立するから真で

ある。

(2) ($\forall x \in \mathbf{R}, \exists y \in \mathbf{R}; x^2 + y = 0$): 全ての実数 x に対し $y = -x^2$ とすれば（実例）、成立するから真である。

(3) ($\exists x \in \mathbf{R}, \forall y \in \mathbf{R}; x^2 + y \leqq y$): $x = 0$ とすれば（実例）、全ての実数 y について成立するから真である。

(4) ($\exists x \in \mathbf{R}, \exists y \in \mathbf{R}; x^2 + y^2 \leq 0$): $x = 0, y = 0$ とすれば（実例）、成立するから真である。

例 1.7　次の章で定義するように、数列 $\{a_n\}$ が α に収束するとは、

「$\forall \epsilon > 0, \exists N \in \mathbf{N}; n > N \Rightarrow |a_n - \alpha| < \epsilon$」

である。意味は、全ての（どんなに小さい）$\epsilon > 0$ に対しても、ϵ から計算できる N があって、$n > N$ ならば $|a_n - \alpha| < \epsilon$ となる。

収束しないとは、この定義を否定して

「$\exists \epsilon > 0, \forall N \in \mathbf{N}, \exists n > N; |a_n - \alpha| \geq \epsilon$」

意味は、「ある一つの正の実数 ϵ があって、すべての自然数 N 毎に十分大きい自然数 $n > N$ が取れて、$|a_n - \alpha| \geq \epsilon$ となる。」

レポート 1

問 1. 全体集合を $U = \{1, 2, 3, 4, 5, 6, 7, 8\}$ とし、$X = \{2, 3, 7\}$, $Y = \{3, 4, 7, 8\}$ とする。次の集合を求めよ。

(1) $X \cup Y$　(2) $X \cap Y$　(3) $\overline{X}$

問 2. $X = \{1, 2, 3, 4\}$, $Y = \{2, 3, 4, 5\}$ として、次の文章を論理式に直し、空欄を埋めよ。

ただし $\boxed{1}, \boxed{4}, \boxed{7}$ は論理式であり、それ以外は数値である。

(1) 「X の適当な要素 x があり、Y の適当な要素 y に対して、$x + 4 \leq y$ が成立する」
これを論理式に直すと、$\boxed{1}$
これは、真である。実際に、$x = \boxed{2}$ に対して $y = \boxed{3}$ があり、$x + 4 \leq y$ が成立する（実例）。なお、これ以外では成立しない。

(2) 「X の適当な要素 x があり、Y の任意の要素 y に対して、$6 - x \leq y$ が成立する」
これを論理式に直すと、$\boxed{4}$
これは、真である。実際に、$x = \boxed{5}$ のときに全ての y に対して、$6 - x \leq y$ が成立する（実例）。なお、この x の値以外では、$6 - x \leq y$ が成立しない y がある。例えば

$x = 3$ のとき、$y = \boxed{6}$ で成立しない（反例）。

(3) 「X の任意の要素 x に対し、Y の適当な要素 y があり、$(x-2)^2 < y \leq x+1$ が成立する」

これを論理式に直すと、$\boxed{7}$

これは、真である。実際に、$(x-2)^2 < y \leq x+1$ が成立する x, y としては次の物がある。

$x = 1$ のときは $y = \boxed{8}$ があり、$x = 2$ のときは $y = 2$ があり、$x = 3$ のときは $y = 2$ があり、$x = 4$ のときは $y = \boxed{9}$ がある（実例）。

テスト 2

問 1. 次の集合の記号に対応する論理記号を選びなさい。
(1) $x \in X$ (2) $x \notin X$ (3) $A \subset X$ (4) $X = Y$ (5) $\overline{X}$ (6) $A \cap B$
(7) $A \cup B$ (8) $A \cap (B \cup C)$ (9) $\overline{A} \cap (\overline{B} \cup C)$ (10) $\overline{(A \cap B) \cup \overline{C}}$

(a) $(\neg P \vee \neg Q) \wedge R$ (b) x は P を満たさない (c) $P \vee Q$ (d) $P \wedge (Q \vee R)$
(e) $P \Longrightarrow Q$ (f) x は P を満たす (g) $\neg P$ (h) $P \wedge Q$ (i) $P \vee (Q \wedge \neg R)$
(j) $P \Longleftrightarrow Q$

問 2. (1) $(1 \leq x < 4) \wedge (2 < x \leq 5) \Longleftrightarrow (\boxed{A} < x < \boxed{B})$
(2) $(3 \leq y \leq 5) \vee (4 < y < 7) \Longleftrightarrow (\boxed{C} \leq y < \boxed{D})$
(3) $\overline{(6 < z \leq 8)} \Longleftrightarrow (z \leq \boxed{E}) \vee (\boxed{F} < z)$

問 3. 次の命題の真偽を判定し、その理由を対応させよ。
命題 (1) $\forall x \in \mathbf{N}; x^2 > x$ (2) $\exists x \in \mathbf{N}; x^2 < 4x - 3$
(3) $\forall \epsilon > 0 \in \mathbf{R}, \exists x \in \{x | x^2 < 9, x \in \mathbf{N}\} : |x - 3| < \epsilon$
(4) $\forall \epsilon > 0 \in \mathbf{R}, \exists x \in \{x | x^2 \leq 9, x \in \mathbf{N}\} : |x - 3| < \epsilon$

理由 (a) $x = 1$ (b) $x = 2$ (c) $x = 3$ (d) $\epsilon = 0.1$

問 4. 下の空欄に $\forall, \exists, \vee, \wedge, <, \leq, >, \geq$ を入れよ。
$\neg \{\forall x \in \mathbf{R}, \exists y \in \mathbf{R} : (x^2 - yx > 0) \vee ((x \geq 0) \wedge (x \leq y))\}$
$\Longleftrightarrow \{\boxed{A} x \in \mathbf{R}, \boxed{B} y \in \mathbf{R} : (x^2 - yx \boxed{C} 0) \boxed{D} ((x < 0) \boxed{E} (x \boxed{F} y))\}$

1.2.3 証明法

最後に数学における証明法について解説する。大きく分けて次の3通りの方法がある。

演繹法　「$P \Rightarrow P_1, P_1 \Rightarrow P_2, \cdots, P_n \Rightarrow Q$」のように順番に、仮定 P から結論 Q を導き出す方法であり。一番よく使われる。注意するのは、「$\forall x; Q(x)$」を導く時は、仮定からくる制限を除いて、ある特殊な x について議論してはいけないと言う事である。一方、「$\exists x; Q(x)$」を導く時は、ある特殊な実例 x で $Q(x)$ が正しい物があればよいから、そのような特別な x を求める事になる。

例 1.8　「$\forall \epsilon > 0, \exists N \in \mathbf{N}; n > N \Rightarrow \dfrac{1}{n} < \epsilon$」を証明してみよう．

(証明) $\epsilon > 0$ を任意の実数として、$n > N$ ならば $\dfrac{1}{n} < \epsilon$ となる自然数 N を探せばよい。$N < n$ ならば $\dfrac{1}{n} < \dfrac{1}{N}$ であるから、$\dfrac{1}{N} < \epsilon$ となる N を探す事になる。つまり、$\dfrac{1}{\epsilon} < N$ となる自然数を選べばよい。□

矛盾法　演繹法での証明が難しい場合に使われる。命題 $Q(x)$ を示すのに、$\neg Q(x)$ を仮定して矛盾を導く方法である。この中には対偶による証明も含まれる。すなわち、$P \Rightarrow Q$ を証明するのに、同値な $\neg Q \Rightarrow \neg P$ を示す証明法である。

例 1.9　$\sqrt{2}$ は有理数ではない。

(証明) 否定して、有理数と仮定する。すると $\sqrt{2} = \dfrac{m}{n}$ となる自然数 n, m で共通の約数を持たない物がある。両辺を二乗して $2 = \dfrac{m^2}{n^2}$ である。よって、$m^2 = 2n^2$ であり、m^2 は偶数になる。もし m が奇数 $2a+1$ ならば、$m^2 = (2a+1)^2 = 4(a^2+a)+1$ から、m^2 も奇数になる。m^2 は偶数であるから、m も偶数になる。そこで、$m = 2m_1$ (m_1 は自然数) とすると $4m_1^2 = m^2 = 2n^2$ となり $n^2 = 2m_1^2$ である。同じように、n が奇数とすると n^2 も奇数になるから、n は偶数になる。そこで、$n = 2n_1$ とすると、n, m は共通の約数 2 を持つ。これは共通の約数を持たない事に反するから、矛盾である。よって、仮定は否定され、$\sqrt{2}$ は有理数でない。□

注　古代ギリシアのピタゴラスは、3平方の定理で有名であるが、有理数が万物の基であるという教団の祖でもあった。$\sqrt{2}$ は、辺 1 の正方形の対角線であるから、有理数にならない事は衝撃であった。伝説によると、上の証明の発見者は石打の刑で殺されたという。

数学的帰納法　自然数 n についての命題関数 $P(n)$ を証明する方法であり、2段階に分かれている。まず最初に $P(1)$ を証明し、次に $P(n)$ を仮定して $P(n+1)$ を証明する。これだけを証明しさえすれば、第1段階から $P(1)$ は正しく、第2段階から $P(2)$ が正し

い事が分かる。さらに $P(3)$ も正しい。このようにして、順番に全ての自然数に対して正しい事が分かるという証明法である。

自然数の定義の一つに、数学的帰納法が使える集合と言うのがある。したがって、自然数に関する命題は全て数学的帰納法により証明可能である。

例 1.10 $a > 1$ ならば $a^n > 1$

(証明) 数学的帰納法による。
$n = 1$ の時は仮定から $a^1 = a > 1$
n の時、$a^n > 1$ を仮定すると、$a^{n+1} = a^n \times a > 1 \times a = a > 1$
したがって、$n + 1$ の時も成り立つ。
数学的帰納法により、全ての自然数 n に対し成り立つ。 □

問題 1.2 (1) 2 項定理

$$(a+b)^n = \sum_{i=0}^{n} {}_nC_i a^{n-i} b^i$$
$$= a^n + {}_nC_1 a^{n-1} b + {}_nC_2 a^{n-2} b^2 + \cdots + {}_nC_i a^{n-i} b^i + \cdots + {}_nC_{n-1} ab^{n-1} + b^n$$

を数学的帰納法により証明せよ。ただし、$0! = 1, n! = 1 \cdot 2 \cdot 3 \cdots (n-1) \cdot n$ として、

$$_nC_i = \frac{n!}{i!(n-i)!} = \frac{(n-i+1)(n-i+2)\cdots(n-1)n}{1 \cdot 2 \cdots (i-1)i}$$

であり、${}_nC_0 = {}_nC_n = 1, {}_nC_i + {}_nC_{i-1} = {}_{n+1}C_i$ を使え。

(2) (ベルヌイの不等式) $a > -1$ かつ $a \neq 0$ の時、$(1+a)^n > 1 + na$ $(n \geq 2)$ を数学的帰納法により証明せよ。

循環論法

最後に、循環論法について注意する。これは、証明すべき結論を仮定する論法である。結果を仮定しているから、証明すべき結果が導けるのは当たり前で、間違った証明法である。前提に結果が含まれている事が明らかでない場合、しばしばこの論法になり、間違いを犯す。

例 1.11 分数関数の極限を計算する便利な方法に次の定理 5.15 がある。

定理 $f(a) = g(a) = 0$ のとき、$\lim_{x \to a} \frac{f(x)}{g(x)} = \lim_{x \to a} \frac{f'(x)}{g'(x)}$

今、$\sin 0 = 0$ から、この定理を使って

$$\lim_{x \to 0} \frac{\sin x}{x} = \lim_{x \to 0} \frac{(\sin x)'}{(x)'} = \lim_{x \to 0} \frac{\cos x}{1} = \cos 0 = 1$$

だが、$(\sin x)' = \cos x$ は上の極限値から導かれている。よって、循環論法になり、この計算は間違っている。

1.2.4 集合論の矛盾

集合の要素は、数学的にはっきり区別できる物ならば何でもいいので、全ての集合を要素にする集合のような非常に大きい集合も考える事が出来る。そのような集合は自分自身も集合であるから、自分自身を要素に持つ。普通の集合ではそのような事は起きないから、集合には次の 2 種類がある事になる。

定義 1.6 **第 1 種の集合**とは、自分自身を要素に持たない集合である。すなわち $X \notin X$ を満たす集合。

第 2 種の集合とは、自分自身を要素に持つ集合である。すなわち $X \in X$ を満たす集合。

第 1 種の集合全体の集合を U とする。すなわち、$U = \{X | X \notin X\}$ である。

U の定義から次の事に注意する。
(1) $X \in U \iff X$ は第 1 種 $\iff X \notin X$
(2) $X \notin U \iff X$ は第 2 種 $\iff X \in X$

さて、U は第何種であろうか？

もし、第 1 種ならば、$U \notin U$ であるが、上の (2) で $X = U$ とすると、$U \in U$ となり、矛盾する。

もし、第 2 種ならば、$U \in U$ であるが、上の (1) で $X = U$ とすると、$U \notin U$ となり、矛盾する。

以上が、集合論の矛盾である。この矛盾は、単純であるゆえに解決は難しい。20 世紀前後の数学にとって、非常に深刻な問題であった。これを解決したのはラッセルである。自分自身を要素に持つような大きな集合は集合と呼ばず、「類」と呼ぶというのがその解決である。

問題 1.3 (1) 集合論の矛盾について調べよ。
(2) 「クレタ人は全てうそつきだとクレタ人が言った。」この命題の真偽を考えよ。
(3) ゲーデルの不完全性定理についてしらべよ。

第 2 章

数列の極限

2.1 極限の定義と性質

2.1.1 極限の定義

この節では極限の厳密な定義を与える。$\lim_{n\to\infty} a_n = a$ の素朴な定義は「n を大きくすると、a_n が a に果てしなく近づく」である。この表現は直感的には明らかであるが、数学の論理としては非常に曖昧である。

例 2.1 (1) 例えば、数列 $\left\{\dfrac{1}{n}\right\}$ は 0 に収束する事を我々は「知っている」。では、それを証明するにはどうしたらよいであろうか？数値を計算すると確かに値は果てしなく小さくなっていくように見えるが、それで証明された事になるのだろうか？

(2) 数列 $\left\{\dfrac{1}{n} + \dfrac{1}{10^{10000}}\right\}$ も、値を計算してみれば果てしなく小さくなり、0 に近づくように見える。一般項ではなく数値だけで与えられたら、この二つの数列の収束値の区別はどうすればよいのだろうか？

(3) また調和級数 $1 + \dfrac{1}{2} + \dfrac{1}{3} + \dfrac{1}{4} + \cdots$ は「無限に大きく」なるが、値を計算するだけでは発散するとは想像しにくい。

実際に、1000 項までの和は 7.485、

100 万項までの和は 14.357、

10 億項までの和でほぼ 21、

1 兆項まででほぼ 28 となっている。

これで本当に発散するのであろうか？

(4) また $1 + \dfrac{1}{2^{1.001}} + \dfrac{1}{3^{1.001}} + \dfrac{1}{4^{1.001}} + \cdots$ は「収束する」。だが 1000 項まで値を計算しても、調和級数との差はほとんどない。発散と収束の区別はどのようにすれば分かるのだろうか？このように極限について何かを証明しようとするには、厳密に極限を定義す

る必要がある。

さて、極限の素朴な定義を言い換えると

「n を大きくすればするほど a_n と a の距離 $|a_n - a|$ は 0 に近づく」

になる。ここで、曖昧さの第一の原因は「0 に近づく」という表現にある。上の例でも分かるように、どれだけ 0 に近いかを判定する基準が必要である。そのためには、小さい実数 $\epsilon > 0$ を考え、「0 に近い」という代わりに、「ϵ よりも小さい」と表現する。つまり、

「0 に近くなる」$\Leftrightarrow$「任意の実数 $\epsilon > 0$ に対し, $|a_n - a| < \epsilon$」

ここで ϵ はいくらでも小さい物が取れるので、果てしなく 0 に近づく事をこの表現で表している。次に「n を大きくすると」の部分も曖昧で、どの程度大きいのかがはっきりしない。これを明確にするため、基準となる量 N を導入する。

「n を大きくする」$\Leftrightarrow$「N より大きい全ての n」

これらをまとめると、

「任意の実数 $\epsilon > 0$ に対し, 適当な自然数 N があって, $n > N$ ならば $|a_n - a| < \epsilon$」

この表現で肝心なのは ϵ としていくらでも小さい値を採用できるところにある。各 ϵ の値毎に、十分大きい N を選ぶ事になる。

ここで視点を変えて、似たような表現

「任意の自然数 N に対して適当な $\epsilon > 0$ があって, $n > N$ ならば $|a_n - a| < \epsilon$」

を考えてみよう。この場合は極限を正確に捉えているとは言えない。なぜなら、$a_n = \frac{1}{n}, a = -1$ とすると、任意の N に対し $\epsilon = \frac{1}{N} + 1$ とすれば、$n > N$ ならば $\left|\frac{1}{n} - (-1)\right| < \left|\frac{1}{N} + 1\right| = \epsilon$ となるが、明らかにこの数列は -1 に収束しない。ここで問題なのは $\epsilon > 1$ となり、ϵ がいくらでも小さくならないところにある。

以上から、次の極限の定義を得る。この定義は $\epsilon - \delta$ 論法と呼ばれている。

定義 2.1 (1) 任意の実数 $\epsilon > 0$ に対して適当な自然数 N があり、$n > N$ となる全ての自然数 n について $|a_n - a| < \epsilon$ となる時、$\boldsymbol{a_n}$ は $\boldsymbol{a}$ に**収束**すると言い、a を数列 $\{a_n\}$ の**極限値**と呼ぶ。記号として $\lim_{n \to \infty} a_n = a$ と書く。この定義は論理記号を使って表現すると次のようになる。

$$\forall \epsilon > 0, \exists N \in \mathbf{N}; n > N, n \in \mathbf{N} \Rightarrow |a_n - a| < \epsilon$$

(2) また、どんな実数 a にも収束しないならば、**発散**と呼ぶ。すなわち、

$$\forall a, \exists \epsilon > 0, \forall N \in \mathbf{N}, \exists n > N; |a_n - a| \geq \epsilon$$

特に $(\forall K > 0, \exists N; n > N \Rightarrow a_n > K)$ の時、∞ (**無限大**) に**発散**すると言い、$(\forall K > 0, \exists N; n > N \Rightarrow a_n < -K)$ の時 $-\infty$ (**負の無限大**) に**発散**すると言う。それぞれ $\lim_{n \to \infty} a_n = \pm \infty$ と書く。これら以外の発散は**振動**と呼ばれる。

注 1) この定義で、ϵ は小さくなっていく数を考えているわけであるが、収束を証明する時は、単なる定数として扱い、各 ϵ から N を、$|a_n - a| < \epsilon$ が成り立つように決める。

2) 十分小さい ϵ について (1) が成り立てば、この数列は収束する。すなわち、ある定数 $K > 0$ があり、$K > \epsilon > 0$ に対し (1) の極限の定義が成り立つとする。この範囲の ϵ に対し、適当な自然数 N があり、$n > N$ ならば $|a_n - a| < \epsilon$ となる。このとき、この数列は収束する。なぜなら、$\epsilon \geq K$ ならば、$\epsilon > K > \epsilon' > 0$ となる実数 ϵ' が取れるから、それに対して、N があり、$n > N$ ならば $|a_n - a| < \epsilon' < \epsilon$ となる。こうして、この定義を使って収束を示すには、ϵ として十分小さい物について考えれば十分である。

次の定理は極限の計算の基本であるが、$\epsilon - \delta$ 論法によって初めて証明可能になる。

定理 2.1 (1) 定数数列 $\{a_n = a\}$ は a に収束する。　　(2) $\lim_{n \to \infty} \dfrac{a}{n} = 0$

(証明) (1) $a_n - a = 0$ であるから、$\forall \epsilon > 0, N = 1$ について成り立つ。

(2) $\forall \epsilon > 0$ に対し、$\dfrac{|a|}{\epsilon} < N$ となる自然数 N が存在する。

$\dfrac{|a|}{N} < \epsilon$ である事に注意すると、もし $n > N$ ならば、$\left|\dfrac{a}{n} - 0\right| < \dfrac{|a|}{N} < \epsilon$

$\epsilon - \delta$ 論法により、$\lim_{n \to \infty} \dfrac{a}{n} = 0$ 　□

例題 2.1 $\lim_{n \to \infty} \dfrac{2n+1}{3n+2} = \dfrac{2}{3}$ を $\epsilon - \delta$ 論法により証明せよ。

(証明の前の準備) まず証明に入る前に、証明すべき式を書いてみると、$\left|\dfrac{2n+1}{3n+2} - \dfrac{2}{3}\right| < \epsilon$

である。左辺を通分すると $\left|\dfrac{2n+1}{3n+2} - \dfrac{2}{3}\right| = \left|\dfrac{-1}{3(3n+2)}\right| = \dfrac{1}{3(3n+2)}$

よって、$\dfrac{1}{3(3n+2)} < \epsilon$ を示せばよい。

この式を変形すると、$\dfrac{1}{3}\left(\dfrac{1}{3\epsilon} - 2\right) < n$ になる。ここまでが準備である。

(証明)　$\forall \epsilon$ に対し、$\dfrac{1}{3}\left(\dfrac{1}{3\epsilon} - 2\right) < N$ となる自然数 N をとる。

すると、$n > N$ ならば、$\dfrac{1}{3}\left(\dfrac{1}{3\epsilon} - 2\right) < N < n$

$\dfrac{1}{3\epsilon} - 2 < 3n,$ 　　$\dfrac{1}{3\epsilon} < 3n + 2,$ 　　$\dfrac{1}{3(3n+2)} < \epsilon$

以上から、$\left|\dfrac{2n+1}{3n+2} - \dfrac{2}{3}\right| = \dfrac{1}{3(3n+2)} < \epsilon$

よって、極限の定義より $\displaystyle\lim_{n\to\infty} \dfrac{2n+1}{3n+2} = \dfrac{2}{3}$ □

注 この解答で最も重要で難しいのは、適当な N を与えるための ϵ の式を見つける部分である。ところが、その部分は結果の不等式から逆に導かざるを得ないから、証明の中に入れると循環論法になり間違いになる。それで、証明の前に準備としてその計算を行っている。この部分が主要なところであるにもかかわらず、証明に含めてはいけない。

次に、後で使う為に、定義 2.1 の小さな変形を証明しておく。

定理 2.2 ある定数 $k > 0$ に対し、もし
$$\forall \epsilon > 0, \exists N \in \mathbf{N}; n > N \Rightarrow |a_n - a| < k\epsilon$$
ならば、$\displaystyle\lim_{n\to\infty} a_n = a$.

(証明) 任意の $\epsilon > 0$ を考える。仮定から、適当な自然数 N があり、
$$n > N \Rightarrow |a_n - a| < k\dfrac{\epsilon}{k} = \epsilon \quad □$$

次に $\pm\infty$ に発散する数列は、収束しないという当たり前の事を確認する。

定義 2.2 ある定数 $K > 0$ があり全ての n に対して $|a_n| \leq K$ となる時**有界**と言う。有界でないならば、任意の $K > 0$ に対して、適当な n があり、$|a_n| > K$ である。

例えば $\pm\infty$ に発散する数列は有界でない。

問題 2.1 次の (1) と (2) が同値になる事を証明せよ。
(1) 数列 $\{a_n\}$ は有界になる。
(2) 適当な実数 A, B と自然数 N があり、$\forall n > N$ に対し $A \leq a_n \leq B$ となる。

定理 2.3 収束する数列 $\{a_n\}$ は有界である。

(証明) $\epsilon = 1$ の時の定義 2.1 より、自然数 N があり、$n > N$ に対し $|a_n - a| < 1$ となる。これは $-1 < a_n - a < 1$、つまり $a - 1 < a_n < a + 1$ を意味する。上の問題 2.1 から、$\{a_n\}$ は有界になる。 □

これから、有界でない数列、例えば $\pm\infty$ に発散する数列は収束しない事が分かる。次の定理は等比数列の極限値についてである。

定理 2.4 等比数列 $\{r^n\}$ は $|r|<1$ の時 0 に収束し、$r=1$ の時 1 に収束する。これ以外では発散する。

(証明の前の準備) 対数を使えば簡明であるが、対数の性質の証明にこの定理を使う可能性があるので、循環論法を避ける為、対数無しの証明を与える。

(1) $|r|<1$ の時、問題 1.2 (2) で、$a=\dfrac{1}{|r|}-1>0$ と置くと、

$$\frac{1}{|r|^n}=(1+a)^n>1+na=1+n\left(\frac{1}{|r|}-1\right)$$

となるから、$|r^n|<\dfrac{1}{1+n\left(\frac{1}{|r|}-1\right)}$ となる。そこで、任意の $\epsilon>0$ に対し、$|r^n|<\epsilon$ となる為には、

$$\frac{1}{1+n\left(\frac{1}{|r|}-1\right)}<\epsilon,\quad 1<\epsilon+n\epsilon\left(\frac{1}{|r|}-1\right),\quad \frac{1-\epsilon}{\epsilon\left(\frac{1}{|r|}-1\right)}<n$$

であれば良い。

(2) $|r|>1$ の時は、問題 1.2 (2) で、$a=|r|-1>0$ と置くと、

$|r|^n=(1+a)^n>1+na=1+n(|r|-1)$

となる。よって、任意の $K>0$ に対し、$|r^n|>K$ となる為には、

$$1+n(|r|-1)>K,\quad n>\frac{K-1}{|r|-1}$$

であればよい。

(証明) $r=0,1$ の時は定数数列になるから定理 2.1 (1) から明らかである。$r=-1$ の時は下の問題により、発散する。そこで、$r\neq 0,\pm 1$ と仮定する。

(1) $0<|r|<1$ の時、定義 2.1 の注 (2) から、$1>\epsilon>0$ となる ϵ について考えればいい。

そこで、$N>\dfrac{1-\epsilon}{\epsilon\left(\frac{1}{|r|}-1\right)}$ とすると、$n>N$ ならば、問題 1.2 (2) より、

$$\frac{1-\epsilon}{\epsilon\left(\frac{1}{|r|}-1\right)}<N<n$$

$$1-\epsilon<n\epsilon\left(\frac{1}{|r|}-1\right)$$

$$1<\epsilon\left\{1+n\left(\frac{1}{|r|}-1\right)\right\}<\epsilon\left(1+\frac{1}{|r|}-1\right)^n=\epsilon\frac{1}{|r|^n}$$

$$|r^n-0|<\epsilon$$

よって、定義より $\lim_{n\to\infty} r^n = 0$ である。

(2) $|r| > 1$ の時は、任意の実数 $K > 0$ に対し、$N > \dfrac{K-1}{|r|-1}$ と置く。すると、$n > N$ ならば、問題 1.2 (2) より

$$n > N > \frac{K-1}{|r|-1}, \quad n(|r|-1) > K-1, \quad |r^n| = (1+|r|-1)^n > 1 + n(|r|-1) > K$$

定義 2.2 から有界ではない。定理 2.3 から r^n は発散する。 □

問題 2.2 (1) 一般項 $a_n = (-1)^n$ の数列が発散 (振動) する事を示せ。
(2) $r > 1$ の時、等比数列 $\{r^n\}$ は ∞ に発散する事を示せ。
(3) $r < -1$ の時、等比数列 $\{r^n\}$ は $\pm\infty$ に発散しない事を示せ。

2.1.2 極限の性質

これから極限の基本的な性質を証明していく。そのために、絶対値

$$|x| = \begin{cases} x & (x \geq 0) \\ -x & (x < 0) \end{cases}$$

の基本的な性質を取り上げる。まず $|x| < \epsilon$ は $-\epsilon < x < \epsilon$ を意味し、

(2.1.1) $\qquad |x-a| < \epsilon$ は $a - \epsilon < x < a + \epsilon$ と同値である。

さらに次の不等式は頻繁に使用する。

(2.1.2) $\qquad$ **三角不等式** $\qquad |x+y| \leq |x| + |y|$

問題 2.3 $(|x|+|y|)^2 - (|x+y|)^2$ を計算する事で三角不等式を証明せよ。

今、実数の集合 X に最大値があるならそれを $\max X$ と書く。すなわち、$a = \max X$ は、「$a \in X$ であり、もし $x \in X$ ならば $x \leq a$」を意味する。また最小値を $\min X$ と書く。

定理 2.5 $\lim_{n\to\infty} a_n = a$, $\lim_{n\to\infty} b_n = b$ として、次が成り立つ。
(1) s, t を実数として、$\lim_{n\to\infty}(sa_n + tb_n) = sa + tb$
(2) $\lim_{n\to\infty} a_n b_n = ab$
(3) $b \neq 0$ ならば、$\lim_{n\to\infty} \dfrac{a_n}{b_n} = \dfrac{a}{b}$
(4) $\exists N, \forall n > N; a_n \geq 0$ ならば $a \geq 0$

(5) $\exists N, \forall n > N; a_n \le b_n$ ならば $a \le b$

(6) (はさみうちの原理) 数列 $\{c_n\}$ があり、$\forall n; a_n \le c_n \le b_n, a = b$ ならば $\{c_n\}$ は a に収束する。

(証明) 仮定は、任意の実数 $\epsilon > 0$ に対し自然数 M, M' があり、
$n > M, m > M'$ ならば $|a_n - a| < \epsilon, |b_m - b| < \epsilon$ を意味する。

(1) 任意の $\epsilon > 0$ に対し $N = \max\{M, M'\}$ とすると、
$n > N$ ならば $|a_n - a| < \epsilon, \quad |b_n - b| < \epsilon$ となり

$$|sa_n + tb_n - (sa + tb)| = |s(a_n - a) + t(b_n - b)| \le |s||a_n - a| + |t||b_n - b| < (|s| + |t|)\epsilon$$

もし、$|s| + |t| = 0$ ならば、$s = t = 0$ であるから当然成り立つから、$|s| + |t| > 0$ とする。(1) は定理 2.2 より証明された。

(2) 定理 2.3 より、$\{b_n\}$ は有界である。つまり、全ての n に対し $|b_n| < K$ となる実数 $K > 0$ がある。任意の $\epsilon > 0$ に対し、$N = \max\{M, M'\}$ とすると、$n > N$ ならば

$$|a_n b_n - ab| = |a_n b_n - ab_n + ab_n - ab| \le |a_n - a||b_n| + a|b_n - b| < \epsilon K + a\epsilon = (K + a)\epsilon$$

よって定理 2.2 より証明された。

(3) $b < 0$ のときは、下の問題 2.4 から証明できる。そこで、$b > 0$ と仮定してよい。そのとき、$0 < \delta < b$ となる実数 δ をとる。さらに収束の定義から、ある自然数 L があって、$n > L$ ならば $|b_n - b| < b - \delta$ となる。これは、(2.1.1) から、$\delta < b_n < 2b - \delta$ を意味する。そこで、$N = \max\{M, M', L\}$ とすると、$n > N$ ならば

$$\left|\frac{a_n}{b_n} - \frac{a}{b}\right| = \left|\frac{a_n b - ab_n}{b_n b}\right| = \frac{|a_n b - ab + ab - ab_n|}{|b_n||b|}$$
$$\le \frac{|a_n - a||b| + |a||b - b_n|}{|b_n||b|} < \frac{\epsilon|b| + |a|\epsilon}{\delta|b|} = \frac{b + |a|}{\delta b}\epsilon$$

よって定理 2.2 より証明された。

(4) 矛盾法による。結論を否定して $a < 0$ と仮定すると、$0 < \epsilon < -a$ となる実数 ϵ がある。極限の定義から $\forall n > \max\{N, M\}$ に対し $|a_n - a| < \epsilon$ となる。この式より $a - \epsilon < a_n < a + \epsilon$

ところが ϵ の定義から $a + \epsilon < 0$ であるから $a_n < 0$ となり、仮定 $\forall n > N; a_n > 0$ に反するから、$a \ge 0$ である。

(5) (1) から $b - a = \lim_{n \to \infty}(b_n - a_n)$ であるから、(4) より明らかである。

(6) $\{c_n\}$ が収束するならば (5) から $a \leq c$ かつ $c \leq b = a$ より明らかであるが、収束するかどうか分からないので、直接の証明を与える。

任意の実数 $\epsilon > 0$ に対し $N = \max\{M, M'\}$ とすると、

$n > N$ ならば $a - \epsilon < a_n < a + \epsilon$, $a - \epsilon < b_n < a + \epsilon$ であるから、

$a - \epsilon < a_n < c_n < b_n < a + \epsilon$ となる。つまり、$|c_n - a| < \epsilon$ になるから、定義より $\{c_n\}$ は a に収束する。 □

問題 2.4 (1) $b > 0$ の時、$\displaystyle\lim_{n\to\infty} \frac{a_n}{b_n} = \lim_{n\to\infty} \frac{a}{b}$ となる事から、

$b < 0$ の時の定理 2.5 (3) を証明せよ。ただし、$\dfrac{a_n}{b_n} = \dfrac{-a_n}{-b_n}$ を使え。

(2) 上の定理 (4) で $a_n > 0$ と仮定しても $a > 0$ は言えない。(4) の証明で、どの部分が失敗して $a > 0$ が結論できないのか考察せよ。

次の数列の極限は、興味深い上に有用でもある。これらは、極限の厳密な定義無しで証明するのは難しい。

定理 2.6 (1) $a > 0$ ならば $\displaystyle\lim_{n\to\infty} \sqrt[n]{a} = 1$

(2) $\displaystyle\lim_{n\to\infty} \sqrt[n]{n} = 1$

(3) $a > 1, r > 0$ ならば $\displaystyle\lim_{n\to\infty} \frac{a^n}{n^r} = \infty$

(4) $a > 0$ ならば $\displaystyle\lim_{n\to\infty} \frac{a^n}{n!} = 0$

(証明) (1) $a = 1$ の時は $\sqrt[n]{a} = 1$ だから極限値も 1 である。

$a > 1$ の時は、$x_n = \sqrt[n]{a} - 1$ とすると、$\sqrt[n]{a} > \sqrt[n]{1} = 1$ から $x_n > 0$ である。

例 1.2 (2) から $a = (1 + x_n)^n > 1 + nx_n$ であり、$0 < x_n < \dfrac{a-1}{n}$ となる。

定理 2.5 (6) から $\displaystyle\lim_{n\to\infty} x_n = 0$ である。したがって、$\displaystyle\lim_{n\to\infty} \sqrt[n]{a} = 1$ である。

$0 < a < 1$ の時は、$\dfrac{1}{a} > 1$ に対して上の結果を使うと、

$$\lim_{n\to\infty} \sqrt[n]{a} = \lim_{n\to\infty} \frac{1}{\sqrt[n]{\frac{1}{a}}} = \frac{1}{1} = 1$$

(2) $x_n = \sqrt[n]{n} - 1$ とすると、$\sqrt[n]{n} > \sqrt[n]{1} = 1$ $(n \geq 2)$ より $x_n > 0$ $(n \geq 2)$ である。2 項定理から

$$n = (1 + x_n)^n = 1 + nx_n + \frac{n(n-1)}{2}x_n^2 + \cdots > \frac{n(n-1)}{2}x_n^2 \ (n \geq 3)$$

以上から、$0 < x_n^2 < \dfrac{2}{n-1}$ である。よって、x_n の極限値は 0 になり、$\sqrt[n]{n}$ は 1 に収束する。

(3) $r = 1$ の時は、$x = a - 1 > 0$ とすると $a^n = (1+x)^n > \dfrac{n(n-1)}{2}x^2$ から

$$\lim_{n\to\infty} \frac{a^n}{n} \geq \lim_{n\to\infty} (n-1)\frac{x^2}{2} = \infty$$

$0 < r < 1$ の時は、$\dfrac{a^n}{n^r} > \dfrac{a^n}{n}$ であるから、$r = 1$ の場合の上の結果から ∞ に発散する。

$r > 1$ の時は、$a > 1$ から $a^{\frac{1}{r}} > 1$ であり、$r = 1$ の場合の上の結果から

$$\lim_{n\to\infty} \frac{a^n}{n^r} = \left\{ \lim_{n\to\infty} \frac{(a^{\frac{1}{r}})^n}{n} \right\}^r = \infty$$

(4) $2a < M$ となる自然数 M を一つ固定する。

すると、任意の $\epsilon > 0$ に対して $N > M$, $N > \dfrac{a^M}{M!}\dfrac{2^M}{\epsilon}$ となる自然数 N がある。

もし $n > N$ ならば、$\dfrac{a}{M+i} < \dfrac{a}{M} < \dfrac{1}{2}$ $(i \geq 1)$, $\quad 2^n > n > N$ であるから

$$\begin{aligned}
\frac{a^n}{n!} &= \frac{a^M}{M!}\frac{a}{M+1}\frac{a}{M+2}\cdots\frac{a}{n} \\
&< \frac{a^M}{M!}\frac{1}{2}\frac{1}{2}\cdots\frac{1}{2} = \frac{a^M}{M!}\frac{1}{2^{n-M}} = \frac{a^M}{M!}\frac{2^M}{2^n} \\
&< \frac{a^M}{M!}\frac{2^M}{N} < \epsilon \quad \square
\end{aligned}$$

レポート 2

問 次の事を $\epsilon - \delta$ 論法により証明せよ。ただし、$a > 0$ は定数とする。

(1) $\displaystyle\lim_{n\to\infty} \frac{a}{n} = 0$ (2) $\displaystyle\lim_{n\to\infty} \frac{1}{n^2} = 0$

(3) $\displaystyle\lim_{n\to\infty} \frac{an+1}{n-1} = a$ (4) $\displaystyle\lim_{n\to\infty} \frac{4n+3}{3n+1} = \frac{4}{3}$

ヒント 証明の前に $|a_n - a| < \epsilon$ を変形して、$n > (\epsilon \text{ の式})$ とし、N を $N > (\epsilon \text{ の式})$ と置く。証明では、この N を出発点にして逆に不等式 $|a_n - a| < \epsilon$ を導く。

テスト3

第 2 章 数列の極限

問 次の空欄に、$\forall, \exists, n, \epsilon, 1, 2, 3, 4, 5, 6$ を入れよ。

(1) $\displaystyle\lim_{n\infty} \frac{3n+1}{n+1} = 3$

(証明) $\boxed{A}\epsilon > 0$ に対して、$\dfrac{\boxed{B}-\epsilon}{\epsilon} < N$ となる $N \in \mathbf{N}$ をとると、

$N < n$ ならば、$\dfrac{\boxed{B}-\epsilon}{\epsilon} < N < n$ より、$\boxed{B}-\epsilon < n\epsilon$, $\boxed{B} < n\epsilon+\epsilon$,

$\dfrac{\boxed{B}}{\boxed{C}+1} < \epsilon$ となるから、$\left|\dfrac{3n+1}{n+1} - 3\right| = \left|\dfrac{-\boxed{B}}{\boxed{C}+1}\right| = \dfrac{\boxed{B}}{\boxed{C}+1} < \boxed{D}$ □

(2) $\displaystyle\lim_{n\to\infty} \frac{n^2+n+1}{n^2+1} = 1$

(証明) $\epsilon < \dfrac{1}{2}$ ならば、$2\epsilon < 1$, $\boxed{A}\epsilon^2 < 1$, $\dfrac{1}{\boxed{A}\epsilon^2} - 1 > 0$ であるから、

$\sqrt{\dfrac{1}{\boxed{A}\epsilon^2} - 1}$ は実数で、$n > \dfrac{1}{2\boxed{B}} + \sqrt{\dfrac{1}{\boxed{A}\epsilon^2} - 1}$ のとき、$n^2 - \dfrac{1}{\epsilon}n + 1 > 0$

以上と定義 2.1 注 (2) から、$\boxed{C}\epsilon > 0$ に対して、$\boxed{D} < \frac{1}{2}$ と仮定してよく、

$N > \dfrac{1}{2\boxed{B}} + \sqrt{\dfrac{1}{\boxed{A}\epsilon^2} - 1}$ となる自然数 N がある。$n > N$ ならば、上より、

$n^2 - \dfrac{1}{\epsilon}n + 1 > 0$, $\epsilon n^2 + \epsilon > \boxed{E}$, $\epsilon > \dfrac{\boxed{E}}{n^2+\boxed{F}}$ であるから

$\left|\dfrac{n^2+n+1}{n^2+1} - 1\right| = \left|\dfrac{\boxed{G}}{n^2+1}\right| < \boxed{H}$ □

(3) $\displaystyle\lim_{n\to\infty} a_n = a$, $\displaystyle\lim_{n\to\infty} b_n = b$ ならば、$\displaystyle\lim_{n\to\infty} (a_n b_n) = ab$

(証明) 定義より、

$\left(\boxed{A}\epsilon_1 > 0, \boxed{B}N_1\,;\, n > N_1 \Rightarrow |a-a_n| < \epsilon_1\right) \wedge$

$\left(\boxed{C}\epsilon_2 > 0, \boxed{D}N_2\,;\, n > N_2 \Rightarrow |b-b_n| < \epsilon_2\right)$

また、定理 2.3 から、$\{b_n\}$ は有界であるから、$\exists K, \forall n\,;\, |b_n| < K$

よって、$\boxed{E}\epsilon > 0$ に対して、$\epsilon_1 = \dfrac{1}{K+|a|}\epsilon$, $\epsilon_2 = \dfrac{1}{K+|a|}\epsilon$ とし、

対応する N_1, N_2 のうち大きい方を N とする。すると, $n > N$ ならば,
$$|a_n b_n - ab| = |a_n b_n - a b_n + a b_n - ab| \leq \left|a_{\boxed{F}} - a\right| |b_n| + |a|\left|b - b_{\boxed{F}}\right|$$
$$< \frac{1}{K+|a|}\boxed{G} K + |a|\frac{1}{K+|a|}\boxed{G} = \boxed{H} \qquad \square$$

2.2 実数と上限下限

2.2.1 コーシーの収束条件

ある数列が収束するかどうかを判定する事はしばしば必要になる。その時、極限の定義 2.1 では、極限値 α が分かっていないと使えない。そこで、極限値が分からない時にも使える数列の収束判定条件が必要になる。それが、次のコーシーの収束条件である。

定義 2.3 (コーシーの収束条件) 任意の実数 $\epsilon > 0$ に対して適当な自然数 N があり、$n > N, m > N$ ならば $|a_n - a_m| < \epsilon$ となる。言い換えると、
$$\forall \epsilon > 0, \exists N \in \mathbf{N}; n > N, m > N \Rightarrow |a_n - a_m| < \epsilon$$
となる数列 $\{a_n\}$ を**コーシー列**または**基本列**と呼ぶ。

次の定理が極限に関する最も基本的な定理である。2.3 節ではこの定理を証明する。その為の準備をする。

定理 2.7 数列 $\{a_n\}$ が収束する事と、それがコーシー列になる事は同値である。すなわち、収束するならばコーシー列であり、コーシー列は収束する。

2.2.2 実数

定理 2.7 を証明する為には、実数について知らなければいけない。ある意味で、この定理が成立する事が実数の本質である。数の体系を思い起こそう。まず、自然数の集合 $\mathbf{N} = \{1, 2, 3, \cdots\}$ が最初にある。この $\mathbf{N}$ では、足し算と掛け算が可能である。さらに、引き算を可能にしたのが整数の集合 $\mathbf{Z}$ である。さらに、割り算を可能にしたのが有理数の集合 $\mathbf{Q}$ である。ここまでは、四則演算を可能にする為に、数を拡張してきた。だが、実数の集合 $\mathbf{R}$ は質が違って、極限の概念が本質である。
$$\mathbf{N} \subset \mathbf{Q} \subset \mathbf{R}$$
ここで、有理数と実数に共通の性質を纏めておく。

定理 2.8 (1) 四則演算が自由に出来る。

(2) 数の間に大小関係があり、次が成り立つ。

$i)\ a \leq b \Rightarrow a+c \leq b+c, \quad ii)\ a \leq b,\ c > 0 \Rightarrow ac \leq bc$

(3) (**アルキメデスの原理**) 任意の二つの正の数 a, b に対して、適当な自然数 n があり、$b < na$ となる。論理記号で書くと $\forall a, \forall b\ \exists n; b < na$

(4) (**稠密性**) 任意の二つの数 $a < b$ に対して、適当な数 c があり、$a < c < b$ となる。論理記号で書くと $\forall a, \forall b\,; a < b \Rightarrow (\exists c\,; a < c < b)$

それでは、有理数と実数の違いはどこにあるのだろうか？例えば、$\sqrt{2} = 1.41\cdots$ は有理数ではない。この小数点以下は規則なしに無限に続いているため、いつまでたっても値が確定しないように見える。これは、ちゃんとした数であろうか？実際に、ギリシア数学では、$\sqrt{2}$ を数とは認めていなかった。現代では、$1,\ 1.4,\ 1.41,\ \cdots$ という有理数の数列の極限として $\sqrt{2}$ を捉えている。このように、有理数以外の実数は、全て無限小数で表される。これは有理数の極限として実数を与えている事を意味している。つまり、極限は実数の集合 **R** 固有の性質であり、有理数の集合 **Q** に極限値を全て付け加えたのが実数の集合 **R** である。この極限値をうまく捕らえて、有理数から実数を定義する方法には、コーシー列によるもの、デデキントの切断、カントールの区間縮小法等がある。本書では、上限下限の概念によるものを採用する。

2.2.3 上限下限

有理数の集合 $X = \{\frac{1}{n} | n = 1, 2, 3, \cdots\}$ を考えよう。この集合に最小値は無い。だが、数直線上での左側ぎりぎりの値 0 は存在する。この左側ぎりぎりの値 0 が極限値 $\lim_{n \to \infty} \frac{1}{n} = 0$ である。このような、集合の左側ぎりぎりを下限と言い、右側ぎりぎりを上限という。定理 2.11 で示すように、この下限と上限が極限値である。正確に定義しよう。

定義 2.4 $X \subset \mathbf{R}$ を部分集合とする。

(1) X が**上に有界**とは、「$\exists a \in \mathbf{R}, \forall x \in X; x \leq a$」、すなわちある数 a があって X の全ての要素 x に対し $x \leq a$ となる事である。この時、a を X の**上界**と呼ぶ。

「$\exists a \in \mathbf{R}, \forall x \in X; x \geq a$」となる時、$X$ を**下に有界**と言い、a を X の**下界**と呼ぶ。

(2) $a \in X$ が上界ならば、a を X の **最大値**と言い、$\max X$ と書く。論理記号では、$(\forall x \in X; x \leq a) \wedge (a \in X)$

$a \in X$ が下界ならば、a を X の **最小値**と言い、$\min X$ と書く。論理記号では、$(\forall x \in X; x \geq a) \wedge (a \in X)$

(3) X の上界の最小値を**上限**と呼び $\sup X$ と書く。

X の下界の最大値を**下限**と呼び $\inf X$ と書く。

2.2 実数と上限下限

注 この定義では、上限も最大値も、存在は保証されていない。だが、もし X に最大値 m があるならば、$m \in X$ であるから、全ての上界 a に対し $m \leq a$ となる。しかも m 自身も上界である。よって、m は上界の最小値であり、上限である。

上に有界な集合でも、最大値も上限も存在するとは限らない。例えば、$\{n \in \mathbf{Q} | n^2 < 2\} \subset \mathbf{Q}$ は、$\sqrt{2} \notin \mathbf{Q}$ から最大値も上限も無い。有理数の集合 $\mathbf{Q}$ になく実数の集合に固有の性質は、上に有界な部分集合には常に上限がある事である。上の例の X も、$\mathbf{R}$ の部分集合とみなすならば、最大値は無いが、上限 $\sqrt{2} \in \mathbf{R}$ はある。上限は極限値であるから、実数の集合 $\mathbf{R}$ は、$\mathbf{Q}$ に極限値を全て付け加えた物である。

定理 2.9（完全性公理） 上に有界な $\mathbf{R}$ の空で無い部分集合 X の上限 $\sup X$ は常に存在する。

問題 2.5 上の完全性公理から、「下に有界な $\mathbf{R}$ の部分集合 X の下限 $\inf X$ は常に存在する。」を証明せよ。

ヒント $Y = \{-x | x \in X\}$ とすると、$\inf X = -\sup Y$ となる。

次の定理により、極限の定義と上限下限が結びつけられる。

定理 2.10 (1) X の上限を a とする。任意の実数 $\epsilon > 0$ に対して、$a - \epsilon < x \leq a$ となる X の要素 x が存在する。

(2) X の下限を a とする。任意の実数 $\epsilon > 0$ に対して、$a \leq x < a + \epsilon$ となる X の要素 x が存在する。

(証明) (1) 上限 a は上界の中で最小の物であるから、$a - \epsilon < a$ より、$a - \epsilon$ は上界でない。上界の定義の否定から $a - \epsilon < x$ となる $x \in X$ がある。a は X の上界であるから、$x \leq a$ となる。 □

問題 2.6 この定理 (2) を証明せよ。

この定理から、上限・下限が極限値である事が示せる。

定理 2.11 (1) $a = \sup X$ とすると、数列 $a_n \in X$ があり、$\lim_{n \to \infty} a_n = a$
(2) $a = \inf X$ とすると、数列 $a_n \in X$ があり、$\lim_{n \to \infty} a_n = a$

(証明) (1) はテスト 4 問 3 (1) である。定理 2.10 (1) から、任意の $\epsilon > 0$ に対して、適当な $x \in X$ があって、$a - \epsilon < x \leq a$ となる。$\epsilon > 0$ を 0 に近づけたら、x は a に近づく。そこで、$\epsilon = \dfrac{1}{n}$ とし、対応する x を a_n とすれば、求める数列が得られる。
(2) は次の問題。 □

問題 2.7 上の定理 (2) を (1) に習って、証明せよ。

2.2.4 増加・減少数列

上限の最初の応用は、増加数列の極限であり、非常に有用な定理である。

定義 2.5 数列 $\{a_n\}$ は、全ての自然数 n について $a_n \leq a_{n+1}$ ならば**増加数列**と言う。また、$a_n \geq a_{n+1}$ ならば**減少数列**と言う。すなわち、増加数列は $a_1 \leq a_2 \leq \cdots \leq a_n \leq a_{n+1} \leq \cdots$ であり、減少数列は $a_1 \geq a_2 \geq \cdots \geq a_n \geq a_{n+1} \geq \cdots$ である。この定義で全ての n について $a_n < a_{n+1}$ ならば、**強い意味での増加数列**と言い、$a_n > a_{n+1}$ ならば**強い意味での減少数列**と言う。

定理 2.12 上に有界な増加数列 $\{a_n\}$ は収束する。また、下に有界な減少数列も収束する。有界でない時はそれぞれ $\pm\infty$ に発散する。

(証明) 減少数列の場合は $\{-a_n\}$ を考える事により、増加数列の場合から証明される。増加数列の場合は、テスト 4 問 3 (2) である。集合 $\{a_n | n = 1, 2, , 3, \cdots\}$ は上に有界だから、上限 $a = \sup\{a_n\}$ がある。定理 2.10 (1) から、任意の $\epsilon > 0$ に対し、a_N があって、$a - \epsilon < a_N \leq a$ である。増加数列であるから、$n > N$ ならば、$a - \epsilon < a_N \leq a_n \leq a$ だから、$|a_n - a| < \epsilon$ である。 □

この定理の最初の応用は**自然対数の底 e** の定義である。これは
$$e = \lim_{n \to \infty} \left(1 + \frac{1}{n}\right)^n$$
により定義される。この数列が収束する事を保証するのが次の定理である。この e は無理数であり、その値は $e = 2.71828\cdots$ である。

定理 2.13 数列 $a_n = \left(1 + \dfrac{1}{n}\right)^n$ は収束する。

(2) $\displaystyle\lim_{n \to \infty} \left(1 - \frac{1}{n}\right)^n = \frac{1}{e} = e^{-1}$

(証明) (1) 上記の定理 2.12 から、この数列が増加数列でありしかも上に有界な事を示せばよい。2 項定理から、
$$a_n = \left(1 + \frac{1}{n}\right)^n = 1 + {}_nC_1 \frac{1}{n} + {}_nC_2 \frac{1}{n^2} + \cdots\cdots + {}_nC_i \frac{1}{n^i} + \cdots\cdots + {}_nC_n \frac{1}{n^n}$$
各項について、

(2.2.1)
$$\begin{aligned}
{}_nC_i \frac{1}{n^i} &= \frac{(n-i+1)\cdots\cdots(n-2)(n-1)n}{i!} \frac{1}{n^i} \\
&= \frac{(n-i+1)}{n} \cdots\cdots \frac{(n-2)}{n} \frac{(n-1)}{n} \frac{n}{n} \frac{1}{i!} \\
&= \left(1 - \frac{i-1}{n}\right) \cdots\cdots \left(1 - \frac{2}{n}\right)\left(1 - \frac{1}{n}\right)\frac{1}{i!}
\end{aligned}$$

$n+1$ の時も同様にすると、
$$a_{n+1} = 1 + {}_{n+1}C_1 \frac{1}{n+1} + \cdots + {}_{n+1}C_i \frac{1}{(n+1)^i} + \cdots + {}_{n+1}C_{n+1} \frac{1}{(n+1)^{n+1}}$$

a_n と比べて項数は一つ多い。また、$\frac{k}{n} > \frac{k}{n+1}$ より $1 - \frac{k}{n} < 1 - \frac{k}{n+1}$ であるから、各項を比較して、

$$\begin{aligned}
{}_nC_i \frac{1}{n^i} &= \left(1 - \frac{i-1}{n}\right) \cdots\cdots \left(1 - \frac{2}{n}\right)\left(1 - \frac{1}{n}\right)\frac{1}{i!} \\
&< \left(1 - \frac{i-1}{n+1}\right) \cdots\cdots \left(1 - \frac{2}{n+1}\right)\left(1 - \frac{1}{n+1}\right)\frac{1}{i!} \\
&= {}_{n+1}C_i \frac{1}{(n+1)^i}
\end{aligned}$$

以上から $a_n < a_{n+1}$ となり、増加数列である。

さて、(2.2.1) の各項で、$1 - \frac{k}{n} < 1$ より、${}_nC_i \frac{1}{n^i} < \frac{1}{i!}$ であり、
$$a_n < 1 + 1 + \frac{1}{2!} + \frac{1}{3!} + \cdots\cdots + \frac{1}{n!}$$

さらに、$i \geq 2$ ならば
$$\frac{1}{i!} = \frac{1}{2 \cdot 3 \cdots i} < \frac{1}{2 \cdot 2 \cdots 2} = \frac{1}{2^{i-1}}$$

よって
$$\begin{aligned}
a_n &< 1 + 1 + \frac{1}{2} + \frac{1}{2^2} + \cdots\cdots \frac{1}{2^{n-1}} = 1 + \frac{1 - (\frac{1}{2})^n}{1 - \frac{1}{2}} \\
&= 1 + 2\left\{1 - \left(\frac{1}{2}\right)^n\right\} < 1 + 2 = 3
\end{aligned}$$

つまり、上に有界である。定理 2.12 から、この数列は収束する。　□

(2) 問題 1.2 (2) の不等式から $\left(1-\dfrac{1}{n^2}\right)^n > 1 - n\dfrac{1}{n^2} = 1 - \dfrac{1}{n}$ である。

また、$1 > 1 - \dfrac{1}{n^2} > 0$ であるから、

(2.2.2) $\qquad 1 > \left(1-\dfrac{1}{n^2}\right)^n = \left(1+\dfrac{1}{n}\right)^n\left(1-\dfrac{1}{n}\right)^n > 1 - \dfrac{1}{n}$

この定理 (1) から、

$$\lim_{n\to\infty}\left(1+\frac{1}{n}\right)^n = e, \quad \lim_{n\to\infty}\left(1-\frac{1}{n}\right) = 1$$

定理 2.5, (2.2.2) から、$e \lim\limits_{n\to\infty}\left(1-\dfrac{1}{n}\right)^n = 1$ となる。これは、$\lim\limits_{n\to\infty}\left(1-\dfrac{1}{n}\right)^n = \dfrac{1}{e}$ を意味する。　□

テスト 4

問 1.　次の空欄に $\forall, \exists$ を入れよ。
(1) X が上に有界 $\iff \boxed{A}\, a, \boxed{B}\, x \in X;\, x \leq a$
(2) a が X の上界 $\iff \boxed{C}\, x \in X;\, x \leq a$
(3) a が X の最小値 $\iff (a \in X) \wedge (\boxed{D}\, x \in X;\, x \geq a)$
(4) a が X の上限 $\iff a$ は上界の最小値
$\qquad\qquad\qquad\iff a$ は $Y = \{b|\, \boxed{E}\, x \in X;\, x \leq b\}$ の最小値
$\qquad\qquad\qquad\iff (a \in Y) \wedge (\boxed{D}\, b \in Y;\, b \geq a\,)$
$\qquad\qquad\qquad\iff (\boxed{F}\, x \in X;\, x \leq a) \wedge ((\boxed{G}\, x \in X;\, x \leq b) \Longrightarrow (b \geq a))$
$\qquad\qquad\qquad\iff (\boxed{F}\, x \in X;\, x \leq a) \wedge (b < a \Longrightarrow \boxed{H}\, x \in X;\, x > b)$
(5) (定理 2.10) a が X の上限 $\Longrightarrow \forall \epsilon > 0$ に対し $a - \epsilon$ は上界で無い
$\qquad\qquad\qquad\Longrightarrow \forall \epsilon > 0;\, \neg(\boxed{C}\, x \in X;\, x \leq a - \epsilon)$
$\qquad\qquad\qquad\Longrightarrow \forall \epsilon > 0,\, \boxed{I}\, x \in X;\, a - \epsilon < x \leq a$

問 2.　次の値を求めよ。
(1) $\sup\{x \in \mathbf{Q}|\, x^2 < 5\} = \sqrt{\boxed{A}}$ 　　　(2) $\sup\{x \in \mathbf{Q}|\, x^2 < 9\} = \boxed{B}$

(3) $\sup\left\{4+\dfrac{1}{n}\,\middle|\, n \in \mathbf{N}\right\} = \boxed{C}$ 　　　(4) $\inf\left\{4+\dfrac{1}{n}\,\middle|\, n \in \mathbf{N}\right\} = \boxed{D}$

(5) $\inf\{x \in \mathbf{Q}|\, x > 2\} = \boxed{E}$ 　　　(6) $\inf\{x \in \mathbf{Z}|\, x > 2\} = \boxed{F}$

問 3. 次の空欄に、$\forall, \exists, n, \epsilon, 1, 2, 3, 4, 5, 6$ を入れよ。

(1) (定理 2.11 (1)) $a = \sup X$ とすると、数列 $a_n \in X$ があり、$\lim_{n \to \infty} a_n = a$

(証明) 定理 2.10 (1) で $\epsilon = \frac{1}{n}$ する事により、$\forall n \in \mathbf{N}$, $\boxed{A} x \in X; a - \frac{1}{n} < x \leq a$

よって $a_n = x$ と置くと、$\forall n \in \mathbf{N}; a - \frac{1}{n} < a_n \leq a$.

そのとき、$\forall \epsilon > 0$ にたいして、$\frac{1}{\epsilon} < N$ となる $N \in \mathbf{N}$ をとると、

$N < n$ ならば、$|a_n - a| = a - a_n < \frac{1}{\boxed{B}} < \frac{1}{N} < \boxed{C}$

これは $\lim_{n \to \infty} a_n = a$ を意味する。 □

(2) (定理 2.12) 上に有界な増加数列 $\{a_n\}$ は収束する。

(証明) 集合 $\{a_n\}$ は上に有界であるから、上限 $a = \sup\{a_n\}$ が存在する。
定理 2.10 (1) から、$\boxed{A} \epsilon > 0$ に対して、
$\boxed{B} N; a - \boxed{C} < a_N \leq a, \qquad 0 \leq a - a_N < \boxed{C}$
また、a は上界でもあるから、$\boxed{D} n; a_n \leq a$ となる。
これから $0 \leq a - a_n$ であり、$|a_n - a| = a - a_n \geq 0$
以上と増加数列より $n > N \Longrightarrow a_n \geq a_N, \quad a - a_n \leq a - a_N$ だから、
$\boxed{E} \epsilon > 0, \boxed{F} N; n > N \Longrightarrow |a_n - a| = a - a_{\boxed{G}} \leq a - a_N < \boxed{H}$ □

2.3 コーシーの収束条件

この節で、定理 2.7 を証明する。「収束する数列がコーシー列」になる事は、三角不等式 (2.1.2) から簡単に分かる。逆に、「a_n がコーシー列ならば収束する」事は、少し面倒である。まず極限値 a を見つける必要がある。その為に、定理 2.14 (ワイエルシュトラスの集積点定理) を準備する。この定理は、微積分の基礎の様々な場面で使用される重要な定理である。さて、「コーシー列ならば収束する」の証明に戻ると、有界になることを示せば、定理 2.14 により、集積点（部分数列の極限値）a がある。コーシー列である事と三角不等式により、この a が $\{a_n\}$ の極限値である事が示される。

この方針に従って、まず集積点を定義する。

定義 2.6 数列 $\{a_n\}$ に対し、自然数の強い意味での増加数列 $n_1 < n_2 < \cdots < n_i < n_{i+1} < \cdots$ から作られる数列 $\{a_{n_i}\} = \{a_{n_1}, a_{n_2}, \cdots, a_{n_i}, \cdots\}$ を**部分数列**と呼ぶ。ある部分数列の極限値を $\{a_n\}$ の**集積点**と呼ぶ。

例えば、数列 $a_n = (-1)^n$ は収束せず、$\pm\infty$ にも発散せず、振動するが、2つの集積点 $1, -1$ を持つ。実際に、部分数列 $\{a_{2i}\}$ を取ると、$a_{2i} = (-1)^{2i} = 1$ より、$\lim_{i \to \infty} a_{2i} = 1$

である。同様に $\lim_{i\to\infty} a_{2i+1} = -1$ である。

さて、集積点の近くには無限個の a_n (正確には無限個の n) が集積しているから、実数 x に対し、

「$a_n < x$ となる n が有限個しか無いならば、x 未満の集積点はない。」

一方で、次のワイエルシュトラスの集積点定理から、

「$a_n \leq x$ となる n が無限個あるならば、適当な集積点 a があって、$a \leq x$ となる。」

以上から、$X = \{x \mid a_n \leq x$ となる n は有限個である $\}$ と置くと、$a = \sup X$ がある。この a が集積点になる事が次のようにして分かる。任意の $\epsilon > 0$ に対し、$a + \epsilon \notin X$ であるから、上に述べた事により、$a + \epsilon$ 以下の集積点がある。しかも、上に述べた事より、a 未満の集積点は無い。ϵ は任意であったから、a が最小の集積点になる。これが、次の集積点定理を証明する考え方である。

定理 2.14 (ワイエルシュトラスの集積点定理) 有界な数列 $\{a_n\}$ には少なくとも 1 つ集積点がある。

(証明の方針) 詳しくは、テスト 5 (1) である。上で述べた方針に従って、上限 $a = \sup X$ が集積点になる事を示す。証明は 3 段階に分かれる。

1) X に上限がある事を示す為に、X が空集合でない事と有界になる事を証明する。これは、$\{a_n\}$ の有界性から直接導かれる。

2) a に収束する部分数列を見つける為に、上の説明を参考にする。任意の $\epsilon > 0$ に対し、定理 2.10 (1) と X の定義から、$a - \epsilon < a_n < a + \epsilon$ となる n は無限個ある事を示す。

3) a に収束する部分数列 $\{a_{n_i}\}$ を構成する。i を自然数として、各 $\epsilon = \dfrac{1}{i}$ 毎に、

$$n_{i-1} < n_i, \quad a - \frac{1}{i} < a_{n_i} < a + \frac{1}{i}$$

となるように、無限個の n の中から n_i を順番に選ぶ。2) よりこれは可能である。こうして、部分数列 $\{a_{n_i}\}$ が構成でき、$\lim_{i\to\infty} a_{n_i} = a$ である。 □

コーシーの収束条件の定理 2.7 を証明する。

(定理 2.7 の証明の方針) 必要十分条件である事の証明であるから、2 つの部分に分かれる。

(収束する数列 $\{a_n\}$ はコーシー列である事の証明) テスト 5 (2) である。極限値を a とする。三角不等式 (2.1.2) から、$|a_n - a_m| \leq |a_n - a| + |a_m - a|$ となる。極限の定義とこの不等式から、任意の $\epsilon > 0$ に対し、十分大きい n, m を取ると、$|a_n - a_m| < \epsilon$ となる事が導かれる。 □

(数列 $\{a_n\}$ がコーシー列ならば収束する事の証明) テスト 5 (3) である。コーシー列

の定義で、ϵ, N を固定し、$m = N+1$ とすると、問題 2.1 から、コーシー列が有界になる事が示される。集積点定理 2.14 より、集積点 a とそこに収束する部分数列 $\{a_{n_i}\}$ がある。三角不等式から、$|a_n - a| \leq |a_n - a_{n_i}| + |a_{n_i} - a|$ となる。コーシー列の定義、極限の定義、この不等式から、任意の $\epsilon > 0$ に対し、十分大きい n, i を取ると、$|a_n - a| < \epsilon$ となる事が導かれる。 □

テスト 5

問 次の集積点定理と収束条件の証明の空欄に、$\forall, \exists, a_n, a, b, X, K, n, i, \epsilon$ を入れよ。

(1) (定理 2.14) 有界な数列 $\{a_n\}$ には、集積点がある。

(証明) 1) 有界であるから、$\boxed{A} K, \boxed{B} n; -K \leq a_n \leq K$ となる。
さて、$X = \{x|\ a_n < x$ となる n は有限個$\}$ とする。
$a_n < -K$ となる n は 0 個(有限個)だから、$-\boxed{C} \in X$ となり、X は空集合ではない。

さらに、$\forall x \in X$ に対し、$a_n < x$ となる $\boxed{D}$ が有限個だから、
それ以外の $x \leq a_n$ となる $\boxed{D}$ は無限個あり、そのうちの一つを取ると、
$x \leq a_n < K$ より、$\boxed{E}$ は X の上界になる。完全性公理から、上限 $a = \sup X$ がある。

2) 任意の $\epsilon > 0$ 対し、定理 2.10 (1) から、$\exists x \in X; \boxed{F} - \epsilon < x < \boxed{F}$ となる。
X の定義から、$a_n < x$ となる $\boxed{D}$ は有限個であるから、

その部分集合である $a_n \leq \boxed{F} - \epsilon$ となる $\boxed{D}$ は有限個である。
一方、$\boxed{F} + \epsilon$ は上限 a よりも大きいから X の要素ではない。
よって、$a_n < \boxed{F} + \epsilon$ となる $\boxed{D}$ は無限個ある。

無限個から有限個を引いても無限個であるから、

$\boxed{F} - \epsilon < a_n < \boxed{F} + \epsilon,\quad \left|\boxed{G} - \boxed{F}\right| < \epsilon$ となる自然数 $\boxed{D}$ は無限個ある。

よって、この不等式を満たす自然数 $\boxed{D}$ は幾らでも大きく取れる。

3) 任意の自然数 i に対し、自然数 n_i で、

$$n_{i-1} < n_i, \quad \left|a_{n_i} - \boxed{F}\right| < \frac{1}{i}$$

となる物を順に選ぶ。
まず、$\epsilon = \dfrac{1}{1}$ とすると、2) より $\left|\boxed{G} - \boxed{F}\right| < \dfrac{1}{1}$ となる無限個の $\boxed{D}$ があるから、

その中の一つを n_1 とする。

次に、$\left| a_{n_{i-1}} - \boxed{F} \right| < \dfrac{1}{i-1}$ を満たす n_{i-1} が与えられているとする。

$\epsilon = \dfrac{1}{i}$ とすると、2) より、$\left| \boxed{G} - \boxed{F} \right| < \dfrac{1}{i}$ となる自然数 $\boxed{D}$ は幾らでも大きく取れるから、n_{i-1} よりも大きい物が必ずある。それを n_i とする。

こうして、順に、増加数列 $\{n_i\}$ で、$\left| a_{n_i} - \boxed{F} \right| < \dfrac{1}{i}$ となる物が取れる。

$\lim\limits_{i\to\infty} \dfrac{1}{i} = 0$ であるから、$\lim\limits_{i\to\infty} a_{n_i} = \boxed{H}$ となる。

すなわち $\boxed{H}$ は集積点である。　□

(2) 収束する数列はコーシー列である。

(証明) $\{a_n\}$ を収束する数列とし、その極限値を a とする。

定義から、$\boxed{A}\, \epsilon > 0,\ \boxed{B}\, N; n > N \Rightarrow \left| a_n - \boxed{C} \right| < \dfrac{\epsilon}{2}$ となる。

もし、$m > N$ ならば、また $\left| a_m - \boxed{C} \right| < \dfrac{\epsilon}{2}$ であるから、三角不等式より

$$|a_n - a_m| = \left| \left(a_n - \boxed{D}\right) + \left(\boxed{D} - a_m\right) \right|$$
$$\leq \left| \left(a_n - \boxed{D}\right) \right| + \left| \left(\boxed{D} - a_m\right) \right|$$
$$< \dfrac{\epsilon}{2} + \dfrac{\epsilon}{2} = \epsilon$$

これは $\{a_n\}$ がコーシー列である事を意味する。　□

(3) コーシー列ならば、収束する。

(証明)　コーシー列の定義から、
$\forall \epsilon, \exists N; n > N, m > N \Rightarrow |a_n - a_m| < \epsilon,\quad a_m - \epsilon < a_n < a_m + \epsilon$ となる。
ϵ と対応する $N, m > N$ を一組選び固定する。$A = a_m - \epsilon,\ B = a_m + \epsilon$ とすると、

$n > N \Rightarrow A < \boxed{B} < B$ である。問題 2.1 から、$\left\{ \boxed{B} \right\}$ は有界である。

集積点定理 2.14 より、部分数列 $\{a_{n_i}\}$ と集積点 $a = \lim\limits_{i\to\infty} a_{n_i}$ がある。

コーシー列の定義より、$\boxed{C}\, \epsilon > 0,\ \boxed{D}\, N \in \mathbf{N}; n > N, m > N \Rightarrow |a_n - a_m| < \dfrac{\epsilon}{2}$ となる。

また、極限の定義より $\exists I \in \mathbf{N}; i > I \Rightarrow \left|a_{n_i} - \boxed{E}\right| < \dfrac{\epsilon}{2}$ である。
$\{n_i\}$ は増加数列であるから、$\exists i; n_i > N, i > I$ となる。よって、$n > N$ ならば、

$$\left|\boxed{F} - \boxed{E}\right| = \left|\boxed{F} - a_{n_i} + a_{n_i} - \boxed{E}\right| \leq \left|\boxed{F} - a_{n_i}\right| + \left|a_{n_i} - \boxed{E}\right| < \dfrac{\epsilon}{2} + \dfrac{\epsilon}{2} = \epsilon$$

極限の定義から、$\{a_n\}$ は $\boxed{G}$ に収束する。 □

2.4 級数とべき級数

2.4.1 級数

数列 $\{a_n\}$ に対し、和 $a_n + a_{n+1} + \cdots + a_m$ を $\sum_{i=n}^{m} a_i$ と書く。これは i に n から m までを順に代入して足す事を意味し、次のような性質を持つ。

(2.4.1) $$\sum_{i=n}^{m}(sa_i + tb_i) = s\sum_{i=n}^{m} a_i + t\sum_{i=n}^{m} b_i,$$

$$\sum_{i=n}^{m} b = (m - n + 1)b, \quad \sum_{i=n}^{m} a_i + \sum_{i=m+1}^{l} a_i = \sum_{i=n}^{l} a_i$$

定義 2.7 数列 $\{a_n\}$ が与えられたとき、形式的な無限和 $\sum_{n=1}^{\infty} a_n = a_1 + a_2 + \cdots$ を **級数**と言い、$s_n = \sum_{i=1}^{n} a_i$ を**部分和**と言う。各項が正 $(a_n > 0)$ のとき、**正項級数**と言う。

級数は、その部分和の数列 $\{s_n\}$ が s に収束するとき、**収束**すると言い

$$\sum_{n=1}^{\infty} a_n = a_1 + a_2 + \cdots\cdots = s$$

と書く。部分和が発散するとき、**発散**すると言う。特に $\pm\infty$ に発散するとき、

$$\sum_{n=1}^{\infty} a_n = a_1 + a_2 + \cdots\cdots = \pm\infty$$

と書く。特に $\sum_{n=1}^{\infty} |a_n|$ が収束するならば、**絶対収束**すると言う。

定理 2.7 を級数に適用して次の定理を得る。

定理 2.15（コーシーの収束条件） 級数 $\sum_{n=1}^{\infty} a_n$ が収束する必要十分条件は、任意の実数 $\epsilon > 0$ に対し適当な自然数 N があり、$n > N, m > N$ ならば

$$|s_m - s_n| = \left|\sum_{i=n+1}^{m} a_i\right| < \epsilon$$

となる事である。

この定理で $m = n+1$ とすると、$a_{n+1} = s_{n+1} - s_n$ だから、次の定理が得られる。

定理 2.16 級数 $\sum_{n=1}^{\infty} a_n$ が収束するならば、$\lim_{n\to\infty} a_n = 0$ である。

この定理の逆、$\lim_{n\to\infty} a_n = 0$ であっても級数が収束するとは限らない。調和級数 $\sum_{n=1}^{\infty} \frac{1}{n} = \infty$ がその例である。

また、定理 2.15 より、絶対収束級数は収束する事が分かる。

定理 2.17 絶対収束級数は収束する。

問題 2.8 コーシーの収束条件と三角不等式からこの定理を証明せよ.

正項級数は、収束するならば絶対収束である。一般の収束級数では、項を足す順序を変更すると無限和の値は変化するが、絶対収束級数では変化しない。証明なしで、これらを定理にしておく。絶対収束しない収束級数の例は、$\sum_{n=1}^{\infty} (-1)^{n-1} \frac{1}{n} = \log_e 2$ である。

定理 2.18 (1) 絶対収束級数は、その項の順序をどのように変更しても、同じ和に収束する。

(2)（リーマン）収束級数が絶対収束しないならば、和の順序を適当に変更する事で、どんな値にも収束させる事が出来る。さらに、$\pm\infty$ に発散させる事も、振動させる事も、和の順序を変更すれば可能である。

ここで具体的な級数の例をいくつか見ておく。

定理 2.19 等比級数 $\sum_{n=0}^{\infty} r^n = 1 + r + r^2 + \cdots\cdots$ は、

(1) $|r| < 1$ のとき収束し、その和は、$\dfrac{1}{1-r}$ になる。
(2) $r \geq 1$ ならば、∞ に発散する。
(3) $r \leq -1$ ならば振動する。

(証明) 部分和 $s_n = \sum_{i=0}^{n} r^i = 1 + r + r^2 + \cdots + r^n$ を考えると、

$$s_n + r^{n+1} = 1 + r + r^2 + \cdots + r^{n+1} = 1 + r(1 + r + \cdots + r^n) = 1 + rs_n$$

から、
$$s_n = \begin{cases} \frac{1-r^{n+1}}{1-r} & (r \neq 1) \\ n+1 & (r = 1) \end{cases}$$

定理 2.4 と問題 2.2 は、この定理を意味する。 □

定理 2.20 調和級数 $\sum_{n=1}^{\infty} \frac{1}{n} = 1 + \frac{1}{2} + \frac{1}{3} + \cdots\cdots$ は、∞ に発散する。

(証明) 部分和を $s_n = \sum_{i=1}^{n} \frac{1}{i}$ とする。$2^{i-1} + 2^{i-1} = 2 \cdot 2^{i-1} = 2^i$ に注意して、

$$t_0 = 1, \ t_1 = \frac{1}{2}, \ t_2 = \frac{1}{3} + \frac{1}{4}, \ t_3 = \frac{1}{5} + \frac{1}{6} + \frac{1}{7} + \frac{1}{8},$$

$$t_i = \sum_{n=2^{i-1}+1}^{2^i} \frac{1}{n} = \left(\frac{1}{2^{i-1}+1} + \frac{1}{2^{i-1}+2} + \cdots + \frac{1}{2^{i-1}+j} + \cdots + \frac{1}{2^i} \right)$$

と置くと、
$$s_{2^n} = \sum_{i=0}^{n} t_i = t_0 + t_1 + t_2 + \cdots + t_n$$

$2^{i-1} + j \leq 2^{i-1} + 2^{i-1} = 2^i$ より、$\frac{1}{2^{i-1}+j} \geq \frac{1}{2^i}$ であり、t_i の項数は 2^{i-1} 項であるから、

$$t_i = \left(\frac{1}{2^{i-1}+1} + \frac{1}{2^{i-1}+2} + \cdots + \frac{1}{2^{i-1}+j} + \cdots + \frac{1}{2^i} \right) \geq \frac{1}{2^i} + \cdots + \frac{1}{2^i} = 2^{i-1} \frac{1}{2^i} = \frac{1}{2}$$

以上から、
$$s_{2^n} \geq 1 + \frac{1}{2} + \frac{1}{2} + \cdots + \frac{1}{2} = 1 + n\frac{1}{2} > \frac{n}{2}$$

$\lim_{n \to \infty} \frac{n}{2} = \infty$ であるから、s_n も ∞ に発散する。 □

2.4.2 正項級数

ここで正項級数の性質を調べる。このとき、部分和 s_n は増加数列であるから、収束するか ∞ に発散する。定理 2.12 から次の定理が得られる。

定理 2.21 正項級数 $\sum_{n=1}^{\infty} a_n$ が収束する必要十分条件は、その部分和数列が上に有界になる事である。つまり、

$$(\sum_{n=1}^{\infty} a_n \text{ が収束}) \Leftrightarrow (\exists K, \forall n; |s_n| = \sum_{i=1}^{n} a_i \leq K)$$

問題 2.9 正項級数 $\sum_{n=1}^{\infty} a_n$ は、ある自然数 N があって、それから先の部分和が上に有界ならば収束する事を示せ。

$$(\exists N, \exists K, \forall n > N; \sum_{i=N+1}^{n} a_i \leq K) \Rightarrow (\sum_{n=1}^{\infty} a_n \text{ は収束})$$

正項級数の収束発散を調べる時、他の良く分かっている正項級数と比較する事が有効である。定理 2.21 から、次の定理は明らかである。

定理 2.22 $\forall n; 0 \leq a_n \leq b_n$ とする。もし $\sum_{n=1}^{\infty} b_n$ が収束するならば $\sum_{n=1}^{\infty} a_n$ も収束する。対偶をとって、$\sum_{n=1}^{\infty} a_n$ が発散するならば $\sum_{n=1}^{\infty} b_n$ も発散する。

この定理を少し拡張したのが次の定理である。定理 2.22 は、$N = 0, K = 1$ のときである。

定理 2.23 ある定数 $K > 0$ と整数 $N \geq 0$ があって、$n > N$ ならば $0 \leq a_n \leq Kb_n$ とする。

このとき、$\sum_{n=1}^{\infty} b_n$ が収束するならば、$\sum_{n=1}^{\infty} a_n$ も収束する。

(証明) 上の問題 2.9 から明らか。直接の証明は、テスト 6 問 1 . (1) である。 □

定理 2.23 を使用して、少し複雑な判定方法も得られる。

定理 2.24 ある自然数 N があって、$n > N$ ならば $a_n > 0, b_n > 0, \dfrac{a_{n+1}}{a_n} \leq \dfrac{b_{n+1}}{b_n}$ であるとする。もし、$\sum_{n=1}^{\infty} b_n$ が収束するならば、$\sum_{n=1}^{\infty} a_n$ も収束する。逆に言うと、$\sum_{n=1}^{\infty} a_n$ が発散するならば、$\sum_{n=1}^{\infty} b_n$ も発散する.

(証明) 条件式から、$n > N$ ならば $\dfrac{a_{n+1}}{b_{n+1}} \leq \dfrac{a_n}{b_n}$ であるから、$\dfrac{a_n}{b_n} \leq \dfrac{a_{n-1}}{b_{n-1}} \leq \cdots \leq \dfrac{a_N}{b_N}$ となる。したがって、$n > N$ ならば $a_n \leq \dfrac{a_{N+1}}{b_{N+1}} b_n$ となり、定理 2.23 はこの定理を意味する。 □

定理 2.23、定理 2.24 で、$\{b_n\}$ を等比級数とした時、それぞれ次の収束判定条件を得る。ダランベールの判定法は実用上便利であるが、コーシーの判定法のほうが適用範囲は広い。つまり、$\lim\limits_{n\to\infty} \dfrac{a_{n+1}}{a_n}$ が存在しなくとも、$\lim\limits_{n\to\infty} \sqrt[n]{a_n}$ が存在する場合がある。また $a = \lim\limits_{n\to\infty} \dfrac{a_{n+1}}{a_n}$ が存在すれば $\lim\limits_{n\to\infty} \sqrt[n]{a_n}$ はいつも存在し、その値は a になる。

定理 2.25（コーシーの判定法） 正項級数 $\sum\limits_{n=1}^{\infty} a_n$ について、極限 $a = \lim\limits_{n\to\infty} \sqrt[n]{a_n}$ が存在するならば、$\sum\limits_{n=1}^{\infty} a_n$ は $0 \leq a < 1$ のとき収束し、$1 < a$ のとき ∞ に発散する。また $a = \infty$ の場合も発散する。

(証明) $0 \leq a < 1$ のとき、$a < r < 1$ となる実数 r がある。$\lim\limits_{n\to\infty} \sqrt[n]{a_n} = a$ の収束の定義で $\epsilon = r - a > 0$ とすると、ある自然数 N があって、$n > N$ ならば $-(r-a) < \sqrt[n]{a_n} - a < r - a$ であるから、$0 \leq \sqrt[n]{a_n} < r, \quad a_n < r^n$ となる。したがって、定理 2.23 と定理 2.19 から収束する。

$1 < a, a = \infty$ のときは次の問題である。 □

問題 2.10 (1) 上の定理で $1 < a$ の場合 ∞ に発散する事を証明せよ。

ヒント $1 < r < a$ となる実数がある。収束の定義で $\epsilon > 0$ をうまく取る事により、適当な N があって $n > N$ ならば $r^n < a_n$ となる。．

(2) $a = \infty$ のとき発散する事を証明せよ。

ヒント $a = \infty$ は、任意の $K > 1$ に対し適当な N があり、$n > N$ ならば $\sqrt[n]{a_n} > K$ となる事を意味する。$K > 1$ に対して $K^n > K$ となる事を使用して、a_n が発散する事を示す。さらに定理 2.16 を使う。

定理 2.26（ダランベールの判定法） 正項級数 $\sum\limits_{n=1}^{\infty} a_n$ について、極限 $a = \lim\limits_{n\to\infty} \dfrac{a_{n+1}}{a_n}$ が存在するならば、$\sum\limits_{n=1}^{\infty} a_n$ は $0 \leq a < 1$ のとき収束し、$1 < a$ のとき ∞ に発散する。また $a = \infty$ の場合も発散する。

(証明) テスト 6 問 1. (2) である。 □

注 有界な数列 $\{a_n\}$ に対して、$\overline{\alpha}_n = \sup\{a_n, a_{n+1}, \cdots\}, \underline{\alpha}_n = \inf\{a_n, a_{n+1}, \cdots\}$ と置くと、$\{\overline{\alpha}_n\}$ は減少数列であり、$\{\underline{\alpha}_n\}$ は増加数列になる。どちらも有界

であるから、定理 2.12 より極限値がある。それぞれ**上極限**、**下極限**と言い、$\overline{\lim}_{n\to\infty} a_n = \lim_{n\to\infty} \overline{\alpha}_n$, $\underline{\lim}_{n\to\infty} a_n = \lim_{n\to\infty} \underline{\alpha}_n$ と書く。極限値 $a = \lim_{n\to\infty} a_n$ があるのは、上極限と下極限が一致するときである。

定理 2.25, 定理 2.26 は、上極限・下極限を使う事でより正確に表現できる。
$$\underline{a} = \underline{\lim} \sqrt[n]{a_n},\ \overline{a} = \overline{\lim} \sqrt[n]{a_n},\ \underline{a} = \underline{\lim} \frac{a_{n+1}}{a_n},\ \overline{a} = \overline{\lim} \frac{a_{n+1}}{a_n}$$
と置くと、上の二つの定理の判定法は、それぞれ $0 \leq \overline{a} < 1$ で収束、$1 < \underline{a}$ で発散するという表現になる。$\underline{\lim} = \overline{\lim}$ のとき収束し、その値が $\lim_{n\to\infty}$ である事と、次の不等式が成り立つ事に注意する。

(2.4.2) $$\underline{\lim} \frac{a_{n+1}}{a_n} \leq \underline{\lim} \sqrt[n]{a_n} \leq \overline{\lim} \sqrt[n]{a_n} \leq \overline{\lim} \frac{a_{n+1}}{a_n}$$

これから、ダランベールの判定法が使える時は必ずコーシーの判定法でも収束発散が判定出来る事と、ダランベールの判定法が使えなくてもコーシーの判定法により収束発散が判定出来る場合がある事が分かる．

2.4.3　べき級数

$\{a_n\}$ を数列、c を実定数とし、変数 x についての級数

(2.4.3) $$\sum_{n=0}^{\infty} a_n(x-c)^n = a_0 + a_1(x-c) + a_2(x-c)^2 + \cdots + a_n(x-a)^n + \cdots\cdots$$

を**べき級数**と言う。$x' = x - c$ とする事により、$c = 0$ の場合の級数

(2.4.4) $$\sum_{n=0}^{\infty} a_n x^n = a_0 + a_1 x + a_2 x^2 + \cdots + a_n x^n + \cdots\cdots$$

が生ずる。したがってこの形のべき級数の性質を調べれば、(2.4.3) のべき級数の性質も分かる。定理 2.17 より，絶対収束級数は収束する事に注意する。

定理 2.27 (2.4.4) がある点 $x = x_0 \neq 0$ で収束するならば、$|x| < |x_0|$ となる全ての x で絶対収束する。

(証明) 部分和 $s_n = \sum_{i=0}^{n} a_i x_0^i$ は収束するから、定理 2.3 より有界になる。よって、ある実数 $K > 0$ があり $|s_n| \leq K$ となる。$s_{-1} = 0$ として、

$$|a_n x^n| = \left|a_n x_0^n \left(\frac{x^n}{x_0^n}\right)\right| = \left|(s_n - s_{n-1})\left(\frac{x}{x_0}\right)^n\right| \leq (|s_n| + |s_{n-1}|)\left|\frac{x}{x_0}\right|^n \leq 2K\left|\frac{x}{x_0}\right|^n$$

$|x| < |x_0|$ ならば $\left|\frac{x}{x_0}\right| < 1$ だから、$r = \left|\frac{x}{x_0}\right|$ とすると、定理 2.19 により $\sum_{n=0}^{\infty} r^n$ は収束する。定理 2.23 から、この範囲でべき級数は絶対収束する。　□

2.4 級数とべき級数

問題 2.11 $x = x_1$ で (2.4.4) が発散するならば $|x| > |x_1|$ で発散する事を、上の定理を使って示せ。

ヒント 矛盾法を使う。

べき級数 (2.4.4) が収束する点の集合の上限を R とすると、上の定理から、$|x| < R$ でこのべき級数は収束し、$|x| > R$ で発散する。この $R > 0$ を**収束半径**と言う。

定理 2.28 べき級数 (2.4.4) の収束発散については、次の 3 通りの場合のみが起こる。
(1) ある実数 $R > 0$ があって、$|x| < R$ で収束し、$|x| > R$ で発散する。
(2) $x = 0$ でのみ収束し、それ以外では発散する。この時、$R = 0$ とする。
(3) 全ての x に対して収束する。この時、$R = \infty$ とする。

(証明) (2) と (3) 以外の場合 (1) のような $R > 0$ がある事を示せばよい。$X = \{x \mid x$ でこのべき級数は収束する。$\}$ と置く。$0 \in X$ だから X は空でない。(3) 以外ならば、発散する点 $x_1 \neq 0$ がある。問題 2.11 から、$|x_1|$ 以上には収束する点はないから、$|x_1|$ が上界になり、X は上に有界になる。そこで、上限を R とする。(2) 以外ならば収束する点 $x_0 \neq 0$ がある。$0 < x < |x_0|$ となる x について、定理 2.27 から $x \in X$ だから、$0 < x \leq R$ となる。

もし $0 < |x| < R$ ならば、定理 2.10 (1) で $\epsilon = R - |x|$ とする事で、$|x| = R - (R - |x|) = R - \epsilon < x' < R$ となる $x' \in X$ がある。つまり、x' でこのべき級数は収束するから、定理 2.27 は、x でもこのべき級数が収束する事を意味する。

もし $|x| > R$ ならば、$|x| > x'' > R$ となる x'' がある。もし $x'' \in X$ ならば R が X の上界である事に反するから、x'' は X の要素ではない。つまり、x'' では収束せず発散する。すると問題 2.11 は x で発散する事を意味する。 □

べき級数が与えられたとき、その収束半径を計算する事が重要になる。定理 2.25 と定理 2.26 を使えば、収束半径を計算する公式を得る。それが次の 2 つの定理である。ここで、$\frac{1}{0} = \infty, \frac{1}{\infty} = 0$ とみなす。

定理 2.29（コーシー） 極限値 $\rho = \lim_{n \to \infty} \sqrt[n]{|a_n|}$ が存在するならば、$R = \frac{1}{\rho}$ は収束半径である。

(証明) $R \neq 0, \infty$ の時には、$\rho = \frac{1}{R}$ であるから、

$$\lim_{n \to \infty} \sqrt[n]{|a_n x^n|} = \lim_{n \to \infty} \sqrt[n]{|a_n|} |x| = |x|\rho = \frac{|x|}{R}$$

となる。$|x| < R$ ならば、$\frac{|x|}{R} < 1$ であり、定理 2.25 より絶対収束する。$|x| > R$ ならば $\frac{|x|}{R} > 1$ であり、定理 2.25 より発散する。これは、R が収束半径である事を意味する。

$R = \infty$ の時は $\rho = 0$ であり、の式から $\lim_{n\to\infty}\sqrt[n]{|a_n x^n|} = |x|\rho = 0$ である。同じく定理 2.25 より、全ての x について絶対収束する。

$R = 0$ の時は、$\rho = \infty$ であり、上の式から $x \neq 0$ に対し $\lim_{n\to\infty}\sqrt[n]{|a_n x^n|} = \infty > 1$ である。したがって、定理 2.25 より、$x \neq 0$ で発散する。　□

注　コーシーの定理を正確に述べると、

「収束半径は $R = \dfrac{1}{\overline{\lim} \sqrt[n]{|a_n|}}$ である。」

$\lim_{n\to\infty}$ は存在しない時もあるが、$\overline{\lim}$ は常に存在する事に注意する。証明は上の定理の証明とほぼ同じである。

定理 2.26 から導かれる次の定理は実用上の有利がある。

定理 2.30（ダランベール）　極限 $R = \lim_{n\to\infty}\left|\dfrac{a_n}{a_{n+1}}\right|$ が存在するならば、それは収束半径である。

(証明) (2.4.2) と上の注で述べたコーシーの定理から明らかである。直接の証明は テスト 6 問 1. (3) である。　□

問題 2.12　次のべき級数の収束半径を求めよ。

(1) $\sum_{n=0}^{\infty} \dfrac{x^n}{n!} = 1 + \dfrac{x}{1!} + \dfrac{x^2}{2!} + \cdots\cdots$

(2) $\sum_{n=1}^{\infty} (-1)^{n-1}\dfrac{x^n}{n} = x - \dfrac{x^2}{2} + \dfrac{x^3}{3} - \cdots\cdots$

(3) $\sum_{n=0}^{\infty} (-1)^n \dfrac{x^{2n}}{(2n)!} = 1 - \dfrac{x^2}{2!} + \dfrac{x^4}{4!} - \cdots\cdots$
($y = x^2$ とおいて計算せよ)

(4) $\sum_{n=0}^{\infty} (-1)^n \dfrac{x^{2n+1}}{(2n+1)!} = x - \dfrac{x^3}{3!} + \dfrac{x^5}{5!} - \cdots\cdots$
(x で割り, $y = x^2$ とおいて計算せよ)

(5) $\sum_{n=0}^{\infty} x^n = 1 + x + x^2 + \cdots\cdots$ 　　(6) $\sum_{n=0}^{\infty} \dfrac{2^n}{n^2} x^n$ 　　(7) $\sum_{n=0}^{\infty} \dfrac{n^n}{(n+1)^{n+1}} x^n$

最後に、べき級数の性質をまとめる。しかし、使われている用語の定義はまだ先であり、定理の証明は省略する。

定理 2.31　べき級数 $f(x) = \sum_{n=0}^{\infty} a_n x^n$ の収束半径を $R > 0$ とする。

(1) 関数 $f(x)$ は開区間 $(-R, R)$ で連続である。

(2) 区間 $(-R, R) \ni x$ で、導関数 $f'(x)$ は存在し、べき級数 $\sum_{n=1}^{\infty} n a_n x^{n-1}$ と等しい。このべき級数の収束半径も R である。

(3) 区間 $(-R, R) \ni x$ で、不定積分 $\int f(x)\,dx$ は存在し、べき級数 $\sum_{n=0}^{\infty} a_n \dfrac{x^{n+1}}{n+1}$ と等しい。

テスト 6

問 1. 次の空欄に、$\forall, \exists, <, \leq, >, \geq, n, r, \epsilon$ を入れよ。

(1) (定理 2.23) ある定数 $K > 0$ があり、十分大きな n に対して、$0 < a_n \leq Kb_n$ が成り立つとする。もし、$\sum_{n=1}^{\infty} b_n$ が収束するならば、$\sum_{n=1}^{\infty} a_n$ も収束する。

(証明) $\sum_{n=1}^{\infty} b_n$ は収束するから、定理 2.15 より、
$$\boxed{A} \epsilon_1, \boxed{B} N_1 : n \boxed{C} N_1,\ m \boxed{C} N_1 \implies \left| \sum_{i=n}^{m} b_i \right| < \epsilon_1$$

そこで、$\boxed{D} \epsilon$ にたいして、$\epsilon_1 = \epsilon/K$ とし、対応する N_1 を十分大きく取り、それを N とする。そのとき、

$$n \boxed{E} N,\ m \boxed{E} N \implies \left| \sum_{i=n}^{m} a_n \right| \boxed{F} \left| \sum_{i=n}^{m} Kb_n \right| < K\epsilon_1 = K \dfrac{\boxed{G}}{K} = \boxed{G} \qquad \square$$

(2) (定理 2.26) $\lim_{n \to \infty} \dfrac{a_{n+1}}{a_n} = a$ とする。

1) $0 \leq a < 1$ ならば、$\sum_{n=1}^{\infty} a_n$ は収束する。

2) $1 < a$ ならば、$\sum_{n=1}^{\infty} a_n$ は発散する。

(証明) 1) $0 \leq a < 1$ より、$\exists r \in \mathbf{R} : a < r < 1$ となる。一方、収束の定義より、

$(*)$ $\boxed{A} \epsilon > 0, \boxed{B} N : n > N \implies \left| a - \dfrac{a_{n+1}}{a_n} \right| \boxed{C} \epsilon$

最後の不等式は、$a - \epsilon < \dfrac{a_{n+1}}{a_n} < a + \epsilon$ と同値である。

そこで、$\epsilon = r - a$ とし、対応する N を取る。すると

$n > N \implies \dfrac{a_{n+1}}{a_n} \boxed{D} a + \epsilon = \boxed{E}$

よって、定理 2.24 で $b_n = r^n$ とすると、$\dfrac{a_{n+1}}{a_n} \boxed{D} \boxed{E} = \dfrac{b_{n+1}}{b_n}$

定理 2.19 (1) から $\sum_{n=1}^{\infty} b_n$ は収束する。従って、定理 2.24 より、$\sum_{n=1}^{\infty} a_n$ は収束する。

2) $1 < a$ より、適当な $r \in R$ があって、$1 < r < a$ である。
一方（∗）で、$\epsilon = a - \boxed{F}$ とし、対応する N を取る。すると

$$n > N \implies \frac{r^{n+1}}{r^n} = \boxed{F} = a - \epsilon < \frac{a_{n+1}}{a_n}$$

定理 2.19 (2) から $\sum_{n=1}^{\infty} r^n$ は発散する。従って、定理 2.24 から $\sum_{n=1}^{\infty} a_{\boxed{G}}$ は発散する。

(3) (定理 2.30) $\lim_{n \to \infty} \left| \frac{a_n}{a_{n+1}} \right| = R$ はべき級数 $\sum_{n=0}^{\infty} a_n x^n$ の収束半径である。

(証明) $\lim_{n \to \infty} \left| \frac{a_{n+1} x^{n+1}}{a_n x^n} \right| = \lim_{n \to \infty} \left| \frac{a_{n+1}}{a_n} \right| |x| = \frac{|x|}{R}$ より、上の (2) を使うと、

1) $|x| \boxed{A} R$ ならば、$\lim_{n \to \infty} \left| \frac{a_{n+1} x^{n+1}}{a_n x^n} \right| = \frac{|x|}{R} \boxed{A} 1$ だから、

$$\sum_{\boxed{B}=0}^{\infty} a_{\boxed{B}} x^{\boxed{B}}$$ は収束する。

2) $|x| \boxed{C} R$ ならば、$\lim_{n \to \infty} \left| \frac{a_{n+1} x^{n+1}}{a_n x^n} \right| = \frac{|x|}{R} \boxed{C} 1$ だから、

$$\sum_{\boxed{B}=0}^{\infty} a_{\boxed{B}} x^{\boxed{B}}$$ は発散する。　□

問 2. 次のべき級数の収束半径 R を求めよ。

(1) $\sum_{n=0}^{\infty} \left(\frac{n+1}{3n+2} \right)^n x^n$ 　　　　(2) $\sum_{n=0}^{\infty} \frac{n}{2^n} x^n$

第3章

関数の極限と連続関数

3.1 関数の極限

3.1.1 関数の極限の定義

この節では、ある開区間 (x_0, x_1) を定義域とする関数 $f : (x_0, x_1) \to \mathbf{R}, y = f(x)$ を考える。a がこの区間の 1 点である時、

「$f(x)$ は a の近くで定義されている」

という表現を使う。また、本書で取り扱う関数は主に数式で表された関数であるが、定義 1.3 にあるように、関数 (写像) は数式で表せない場合のほうが多い。特にこの節では、一般の関数を扱う。

さて、「x が a に近づくとき、関数の値 $f(x)$ がある値 α に近づく」をどのように表現するか考えてみよう。2.1 節の数列の極限ので見たように、基準になる実数 $\epsilon > 0, \delta > 0$ を考える。これは果てしなく小さく取れる物と解釈する。すると、

「x が a に近づく」の表現は、「$|x - a| < \delta$」であり、

「$f(x)$ が α に近づく」は、「$|f(x) - \alpha| < \epsilon$」である。

そこで、「$f(x)$ が α に近づく」のは、「x が a に近づく」ときであるから、

$$\forall \epsilon > 0, \exists \delta > 0; |x - a| < \delta \Rightarrow |f(x) - \alpha| < \epsilon$$

という表現で極限を定義する。

この定義で、$f(x)$ は $x = a$ で定義されている必要は無い。f の定義域が (x_0, x_1) から点 a を抜いた物でよい。例えば、$\lim_{x \to 1} \dfrac{x^2 - 1}{x - 1}$ では、この関数は $x = 1$ では値を持っていない。

次に注意するのは、似た表現「(*) $\forall \delta > 0, \exists \epsilon > 0; |x - a| < \delta \Rightarrow |f(x) - \alpha| < \epsilon$」である。いくらでも小さく $\epsilon > 0$ を取れるとは限らないので、$f(x)$ が α に近づくという事を表現していない。例えば、$f(x) = x^2, a = 0, \alpha = -1$ を考える。任意の $\delta > 0$ に対して、

$\epsilon = \delta^2 + 1 > 0$ とすれば、
$$|x - a| = |x| < \delta \text{ ならば } |f(x) - (-1)| = x^2 + 1 < \delta^2 + 1 = \epsilon$$
となるから、(*) を極限の定義に採用したならば、$\lim_{x \to 0} x^2 = -1$ となり、極限の定義としては不適当である。

以上の議論から次の極限の定義を得る。この定義および、これを使った証明法を $\epsilon - \delta$ 法と言う。

定義 3.1 (1) 関数 $y = f(x)$ がある点 $x = a$ の周辺で定義されているとする。$x = a$ で定義されている必要は無い。
$$\forall \epsilon > 0, \exists \delta > 0; |x - a| < \delta \Rightarrow |f(x) - \alpha| < \epsilon$$
となるならば、x が a に近づく時 $f(x)$ は**極限値 α に収束する**と言い、$\lim_{x \to a} f(x) = \alpha$ と書く。

(2) $\forall K > 0, \exists \delta > 0; |x - a| < \delta \Rightarrow f(x) \geq K$
となるならば、x が a に近づくとき $f(x)$ は ∞ (無限大) に発散すると言い、$\lim_{x \to a} f(x) = \infty$ と書く。また、
$$\forall K > 0, \exists \delta > 0; |x - a| < \delta \Rightarrow f(x) \leq -K$$
となるならば、x が a に近づくとき $f(x)$ は $-\infty$ (負の無限大) に発散すると言い、$\lim_{x \to a} f(x) = -\infty$ と書く。

(3) $y = f(x)$ が (x_0, ∞) で定義されている時、
$$\forall \epsilon > 0, \exists M > 0; x > M \Rightarrow |f(x) - \alpha| < \epsilon$$
となるならば、x が ∞ に発散するとき $f(x)$ は極限値 α に収束すると言い、$\lim_{x \to \infty} f(x) = \alpha$ と書く。
また、$y = f(x)$ が $(-\infty, x_0)$ で定義されている時、
$$\forall \epsilon > 0, \exists M > 0; x < -M \Rightarrow |f(x) - \alpha| < \epsilon$$
となるならば、x が $-\infty$ に発散するとき $f(x)$ は極限値 α に収束すると言い、$\lim_{x \to -\infty} f(x) = \alpha$ と書く。

(4) 最後に、**片側極限値**を定義する。
$$\forall \epsilon > 0, \exists \delta > 0; 0 < x - a < \delta \Rightarrow |f(x) - \alpha| < \epsilon$$
となるならば、α を**右側極限値**と呼び、$\lim_{x \to a+0} f(x) = \alpha$ と書く。この時 $a < x < a + \delta$ であるから、x は a よりも大きいほうから x に近づくときの極限値である。同様に、x

が a よりも小さいほうから近づくときの極限値は次のように定義される。

$$\forall \epsilon > 0, \exists \delta > 0; 0 < a - x < \delta \Rightarrow |f(x) - \alpha| < \epsilon$$

となるならば、α を**左側極限値**と呼び、$\lim_{x \to a-0} f(x) = \alpha$ と書く。ただし、$a = 0$ の時は $x \to +0, x \to -0$ と、それぞれ書く。

注 1) この ϵ は、数列の極限のときと同様に、無限に小さくなるイメージである。だが、証明では定数とみなして、それに対して δ を決める。

2) 数列の極限の定義 2.1 の注 2) と同じ理由で、ある定数 $d > 0$ に対して、$d > \epsilon > 0$ となる ϵ について、定義のような δ が取れれば、収束する事になる。つまり、十分小さい ϵ について証明すれば、収束は証明出来る。

問題 3.1 上の定義にならって、

$$\lim_{x \to \infty} f(x) = \infty, \ \lim_{x \to \infty} f(x) = -\infty, \ \lim_{x \to -\infty} f(x) = \infty, \ \lim_{x \to -\infty} f(x) = -\infty$$

を定義せよ。

例題 3.1 以下の極限値を定義により示せ。

(1) $\lim_{x \to 1} x^2 = 1$

（証明の準備） $x^2 - 1$ を $x - 1$ で表示すると、$x^2 - 1 = (x-1)^2 + 2(x-1)$ となる。そこで $\delta = x - 1, \epsilon = x^2 - 1$ と置いてみると、$\delta^2 + 2\delta = \epsilon$ であるから、$\delta = \sqrt{\epsilon + 1} - 1$ となる。

（証明）任意の実数 $\epsilon > 0$ に対し、$\delta = \sqrt{\epsilon + 1} - 1$ と置く。すると, $\delta > \sqrt{1} - 1 = 0$ であり $\delta^2 + 2\delta = \epsilon$ となる。

よって、$|x - 1| < \delta$ ならば

$$|x^2 - 1| = |(x-1)^2 + 2(x-1)| \leq |x-1|^2 + 2|x-1| < \delta^2 + 2\delta = \epsilon$$

定義から証明された。 □

(2) $\lim_{x \to 2} \dfrac{x^3 - 8}{x - 2} = 12$

（証明の準備）

$$\frac{x^3 - 8}{x - 2} - 12 = x^2 + 2x + 4 - 12 = (x-2)^2 + 6(x-2) \quad (x \neq 2)$$

から、$\delta = x - 2, \epsilon = \dfrac{x^3 - 8}{x - 2} - 12$ とすると、$\delta^2 + 6\delta = \epsilon$ となる。$\delta = \sqrt{\epsilon + 9} - 3$ とすればよい。

(証明) 任意の実数 $\epsilon > 0$ に対し、$\delta = \sqrt{\epsilon + 9} - 3$ とする。$\delta > \sqrt{9} - 3 = 0$ から $\delta^2 + 6\delta = \epsilon$ である。

そこで、$|x - 2| < \delta$ ならば

$$\left| \frac{x^3 - 8}{x - 2} - 12 \right| = |(x-2)^2 + 6(x-2)| < \delta^2 + 6\delta = \epsilon \quad \square$$

問題 3.2 次の式を $\epsilon - \delta$ 法により示せ。
(1) $\lim_{x \to 3} x^2 = 9$ (2) $\lim_{x \to 1} \dfrac{2x^2 - 2}{x - 1} = 4$ (3) $\lim_{x \to -1} \dfrac{x^3 + 1}{x + 1} = 3$

3.1.2 極限の性質

次の定理は極限の基本的な性質である。数列の極限の性質の定理 2.5 と平行な議論で証明出来る。また、次の定理 3.2 によれば、定理 2.5 がこの定理を意味する。

定理 3.1 $\lim_{x \to a} f(x) = \alpha, \lim_{x \to a} g(x) = \beta$ のとき、次が成り立つ。

(1) $\lim_{x \to a} \{sf(x) + tg(x)\} = s\alpha + t\beta$

(2) $\lim_{x \to a} f(x)g(x) = \alpha\beta$

(3) $\beta \neq 0$ ならば、$\lim_{x \to a} \dfrac{f(x)}{g(x)} = \dfrac{\alpha}{\beta}$

(4) ある $b < a < c$ があって、$x \in (b, c)$ で $f(x) \leq g(x)$ ならば、$\alpha \leq \beta$

(5) もし $f(x) \leq h(x) \leq g(x), \alpha = \beta$ ならば、$\lim_{x \to a} h(x) = \alpha$

(6) もし $\lim_{x \to a} g(x) = \gamma$ ならば、$\lim_{x \to a} g(f(x)) = \lim_{y \to \alpha} g(y) = \gamma$

注 $\lim_{x \to a} f(x) = \alpha, \lim_{x \to a} g(x) = \beta$ は、極限の定義から次の事を意味する。

$\forall \epsilon > 0, \exists \delta_1 > 0, \exists \delta_2 > 0; (|x-a| < \delta_1 \Rightarrow |f(x) - \alpha| < \epsilon) \wedge (|x-a| < \delta_2 \Rightarrow |g(x) - \beta| < \epsilon)$

そこで、$\delta = \min\{\delta_1, \delta_2\}$ とすると、

(3.1.1) $\qquad \forall \epsilon > 0, \exists \delta > 0; |x - a| < \delta \Rightarrow (|f(x) - \alpha| < \epsilon) \wedge (|g(x) - \beta| < \epsilon)$

(定理 3.1 の証明)

(1) $|s| + |t| = 0$ ならば、$s = t = 0$ であるから成り立つ。そこで、$|s| + |t| > 0$ と仮定する。任意の $\epsilon > 0$ に対し、$\epsilon' = \dfrac{\epsilon}{|s| + |t|}$ に対応する、上の注の δ を取ると、$|x - a| < \delta$

ならば

$$|sf(x)+tg(x)-(s\alpha+t\beta)| = |s\{f(x)-\alpha\}+t\{g(x)-\beta\}|$$
$$\leq |s||f(x)-\alpha|+|t||g(x)-\beta|$$
$$< |s|\frac{\epsilon}{|s|+|t|}+|t|\frac{\epsilon}{|s|+|t|}=\epsilon$$

よって、定義より証明された。 □

問題 3.3 上の定理 (2) 以下を定理 2.5 の証明を参考にして証明せよ。

3.1.3 数列の極限との関係

　関数の極限の素朴な考え、「x が a に近づくとき $f(x)$ が α に近づく」を厳密に述べて、定義 3.1 を得た。別の捉え方として、「a に収束する全ての数列 $\{a_n\}(a_n \neq a)$ 対し、数列 $\{f(a_n)\}$ が α に収束する」という考え方もある。実際にこれが定義 3.1 と同値になる事を確認する。この定理から、数列の極限の性質の多くが関数の極限の場合にも成り立つ事が分かる。証明はテスト 7 問 2 である。

定理 3.2 「a に収束する全ての数列 $\{a_n\}$ $(a_n \neq a)$ に対し、$\lim_{n\to\infty} f(a_n) = \alpha$」と、「$\lim_{x\to a} f(x) = \alpha$」は同値である。
　　これは $a = \pm\infty$ または $\alpha = \pm\infty$ の場合でも成り立つ。

問題 3.4 (1) $a = \infty$ のとき、テスト 7 問 2 の証明で、δ を $K > 0$ に、$|x-a| < \delta$ を $x > K$ に置き換える事で、上の定理を証明せよ。
　　(2) $\alpha = \infty$ のとき、テスト 7 問 2 の証明で、ϵ を $K > 0$ に、$|f(x)-\alpha| < \epsilon$ を $f(x) > K$ に、$|f(x)-\alpha| \geq \epsilon$ を $f(x) \leq K$ に置き換える事で、上の定理を証明せよ。

定理 3.2 から、コーシーの収束条件 (定理 2.7) を、関数の極限の場合に翻訳すると、

コーシーの収束条件：

$$\forall \epsilon > 0, \exists \delta > 0; 0 < |x'-a| < \delta,\ 0 < |x''-a| < \delta \Rightarrow |f(x')-f(x'')| < \epsilon$$

定理 3.3 $\lim_{x\to a} f(x)$ が有限な値に収束する事と、コーシーの収束条件は、同値である。

　(証明) ($\Rightarrow$ の証明) $\lim_{x\to a} f(x) = \alpha$ とすると、任意の $\epsilon > 0$ に対し適当な $\delta > 0$ があり、$0 < |x-a| < \delta$ ならば、$|f(x)-\alpha| < \frac{\epsilon}{2}$ となる。そこで、$0 < |x'-a| < \delta, 0 < |x''-a| < \delta$ ならば、三角不等式から、

$$|f(x')-f(x'')| = |(f(x')-\alpha)-(f(x'')-\alpha)| \leq |f(x')-\alpha|+|f(x'')-\alpha| < \frac{\epsilon}{2}+\frac{\epsilon}{2} < \epsilon$$

となるから、コーシーの収束条件は成り立つ.

（⇐ の証明）コーシーの収束条件を仮定する。ある α があり、a に収束する全ての数列 $\{a_n\}, (\lim_{n\to\infty} a_n = a,\ a_n \neq a)$ に対し、$\lim_{n\to\infty} f(a_n) = \alpha$ となる事を示せば、定理 3.2 から $\lim_{x\to a} f(x) = \alpha$ が証明される.

まず、$\{f(a_n)\}$ が有限な値に収束する事を示す。任意の $\epsilon > 0$ に対し、コーシーの収束条件の $\delta > 0$ を取る。$\lim_{n\to\infty} a_n = a$ から、この δ に対し適当な自然数 N があり、$n > N$ ならば $0 < |a_n - a| < \delta$ になる。すると、$n, m > N$ ならば、$0 < |a_n - a| < \delta$, $0 < |a_m - a| < \delta$ だから、コーシーの収束条件より、$|f(a_n) - f(a_m)| < \epsilon$ となる。数列の場合のコーシーの収束条件 (定理 2.7) から $\lim_{n\to\infty} f(a_n)$ は有限な値に収束する.

次にこれらの極限値が全て同じ値 α である事を示そう。$\lim_{n\to\infty} a_n = a\ (a_n \neq a), \lim_{n\to\infty} b_n = a\ (b_n \neq a)$ として、$\lim_{n\to\infty} f(a_n) = \alpha, \lim_{n\to\infty} f(b_n) = \beta$ とする。このとき $\alpha = \beta$ となる事を矛盾法で証明する.

$\alpha < \beta$ と仮定する。$0 < \epsilon < \beta - \alpha$ となる実数 ϵ がある。コーシーの収束条件より、ある実数 $\delta > 0$ があって、$0 < |x' - a| < \delta,\ 0 < |x'' - a| < \delta$ ならば $|f(x') - f(x'')| < \epsilon$ となる。これらの ϵ, δ に対して、次のような自然数 N_1, N_2, M_1, M_2 がある.

$\lim_{n\to\infty} a_n = a$ から、自然数 N_1 があって、$n > N_1$ ならば $0 < |a_n - a| < \delta$

$\lim_{n\to\infty} b_n = a$ から、自然数 N_2 があって、$n > N_2$ ならば $0 < |b_n - a| < \delta$

$\lim_{n\to\infty} f(a_n) = \alpha$ から、自然数 M_1 があって、$n > M_1$ ならば $|f(a_n) - \alpha| < \dfrac{\beta - \alpha - \epsilon}{2}$

これは次を意味する.

$$(3.1.2) \qquad \alpha - \frac{\beta - \alpha - \epsilon}{2} < f(a_n) < \alpha + \frac{\beta - \alpha - \epsilon}{2}$$

$\lim_{n\to\infty} f(b_n) = \beta$ から、自然数 M_2 があって、$n > M_2$ ならば $|f(b_n) - \beta| < \dfrac{\beta - \alpha - \epsilon}{2}$
これは次を意味する.

$$(3.1.3) \qquad \beta - \frac{\beta - \alpha - \epsilon}{2} < f(b_n) < \beta + \frac{\beta - \alpha - \epsilon}{2}$$

そこで $N = \max\{N_1, N_2, M_1, M_2\}$ とすると、$n > N$ ならば

$$0 < |a_n - a| < \delta, \quad 0 < |b_n - a| < \delta$$

であり、(3.1.2) と (3.1.3) から、

$$f(b_n) - f(a_n) > \beta - \frac{\beta - \alpha - \epsilon}{2} - \left(\alpha + \frac{\beta - \alpha - \epsilon}{2}\right) = \epsilon$$

これはコーシーの収束条件に反する.

$\alpha > \beta$ としても同様に矛盾するから $\alpha = \beta$ である. □

テスト 7

問 1. 次の空欄を $\forall, \exists, \epsilon, \delta, 1, 2, 3, 4$ で埋めよ。

$\lim_{x \to 1} \dfrac{3x^2 - 3}{x - 1} = 6$ の証明。

(証明の準備) 任意の実数 $\epsilon > 0$ に対し、$\left| \dfrac{3x^2 - 3}{x - 1} - 6 \right| < \epsilon$ となる $|x - 1|$ の範囲を求める。

すると、$\left| \dfrac{3x^2 - 3}{x - 1} - 6 \right| = \left| \boxed{A} x - \boxed{B} \right| < \epsilon$

よって、$\delta = \dfrac{\boxed{C}}{3}$ と置けばいい。

(証明) $\boxed{D} \epsilon > 0$ に対し、$\delta = \dfrac{\boxed{C}}{3}$ とする。

すると、$\left| x - \boxed{E} \right| < \delta$ ならば、$\left| \dfrac{3x^2 - 3}{x - 1} - 6 \right| = \left| \boxed{F} x - \boxed{G} \right| < 3 \boxed{H} = \boxed{I}$

よって、極限値は 6 である。 □

問 2. 次の空欄を $\forall, \exists, \epsilon, \delta, a, \alpha$ で埋めよ。

定理 3.2 「a に収束する全ての数列 $\{a_n\}$ $(a_n \neq a)$ に対し、$\lim_{n \to \infty} f(a_n) = \alpha$」と、「$\lim_{x \to a} f(x) = \alpha$」は同値である。

(証明) (1) ($\Leftarrow$ の証明) $\lim_{x \to a} f(x) = \alpha$ とする。

すると、$\boxed{A} \epsilon > 0, \boxed{B} \delta > 0; |x - a| < \boxed{C} \Rightarrow |f(x) - \alpha| < \boxed{D}$ となる。

数列 $\{a_n\}$ が a に収束するならば、定義より、

この δ に対し、$\boxed{E} N; n > N \Rightarrow |a_n - a| < \delta$ である。

よって、$|f(a_n) - \boxed{F}| < \boxed{D}$ となる。極限の定義より $\lim_{n \to \infty} f(a_n) = \boxed{G}$ である。

(2) ($\Rightarrow$ の証明) $\lim_{n \to \infty} a_n = a$ となる全ての数列 $\{a_n\}$ $(a_n \neq a)$ について、$\lim_{n \to \infty} f(a_n) = \alpha$ となるとする。

矛盾法により証明する。そこで $\lim_{x \to a} f(x) = \alpha$ とならないと仮定する。関数の極限の定義を否定して、

$\boxed{A}\epsilon > 0, \boxed{B}\delta > 0, \exists x; (|x-a| < \boxed{C}) \wedge (|f(x) - \alpha| \geq \boxed{D})$ となる。

各自然数 n に対し $\delta = \dfrac{1}{n}$ とし、この x を a_n とする。すると

$$\left(\left|a_n - \boxed{E}\right| < \frac{1}{n}\right) \wedge \left(\left|f(a_n) - \boxed{F}\right| \geq \boxed{D}\right)$$

これから、$\lim_{n\to\infty} a_n = \boxed{E}$ となるが、$\lim_{n\to\infty} f(a_n) \neq \boxed{F}$ になって、仮定に反する。よって、$\lim_{x\to a} f(x) = \boxed{G}$ である。 □

3.2 連続関数

3.2.1 連続関数の定義

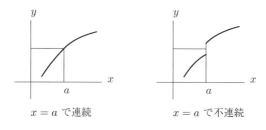

図 3.2.1

関数 $y = f(x): \mathbf{R} \to \mathbf{R}$ が $x = a$ で連続というのは、言葉通りにそのグラフが $x = a$ で繋がっている事である。これを数式で表現するために、連続でない (不連続な) 場合を考える。$x = a$ でグラフが切れているのだから、$x < a$ と $a < x$ の二つの部分に分かれている。すると、x を左から a に近づけた時と、右から近づけた時とでは、$f(x)$ の近づく先は違っている筈である。もしどちらも $f(a)$ と同じならば、グラフは $x = a$ で繋がっている事になる。グラフが繋がっている時は、どちらから近づけても $f(a)$ に近づくはずである。以上から、グラフが切れているならば、$\lim_{x\to a} f(x)$ はないか、あってもそれは $f(a)$ にならない事が分かる。逆に連続ならば $\lim_{x\to a} f(x) = f(a)$ となる事も分かる。そこで、$\lim_{x\to a} f(x) = f(a)$ を連続の定義として採用する。これを $\epsilon - \delta$ 法で述べたのが次の定義である。

定義 3.2 (1) 関数 $y = f(x)$ が開区間 (x_0, x_1) で定義されていて、a がその開区間の点とする。この関数 $y = f(x)$ が $x = a$ で**連続**とは、

$$\forall \epsilon > 0, \exists \delta > 0; |x - a| < \delta \Rightarrow |f(x) - f(a)| < \epsilon$$

これは、極限の定義から、$\lim_{x \to a} f(x) = f(a)$ と同値である。

(2) 開区間 (a, b) で $y = f(x)$ が連続とは、(a, b) の各点 c $(a < c < b)$ で連続、つまり $\lim_{x \to c} f(x) = f(c)$ となる事である。

閉区間 $[a, b]$ で $y = f(x)$ が連続とは、(a, b) の各点 c $(a < c < b)$ で連続、つまり $\lim_{x \to c} f(x) = f(c)$ となり、両端では $\lim_{x \to a+0} f(x) = f(a), \lim_{x \to b-0} f(x) = f(b)$ となる事である。

もし、$y = f(x)$ が $x = a$ でグラフが繋がり、$f(a) > 0$ ならば、a の近くでも $f(x) > 0$ になる事が図から分かる。それが次の定理である。

定理 3.4 関数 $y = f(x)$ が点 $x = a$ で連続とする。
$$f(a) > 0 \Rightarrow (\exists \delta > 0, \forall x \in (a - \delta, a + \delta); f(x) > 0)$$
同様に、
$$f(a) < 0 \Rightarrow (\exists \delta > 0, \forall x \in (a - \delta, a + \delta); f(x) < 0)$$

(証明) $f(a) > 0$ の時を証明する。$f(a) < 0$ の時の証明もまったく同じである。

連続の定義で $\epsilon = f(a)$ として、定義の δ を取ればよい。その時 $x \in (a - \delta, a + \delta)$ は $a - \delta < x < a + \delta$、$-\delta < x - a < \delta$ より $|x - a| < \delta$ を意味し、連続の定義から
$$|f(x) - f(a)| < \epsilon = f(a), \quad 0 = f(a) - \epsilon < f(x) < f(a) + \epsilon \qquad \square$$

次の事は定理 3.2 から明らかである。

定理 3.5 関数 $y = f(x)$ が $x = a$ で連続な事と次の事とは同値である。
$\lim_{n \to \infty} a_n = a$ となる全ての数列 $(a_n \neq a)$ に対し、$\lim_{n \to \infty} f(a_n) = f(a)$ となる。

次の連続関数の基本的な性質は、上の定理と定理 3.1 からすぐ導かれる。

定理 3.6 $y = f(x), y = g(x)$ が点 $x = a$ で連続とする。

(1) s, t を定数として、$y = sf(x) + tg(x)$ も $x = a$ で連続である。

(2) $y = f(x)g(x)$ も $x = a$ で連続である。

(3) $g(a) \neq 0$ ならば、$y = \dfrac{f(x)}{g(x)}$ も $x = a$ で連続である。

(4) $y = f(x)$ が $x = a$ で連続、$y = g(x)$ が $x = f(a)$ で連続ならば、合成関数 $y = g(f(x))$ は $x = a$ で連続である。

問題 3.5 上の定理を証明せよ。

実際に、連続な関数の例を挙げよう。

例 3.1 (1) c を定数として、関数 $f(x) = c$ は全ての点で連続である。これは、$\lim_{x \to a} c = c$ より明らかである。

(2) $f(x) = x$ は全ての点で連続である。これも、$\lim_{x \to a} x = a$ より明らかである。

(3) 上の定理 3.6 と (1), (2) より、多項式関数 $f(x) = \sum_{i=0}^{n} a_i x^i = a_0 + a_1 x + \cdots + a_n x^n$ も全ての点で連続である。

(4) また、分数関数 $f(x) = \dfrac{h(x)}{g(x)}$ $(g(x), h(x)$ は多項式$)$ も、$g(a) \neq 0$ となる点 $x = a$ で連続である。

3.2.2 中間値の定理と最大・最小の原理

次の定理は、方程式 $f(x) = 0$ の解の存在を示す重要な定理である。

定理 3.7 関数 $f(x)$ が閉区間 $[a, b]$ で連続で、$f(a) \neq 0$ と $f(b) \neq 0$ が異符号ならば、$f(c) = 0$ となる点が (a, b) にある。

(証明の方針) 詳しくは、テスト 8 問 2. (1) である。$f(a) < 0$, $f(b) > 0$ の場合を証明すればよい。$X = \{x \in [a, b] | f(x) < 0\}$ とし、$c = \sup X$ とする。

もし $f(c) > 0$ ならば、定理 3.4 から、c の十分近くの全ての x について、$f(x) > 0$ である。だが、定理 2.10 (1) から、上限 c の近くに X の要素 x がある。X の定義から $f(x) < 0$ となり、矛盾する。

もし、$f(c) < 0$ ならば、同じく定理 3.4 から、c の十分近くの全ての x について、$f(x) < 0$ である。よって、c より大きい x で、$f(x) < 0$ となるものがある。X の定義から、$x \in X$ だが、これは、c が X の上限であることに反する。

以上から、$f(c) = 0$ である。 □

連続関数の性質を論ずる上で、次の定理が最も基本的である。この定理は微積分の基礎をなす非常に重要な定理である。内容は、繋がっているグラフを考えれば、当たり前の事実に見えるが、厳密な定義を元にして初めて証明可能になる定理である。

定理 3.8 (中間値の定理) 関数 $f(x)$ が閉区間 $[a, b]$ で連続で、$f(a) \neq f(b)$ ならば、$f(x)$ は (a, b) において $f(a)$ と $f(b)$ の間の全ての値を取る。正確には、

$f(a) < f(b)$ ならば、$\forall k \in (f(a), f(b))$ に対し、$\exists c \in (a, b); f(c) = k$ となる。

同様に、$f(a) > f(b)$ ならば、$\forall k \in (f(b), f(a))$ に対し、$\exists c \in (a,b); f(c) = k$ となる。

(証明) $f(a)$ と $f(b)$ の間の任意の値を k とする。$g(x) = f(x) - k$ とすると、$f(a) > k > f(b)$ または $f(a) < k < f(b)$ である。どちらの場合でも、$g(a) = f(a) - k$ と $g(b) = f(b) - k$ は異符号になる。したがって、定理 3.7 から $g(c) = f(c) - k = 0$ となる点がある。 □

次の定理もよく使われる基本的な定理である。

定理 3.9 (ワイエルシュトラスの最大・最小の原理) 関数 $f(x)$ が閉区間 $[a,b]$ で連続ならば、そこで最大値および最小値を取る。すなわち、ある 2 点 $d, c \in [a,b]$ があって、全ての $x \in [a,b]$ に対し $f(d) \leq f(x) \leq f(c)$ である。

(証明の方針) 最小値の存在は、$-f(x)$ を考える事により、最大値の存在から得られる。最大値の存在の証明は、テスト 8 問 2. (2) である。

1) $F = \{f(x) | x \in [a,b]\}$ とする。まず、F が上に有界である事を示す。もし、有界でないならば、数列 $\{f(x_n)\}$ があり ∞ に発散する。集積点定理から、収束する部分数列 $\{x_{n_i}\}$ がある。その極限値を d とすると、連続性から、$f(d) = f(\lim_{i \to \infty} x_{n_i}) = \lim_{i \to \infty} f(x_{n_i}) = \infty$ となる。これは、不連続を意味するから矛盾である。以上より有界である。

2) 1) から、上限 $M = \sup F$ がある。定理 2.11 (1) から、数列 $\{a_n\}$ があり、$\lim_{n \to \infty} f(a_n) = M$ となる。集積点定理 2.14 より、集積点 c と部分数列 $\{a_{n_i}\}$ があり、$\lim_{i \to \infty} a_{n_i} = c$ である。$f(x)$ は連続であるから、$f(c) = M$ となり、上限 M は最大値になる。 □

テスト 8

問 1. 次の関数が $x = 1$ で連続か不連続かを判定せよ。

(1) $y = \dfrac{1}{x}$ (2) $y = \dfrac{1}{x-1}$

(3) $y = \begin{cases} x & (x \leq 1) \\ 2x & (x > 1) \end{cases}$ (4) $y = \begin{cases} x & (x \leq 1) \\ 2x - 1 & (x > 1) \end{cases}$

問 2. 次の空欄を $\forall, \exists, <, >, \epsilon, \delta, M, \infty$ で埋めよ。

(1) (定理 3.7) 関数 $f(x)$ が閉区間 $[a,b]$ で連続で、$f(a) \neq 0$ と $f(b) \neq 0$ が異符号ならば、$f(c) = 0$ となる点が (a,b) にある。

(証明) $f(a) > 0$ ならば、$-f(x)$ を考えればよいから、$f(a) < 0$ の場合を証明すればよい。その時、$f(b) > 0$ である。$X = \{x \in [a,b] | f(x) < 0\}$ とすると、この集合は有界であるから上限 c がある。この時、$f(c) = 0$ になる事を矛盾法により証明する。

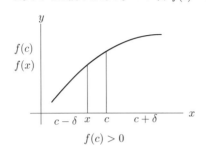

$f(c) > 0$

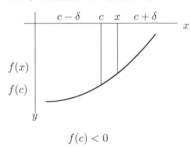

$f(c) < 0$

1) $f(c) > 0$ と仮定する。定理 3.4 から、
$\boxed{A}\,\delta, \boxed{B}\,x \in [c - \boxed{C}, c + \boxed{C}]; f(x) \boxed{D}\, 0$
ところが、定理 2.10 (1) から、$\boxed{E}\,x; c - \delta < x \leq c,\ x \in X$
X の定義から、$f(x) \boxed{F}\, 0$ となり、矛盾する。よって、$f(c) \leq 0$

2) もし、$f(c) < 0$ ならば、定理 3.4 から、
$\boxed{G}\,\delta, \boxed{H}\,x \in [c - \boxed{I}, c + \boxed{I}]; f(x) \boxed{J}\, 0$
X の定義から $x \in X$ である。x の範囲から $c\,\boxed{K}\,x$ となる x があるから、c が X の上限に反する。よって、仮定 $f(c) < 0$ が間違っている。つまり、$f(c) \geq 0$ である。

3) 以上の 1), 2) から、$f(c) = 0$ となる。
また、$f(a) < 0,\ f(b) > 0$ より、$c \neq a, b$ であるから $c \in (a, b)$ □

(2) (定理 3.9) 関数 $y = f(x)$ が区間 $[a, b]$ で連続ならば、$\exists c \in [a, b], \forall x \in [a, b] : f(x) \leq f(c)$

(証明) $F = \{f(x) | x \in [a, b]\}$ とする。

1) F は上に有界である。
上に有界でないならば、$\boxed{A}\,n \in \mathbf{N}, \boxed{B}\,f(x_n) \in F : f(x_n) > n$
つまり、$\lim_{n \to \infty} f(x_n) = \boxed{C}$
一方、数列 $x_n \in [a, b]$ は有界であるから、集積点定理 2.14 より、
部分数列 x_{n_i} があり、$\lim_{i \to \infty} x_{n_i} = d$
ところが、$f(x)$ は連続であるから、$f(d) = f(\lim_{i \to \infty} x_{n_i}) = \lim_{i \to \infty} f(x_{n_i}) = \boxed{C}$
これは連続性に反するから、F は上に有界。

2) 1) より、F は上限 M を持つ。定理 2.11 (1) から、
数列 $f(a_n)$ があり、$\lim_{n \to \infty} f(a_n) = \boxed{D}$

$a \leq a_n \leq b$ より、$\{a_n\}$ は有界であるから、集積点定理 2.14 より、部分数列 a_{n_i} があり、$\lim_{i \to \infty} a_{n_i} = c$

$f(x)$ は連続であるから、$f(c) = f(\lim_{i \to \infty} a_{n_i}) = \lim_{i \to \infty} f(a_{n_i}) = \boxed{E}$

よって、$\boxed{E} = f(c) \in F$

$\boxed{F}$ は F の上限であるから、$\boxed{F} = f(c)$ は F の最大値である。

つまり $\boxed{G} x \in [a,b] : f(x) \leq \boxed{F} = f(c)$ □

3.3 単調連続関数

3.3.1 単調関数

中間値の定理 3.8 によれば、連続な関数 $f(x)$ は両端での値 $f(a)$ と $f(b)$ の間の値を全て取る。もちろん、逆は成り立たない。だが、単調な関数では、この逆が成り立ち、連続の判定方法が得られる。また、有限個の単調になる区間に $f(x)$ の定義域が分割できるならば、各区間で全ての値を取れるという性質は、グラフが繋がっているという直感的な感覚をうまく表現している。

まず単調関数の定義をする。

定義 3.3 開区間 (a,b) で定義された関数 $y = f(x)$ は、「$a < x' < x'' < b$ ならば $f(x') \leq f(x'')$」が常に成り立つならば、(a,b) で**単調増加**と言い、「$a < x' < x'' < b$ ならば $f(x') < f(x'')$」が成り立つならば、**強い意味で単調増加**と言う。また、「$a < x' < x'' < b$ ならば $f(x') \geq f(x'')$」が成り立つならば、(a,b) で**単調減少**と言い、「$a < x' < x'' < b$ ならば $f(x') > f(x'')$」ならば**強い意味で単調減少**と言う。(a,b) で単調に増加する関数または減少する関数の事を**単調**と言い、強い意味で増加または減少ならば**強い意味で単調**と言う。

条件 $a < x' < x'' < b$ は単に $x' < x''$ と $x', x'' \in (a,b)$ を意味しているだけであるから、これを $a \leq x' < x'' \leq b$ にすると、閉区間 $[a,b]$ で単調の定義が得られる。

この本で扱う関数の大部分は、範囲を限ると単調な関数になる。関数 $y = f(x)$ の導関数が連続で、さらにある開区間でその微分係数 $f'(x)$ が 0 にならないならば、その関数はその開区間で単調になる。よって、$f'(x) = 0$ の解を、大きさの順に並べた時、各解の間の区間で $f(x)$ は単調になる。これが、関数の増減表の原理である。

単調関数が連続になる条件は次の定理である。定理 3.11 の証明で示すが、強い意味で単調な関数は単射である事に注意する。よって、単調な関数が全射ならば全単射にもなる。したがって、定義 1.3 (2) により逆関数を持つ。さらに、次の定理より連続にもなる。

定理 3.10 関数 $y = f(x)$ が閉区間 $[a,b]$ で単調とする。$y = f(x)$ が $[a,b]$ で連続になる事と、$y = f(x)$ が $f(a)$ と $f(b)$ の間の全ての値を取る事（全射）とは同値である。

(証明) 連続ならば、中間値の定理 3.8 より $f(a)$ と $f(b)$ の間の全ての値を取る。

逆に、$y = f(x)$ が $f(a)$ と $f(b)$ の間の全ての値を取ると仮定する。

$f(a) = f(b)$ ならば、$f(x)$ が単調なことから、全ての $x \in [a,b]$ に対し $f(x) = f(a)$ となるから、定数関数になり連続である。

$f(x)$ が単調増加で $f(a) < f(b)$ とする。単調減少で $f(a) > f(b)$ の時も、証明は同様である。任意の $c \in [a,b]$ に対し連続な事を示す。

$c = a$ の時、任意の実数 $\epsilon > 0$ に対し、$0 < \epsilon' < \epsilon$ かつ $\epsilon' < f(b) - f(a)$ となる ϵ' を取る。すると、$f(a) < f(a) + \epsilon' < f(b)$ であるから、仮定より、$f(a_1) = f(a) + \epsilon'$ となる $a_1 \in (a,b)$ がある。そこで、$0 < \delta < a_1 - a$ となる δ を取る。その時、$|x - a| < \delta$, $x \in [a,b]$ ならば、$0 \leq x - a < \delta$, $a \leq x < a + \delta < a_1$ であるから、単調増加より
$$f(a) \leq f(x) < f(a_1) = f(a) + \epsilon', \quad |f(x) - f(a)| < \epsilon' < \epsilon$$
すなわち、$\lim_{x \to a+0} f(x) = f(a)$ だから、$c = a$ で連続である。$c = b$ の時も、同様に連続になる。

次に、$a < c < b$ の時は、任意の $\epsilon > 0$ に対し、$0 < \epsilon' < \epsilon$ を、$\epsilon' < f(c) - f(a)$ かつ $\epsilon' < f(b) - f(c)$ となるように取る。すると、
$$f(a) < f(c) - \epsilon' < f(c) + \epsilon' < f(b)$$
であるから、仮定より、$a < c_1 < c_2 < b$ となる c_1, c_2 で、$f(c_1) = f(c) - \epsilon'$, $f(c_2) = f(c) + \epsilon'$ となる物がある。そこで、$\delta > 0$ を $0 < \delta < c - c_1$ かつ $0 < \delta < c_2 - c$ となるように取る。すると、$|x - c| < \delta$ ならば、$c_1 < c - \delta < x < c + \delta < c_2$ である。単調増加であるから、
$$f(c) - \epsilon' = f(c_1) < f(x) < f(c_2) = f(c) + \epsilon', \quad |f(x) - f(c)| < \epsilon' < \epsilon$$
これは、$\lim_{x \to c} f(x) = f(c)$ を意味する。よって、$x = c$ で連続である。 □

3.3.2 逆関数

定理 3.10 を使って、単調な連続関数の逆関数が連続になる事を示す。定義 1.3 (2) によれば、関数 $y = f(x) : [a,b] \to [f(a), f(b)]$ が全単射ならば、逆関数 $x = g(y) : [f(a), f(b)] \to [a,b]$ がある。特に、$y = f(x)$ が数式で与えられている時、変形して $x = g(y)$ となるならば、この式 $y = g(x)$ が f の逆関数 f^{-1} である。

(3.3.1) $\qquad y = f(x) \Leftrightarrow f^{-1}(y) = x, \quad y = f^{-1}(x) \Leftrightarrow f(y) = x$

3.3 単調連続関数

例 3.2 (1) 実数 $x > 0$ に対し、n 乗して x になる数を n **乗根**と言い、$\sqrt[n]{x}$ と書く。n を自然数として、$y = x^n : [0, \infty) \to [0, \infty)$ は単調連続で全単射であり、逆関数はべき乗根関数 $y = \sqrt[n]{x} : [0, \infty) \to [0, \infty)$ である。

(3.3.2) $$y = x^n \Leftrightarrow \sqrt[n]{y} = x, \quad y = \sqrt[n]{x} \Leftrightarrow y^n = x$$

(2) $a > 0$ として、指数関数 $y = a^x : \mathbf{R} \to (0, \infty)$ は、単調連続で全単射である。対数関数 $y = \log_a x : (0, \infty) \to \mathbf{R}$ の定義は、指数関数 $y = a^x$ の逆関数である。

詳細は、4.1.1 節を参照。

(3.3.3) $$y = a^x \Leftrightarrow \log_a y = x, \quad y = \log_a x \Leftrightarrow a^y = x$$

(3) 三角関数 $y = \sin x$ は、$y = \sin x : \left[-\frac{\pi}{2}, \frac{\pi}{2}\right] \to [-1, 1]$ の範囲で単調連続で全単射である。

$y = \tan x$ は、$y = \tan x : \left(-\frac{\pi}{2}, \frac{\pi}{2}\right) \to \mathbf{R}$ の範囲で単調連続で全単射である。

それぞれの逆関数が逆三角関数 $y = \mathrm{Sin}^{-1} x : [-1, 1] \to \left[-\frac{\pi}{2}, \frac{\pi}{2}\right]$, $y = \mathrm{Tan}^{-1} x : \mathbf{R} \to \left(-\frac{\pi}{2}, \frac{\pi}{2}\right)$ である。

詳細は 4.2.3 節を参照。

(3.3.4) $$y = \sin x \Leftrightarrow \mathrm{Sin}^{-1} y = x, \quad y = \mathrm{Sin}^{-1} x \Leftrightarrow \sin y = x$$
(3.3.5) $$y = \tan x \Leftrightarrow \mathrm{Tan}^{-1} y = x, \quad y = \mathrm{Tan}^{-1} x \Leftrightarrow \tan y = x$$

(4) $y = x^2 - x + 1$ は、方程式 $x^2 - x + 1 - y = 0$ に解の公式を使用して、

$$x = \frac{1 \pm \sqrt{1 - 4(1 - y)}}{2}$$ となる。二つの区間 $\left(-\infty, \frac{1}{2}\right]$, $\left[\frac{1}{2}, \infty\right)$ に定義域を分割した時、それぞれの区間で全単射である。それぞれの区間での逆関数を示す。

$$y = \frac{1 - \sqrt{4x - 3}}{2} : \left[\frac{3}{4}, \infty\right) \to \left(-\infty, \frac{1}{2}\right], \quad y = \frac{1 + \sqrt{4x - 3}}{2} : \left[\frac{3}{4}, \infty\right) \to \left[\frac{1}{2}, \infty\right)$$

定理 3.11 関数 $y = f(x)$ が閉区間 $[a, b]$ で強い意味で単調ならば、単射である。さらに、強い意味で単調かつ全射ならば、$f : [a, b] \to [f(a), f(b)]$ または $f : [a, b] \to [f(b), f(a)]$ は連続かつ全単射になる。その時、その区間での逆関数 $y = f^{-1}(x)$ は、強い意味で単調な連続関数になる。

(証明) $a < b$ で、関数 $y = f(x)$ が強い意味で単調増加の場合を証明する。減少の場合も証明は同じである。

$f(x') = f(x'')$ で $x' \neq x''$ とする。$x' < x''$ と仮定すると、強い意味で単調であるから $f(x') < f(x'')$ となり、矛盾する。よって、$x' \geq x''$ であるが、$x' > x''$ ならば、同様に矛盾するから $x' = x''$ である。これは、f は単射である事を意味する。

さらに、$f(x)$ が全射ならば。上から $f(x)$ は全単射であり、定理 3.10 より $f(x)$ は連続である。その時、定義 1.3 (2) から、逆関数 $y = f^{-1}(x)$ があり、$y = f(x) \Leftrightarrow f^{-1}(y) = x$ である。以下、逆関数が単調増加になる事を示す。すると、単調で全射であるから、定理 3.10 から連続である。

$y' = f(x')$, $y'' = f(x'')$ と置くと、逆関数の定義は $x' = f^{-1}(y')$, $x'' = f^{-1}(y'')$ を意味する。今 $y' < y''$ とする。そこでもし $x' \geq x''$ ならば、$f(x)$ は単調増加であるから $y' \geq y''$ となり矛盾するので、$x' < x''$ である。これは逆関数 $x = f^{-1}(y)$ が強い意味で単調増加になる事を意味する。 □

3.4 一様連続と一様収束

3.4.1 一様連続

定義域 A での、関数 $f(x)$ の $\epsilon - \delta$ 法による連続の定義 3.2 を、詳しく述べた形

$$\forall \epsilon > 0, \forall a \in A, \exists \delta > 0, \forall x \in A; |x - a| < \delta \Rightarrow |f(x) - f(a)| < \epsilon$$

は、極限による定義 $\lim_{x \to a} f(x) = f(a)$ よりも精密である。この定義によると、δ は ϵ だけでなく a にも依存している。

例 3.3 開区間 $(0,1)$ 上の関数 $f(x) = \dfrac{1}{x}$ を例にする。$\epsilon > 0$ を固定する。$|x - a| < \delta$ は $a - \delta < x < a + \delta$ を意味するから、a を小さくした時に δ も小さくしないと $a - \delta < 0$ になり、この不等式を満たす x を幾らでも小さく取れる。従って、$\left|\dfrac{1}{x} - \dfrac{1}{a}\right|$ は幾らでも大きくなり、特に ϵ よりも大きくなる。これは連続の定義に反するから、δ は a に依存する。

この例のように、δ は a に依存するが、全ての $a \in A$ に共通の δ があると有用である。それが次の論理式で表される一様連続の概念である。

$$\forall \epsilon > 0, \exists \delta > 0, \forall a \in A, \forall x \in A; |x - a| < \delta \Rightarrow |f(x) - f(a)| < \epsilon$$

連続の定義 $\lim_{x \to a} f(x) = f(a)$ からは、一様連続の概念は出てこない。実際にワイエルシュトラス以前では、一様連続と連続は区別されていなかった。さて、上の論理式を見ると、a と x を区別する必要は無い。それで次の定義を得る。

3.4 一様連続と一様収束

定義 3.4 関数 $f(x)$ は、その定義域 A で次が成り立つ時、A で**一様連続**と言う。

$$\forall \epsilon > 0, \exists \delta > 0, \forall x \in A, \forall x' \in A; |x-x'| < \delta \Rightarrow |f(x)-f(x')| < \epsilon$$

連続が各点での性質に対し、一様連続はその定義域 A での性質である。次の定理は定義から明らかである。

定理 3.12 ある定義域で一様連続ならば、その各点で連続である。

この定理の逆は成り立たない。実際に、例 3.3 の関数 $f(x) = \dfrac{1}{x}$ は、開区間 $(0,1)$ の各点で連続であるが、$(0,1)$ で一様連続ではない。実数 $\epsilon > 0$ を固定する。n を自然数とし、$x = \dfrac{1}{n}$, $x' = \dfrac{1}{n+\epsilon+1}$ とする。すると、

$$|x-x'| = \frac{\epsilon+1}{n(n+\epsilon+1)}, \quad \left|\frac{1}{x} - \frac{1}{x'}\right| = \epsilon + 1 > \epsilon$$

よって、どんなに小さい δ を取っても、n を大きくすると $|x-x'| < \delta$ であるが $|f(x)-f(x')| > \epsilon$ であり、一様連続でない。

連続に関わる定理で、連続だけでなく一様連続を必要とするものは多い。しかし、定義域を有界閉区間にすれば、次の**ハイネの定理**により一様連続に出来る。

定理 3.13（ハイネ） 有界閉区間 $I = [a,b]$ 上の連続関数は一様連続である。

この定理を証明する方針は次の通りである。$\epsilon > 0$ を固定すると、各点 $p \in [a,b]$ 毎に $\delta_p > 0$ があり、$|x-p| < \delta_p \Rightarrow |f(x)-f(p)| < \epsilon$ となる。$U_{\delta_p}(p) = (p-\delta_p, p+\delta_p)$ とすると、$I \subset \bigcup_{p \in [a,b]} U_{\delta_p}(p)$ となる。もし、有限個の点 $p_1, p_2, \cdots, p_n$ があり、$I \subset \bigcup_{i=1}^{n} U_{\delta_{p_i}}(p_i)$ となるならば、最小の δ_{p_i} を δ とする事で、一様連続が言える。これを保障するのが次の定理である。

定理 3.14（コンパクト性） $I = [a,b]$ を有界閉区間とする。開区間の集合 $\Delta = \{U_\lambda = (a_\lambda, b_\lambda) | \lambda \in \Lambda\}$ が $I \subset \bigcup_{\lambda \in \Lambda} U_\lambda$ ならば、有限個の開区間 $U_{\lambda_1}, U_{\lambda_2}, \cdots, U_{\lambda_n} \in \Delta$ があり、$I \subset \bigcup_{i=1}^{n} U_{\lambda_i}$ と出来る。

（証明）$[a,p]$ が有限個の $U_{\lambda_1}, U_{\lambda_2}, \cdots, U_{\lambda_n} \in \Delta$ で覆われる点 $p \in I$ の集合を X とする。すなわち

$$X = \left\{ p \in I \,\middle|\, \exists \lambda_i \in \Lambda \ (i=1,2,\cdots,n); [a,p] \subset \bigcup_{i=1}^{n} U_{\lambda_i} \right\}$$

a を含む $U_\lambda \in \Delta$ は存在するから、$[a,a] \subset U_\lambda$ より $a \in X$ である。X は有界であるから、上限 $m = \sup X$ が存在する。

$m \in I$ を含む $U_\mu = (a_\mu, b_\mu) \in \Delta$ を一つ選び、実数 $\delta > 0$ を $a_\mu < m - \delta < m < m + \delta < b_\mu$ を満たすように取る。すなわち $[m-\delta, m+\delta] \subset U_\mu$ である。そのとき、m は X の上限であるから、$m - \delta < p \leq m$ となる $p \in X$ がある。X の定義から、有限個の $U_{\lambda_1}, U_{\lambda_2}, \cdots, U_{\lambda_n} \in \Delta$ があり、$[a,p] \subset \bigcup_{i=1}^{n} U_{\lambda_i}$ である。よって

$$[a, m+\delta] = [a,p] \cup [m-\delta, m+\delta] \subset \bigcup_{i=1}^{n} U_{\lambda_i} \cup U_\mu$$

有限個の Δ の開区間で覆われるから、$m + \delta \in X$ である。$m + \delta < b$ ならば、m が X の上限であることに反する。よって、$m + \delta \geq b$ である。これは、$[a,b]$ が有限個の Δ の開区間で覆われる事を意味するから、$b \in X$ であり、定理は証明された。 □

注 1) この定理は、有界閉区間が次の節で定義するコンパクトになる事を示している。

2) 開区間 (a,b) では、この定理は成り立たない。例えば、$I = (0,1)$, $U_n = (\frac{1}{n}, 1)$ とすると、$I = \bigcup_{n=1}^{\infty} U_n$ であるが、有限個の U_n で I は覆われない。この場合に上の証明が失敗する原因は、$a \in X$ とは必ずしも言えない事である。また、$m = b$ が言えても、$m = b \in X$ が必ずしも成り立たない事も、失敗の原因である。

(定理 3.13 の証明) $\epsilon > 0$ を固定する。連続であるから、各点 $p \in [a,b]$ 毎に $\delta_p > 0$ があり、

$$|x - p| < \delta_p \Rightarrow |f(x) - f(p)| < \frac{\epsilon}{2}$$

$U_{\frac{\delta_p}{2}}(p) = \left(p - \frac{\delta_p}{2}, p + \frac{\delta_p}{2} \right)$ とすると、この開区間全体は I を覆う。よって、定理 3.14 から、有限個の点 $p_1, p_2, \cdots, p_n$ があって、$I \subset \bigcup_{i=1}^{n} U_{\frac{\delta_i}{2}}(p_i)$ $(\delta_i = \delta_{p_i})$ となる。δ として、$\delta_1, \delta_2, \cdots, \delta_n$ の最小値を取る。

$|x - x'| < \frac{\delta}{2}$ とする。$U_{\frac{\delta_i}{2}}(p_i)$ は I を覆うから、$x \in U_{\frac{\delta_i}{2}}(p_i)$ となる p_i がある。これは $|x - p_i| < \frac{\delta_i}{2}$ を意味する。よって

$$|x' - p_i| = |x' - x + x - p_i| \leq |x' - x| + |x - p_i| < \frac{\delta}{2} + \frac{\delta_i}{2} \leq \frac{\delta_i}{2} + \frac{\delta_i}{2} = \delta_i$$

以上から、

$$|f(x) - f(x')| = |f(x) - f(p_i) + f(p_i) - f(x')|$$
$$\leq |f(x) - f(p_i)| + |f(p_i) - f(x')| < \frac{\epsilon}{2} + \frac{\epsilon}{2} = \epsilon$$

よって、一様連続である。 □

3.4.2 位相空間

定理 3.14 は、開区間および閉区間に関する性質であり、これらは開集合や閉集合の用語により一般化される。この節では、この定理をより理解する為に、位相空間の概念を導入する。点列の収束を、$\mathbf{R}$ だけでなく、n 次元空間 $\mathbf{R}^n$ や、一般の集合に広げる為には、近傍、開集合、閉集合の概念を必要とする。それが、以下の位相空間であり、現代数学では最も基本の概念である。以下の定義は、$\mathbf{R}$ でのものと解釈すると分かりやすいが、$\mathbf{R}^n$ 等の距離 $d(x,y) = |x-y|$ が定義された集合（距離空間）で通用することに注意する。集合 X の任意の二つの要素 $x, y \in X$ に距離と呼ばれる実数 $d(x,y) \in \mathbf{R}$ が定義され、以下の (D1)(D2)(D3) が成り立つとき、X を**距離空間**と呼ぶ。

(D1) (正値) $d(x,y) \geq 0$ であり、
$x = y$ は $d(x,y) = 0$ となるための必要十分条件である。

(D2) (対称性) $d(x,y) = d(y,x)$

(D3) (三角不等式) $d(x,z) \leq d(x,y) + d(y,z)$

例えば、実数直線 $\mathbf{R}$ は、距離 $d(x,y) = |x-y|$ により距離空間であり、n 次元空間 $\mathbf{R}^n = \{(x_1, x_2, \cdots, x_n) | x_i \in \mathbf{R}\}$ の距離は、次で定義される。

$$d(x,y) = \sqrt{\sum_{i=1}^{n}(x_i - y_i)^2}, \ \text{ここで} \ x = (x_1, x_2, \cdots, x_n), \ y = (y_1, y_2, \cdots, y_n) \in \mathbf{R}^n$$

以下では、集合の要素を点とも呼ぶ。

定義 3.5 (1) ある実数 $\epsilon > 0$ に対し、点（要素）の集合 $U_\epsilon(p) = \{x | |x-p| < \epsilon\}$ を点 p の ϵ **近傍**と呼び、ある ϵ 近傍を含む部分集合 U を点 p の**近傍**と呼ぶ。点列 $\{p_n\}$ が点 p に**収束**するとは、p の任意の近傍 U に対し、適当な自然数 N があり、$n > N$ ならば $p_n \in U$ になる事である。$\mathbf{R}$ では、この定義は $\epsilon - \delta$ 法による収束の定義と同じである。

(2) 部分集合 O は、それに含まれる全ての点の近傍になっている時、**開集合**と呼ばれる。これは、O の各点 p に十分小さい ϵ 近傍 $U_\epsilon(p)$ があり、$U_\epsilon(p) \subset O$ となる事と同値である。開集合 O の補集合 $F = O^c$ を**閉集合**と呼ぶ。

集合の集合を**族**と呼び、族の部分集合を**部分族**と呼ぶ。有限個の集合からなる族を有限族と呼ぶ。開集合全体からなる族 $\Omega = \{O | O \text{ は開集合}\}$ を**開集合系**と言い、閉集合全体からなる族 $\Gamma = \{F | F \text{ は閉集合}\}$ を**閉集合系**と言う。

(3) 部分集合 A に含まれる点 p は、A が近傍になっているならば、A の**内点**と呼び、内点の集合 $A^\circ = \{p | p \text{ は内点}\}$ を A の**内部**と呼ぶ。点 p が A の内点になる事は、適当な ϵ 近傍 U_ϵ があり $U_\epsilon \subset A$ となる事と同値である。

また、点 p の全ての近傍 U が A と空でない共通部分を持つ $(U \cap A \neq \emptyset)$ ならば、

A の触点と呼ぶ。これは、p に収束する A の点列がある事と同値である。触点の集合 $A^a = \{p|\, p \text{ は触点}\}$ を A の閉包と呼ぶ。従って、A^a は A の収束点の集合である。

例 3.4 (1) ϵ 近傍 $U_\epsilon(p)$ は、$\mathbf{R}$ では開区間 $(p-\epsilon, p+\epsilon)$ であり、平面 $\mathbf{R}^2$ では p を中心とし半径 ϵ の境界を含まない円板である。

(2) $\mathbf{R}$ の開区間は開集合であり、閉区間は閉集合である。$\mathbf{R}^2$ では、閉曲線で囲まれた領域やその外側は、境界を含まないならば開集合であり、境界を含めれば閉集合になる。関数 $f: X \to Y$ と部分集合 $A \subset Y$ に対し、$f^{-1}(A) = \{x|\, f(x) \in A\}$ とする。f が $p \in X$ で連続とは、$f(p)$ の任意の ϵ 近傍 $U_\epsilon = \{x|\, |x - f(p)| < \epsilon\}$ に対し、p の適当な δ 近傍 V_δ があり、$f(V_\delta) \subset U_\epsilon$ つまり $V_\delta \subset f^{-1}(U_\epsilon)$ となる事である。f が X 全体で連続ならば、$f^{-1}(U_\epsilon)$ は各点の十分小さい δ 近傍を含むから開集合になる。それで、$f: X \to Y$ が連続になる事と、任意の開集合 $O \subset Y$ に対し $f^{-1}(O) \subset X$ が開集合になる事とは同値である。

(3) 区間 $(a, b]$ に対し、$(a, b]^\circ = (a, b)$, $(a, b]^a = [a, b]$ である。$A \subset \mathbf{R}^2$ をある閉曲線 ℓ の内側とすると、A° は A から境界 ℓ を抜いた領域で、A^a は A に境界 ℓ を加えた領域である。

X の開集合系 $\Omega = \{O\}$ は次の性質を持つ。
(O1) $X, \emptyset \in \Omega$,
(O2) $O_1, O_2 \in \Omega$ ならば $O_1 \cap O_2 \in \Omega$,
(O3) 開集合の族 $\{O_\lambda\}$ に対し $\bigcup_\lambda O_\lambda \in \Omega$

補集合を取る事で、閉集合系 $\Gamma = \{F\}$ は次の性質を持つ事が分かる。
(F1) $X, \emptyset \in \Gamma$,
(F2) $F_1, F_2 \in \Gamma$ ならば $F_1 \cup F_2 \in \Gamma$,
(F3) 閉集合の族 $\{F_\lambda\}$ に対し $\bigcap_\lambda F_\lambda \in \Gamma$

一般の集合で点列の収束や連続を定義するには、開集合系が与えられていればよい。それが次の位相空間の概念である。

定義 3.6 集合 X の部分集合の族 $\Omega = \{O\}$ が上の (O1), (O2), (O3) を満たす時、Ω を開集合系、Ω の要素を開集合と呼び、X と Ω の組を位相空間と呼ぶ。点（要素）$p \in X$ の近傍 U は、ある開集合 O があり $p \in O \subset U$ となる部分集合である。

さて、部分集合 A の点 p は、近傍となる開集合 O_p で $p \in O_p \subset A$ となる物が取れるならば、A の内点である。O_p の要素はまた内点であるから、$A^\circ = \bigcup_p O_p$ である。言い換えると、$A^\circ = \bigcup_{\text{開集合}\, O \subset A} O$ である。(O3) から A° は開集合になり、A に含まれる最

大の開集合である。次に、補集合 A^c の内点を考える。O, A, A^c のベン図より、

p は A^c の内点 $\Leftrightarrow$ $\exists$ 開集合 $O; p \in O \subset A^c$ $\Leftrightarrow$ $\exists$ 開集合 $O; (p \in O) \wedge (O \cap A = \emptyset)$

$(A^c)^\circ$ の補集合は、A^c の内点以外の要素からなるから、最後の論理式を否定して、

$$p \in ((A^c)^\circ)^c \Leftrightarrow \forall \text{ 開集合 } O; (p \notin O) \vee (O \cap A \neq \emptyset)$$
$$\Leftrightarrow (p \in O \Rightarrow O \cap A \neq \emptyset)$$
$$\Leftrightarrow p \text{ は } A \text{ の触点}$$

以上から、$A^a = ((A^c)^\circ)^c$ である。上の A° の式の補集合を取ると、$F = O^c$ として、

$$A^a = ((A^c)^\circ)^c = \left(\bigcup_{\text{開集合 } O \subset A^c} O \right)^c = \bigcap_{\text{閉集合 } F \supset A} F$$

となり、A^a は A を含む最小の閉集合である。以上をまとめる。

定理 3.15 (1) $A^\circ = \bigcup_{\text{開集合 } O \subset A} O$ であり、A° は A に含まれる最大の開集合である。
(2) A^a は、A の点列の収束点全体の集合である。
(3) $A^a = ((A^c)^\circ)^c$
(4) $A^a = \bigcap_{\text{閉集合 } F \supset A} F$ であり、A^a は A を含む最小の閉集合である

以上で準備が出来たので、定理 3.14 のコンパクトを定義する。

定義 3.7 $A \subset X$ を位相空間 X の部分集合とする。
(1) X の開集合の族 $\{O_\lambda | \lambda \in \Lambda\}$ で $A \subset \bigcup_{\lambda \in \Lambda} O_\lambda$ となるものを A の**開被覆**と言う。開被覆 $\{O_\lambda\}$ から有限個の集合を取り出した部分族 $\{O_{\lambda_1}, O_{\lambda_2}, \cdots, O_{\lambda_n}\}$ がまた開被覆になっている時、**有限部分開被覆**と呼ぶ。A の任意の開被覆が常に有限部分開被覆を持つ時、A を**コンパクト**と言う。
(2) X の部分集合の族 $\{F_\lambda\}$ は、任意の有限部分族 $\{F_{\lambda_1}, F_{\lambda_2}, \cdots, F_{\lambda_n}\}$ と A との共通集合が空集合でない。つまり $A \cap \bigcap_{i=1}^{n} F_{\lambda_i} \neq \emptyset$ ならば、A で**有限交叉性**を持つと言う。
(3) A の任意の点列が A の点に収束する部分列を持つとき、**点列コンパクト**と言う。
(4) X を距離空間とする。本書では $X = \mathbf{R}^n$ としてもかまわない。$d(x, x')$ $(x, x' \in A)$ が有界なとき、A を**有界**と言う。

次の定理は、定理 3.14 や定理 2.14 を含む。

定理 3.16 $A \subset X$ を位相空間 X の部分集合とする。A がコンパクトになる事と、以下の命題は同値である。ただし、コンパクトと (2) が同値になるのは X が距離空間のとき

であり、コンパクトと (3) が同値になるのは $X = \mathbf{R}^n$ のときである。

(1) A で有限交叉性を持つ任意の閉集合の族 $\{F_\lambda | \lambda \in \Lambda\}$ と A の共通集合は空集合でない。$A \cap \bigcap_{\lambda \in \Lambda} F_\lambda \neq \emptyset$

(2) A は点列コンパクト。

(3) A は有界な閉集合。

(証明) コンパクト $\Leftrightarrow$ (1)：ベン図から $A \subset B \Leftrightarrow A \cap B^c = \emptyset$ となる事に注意する。これを使って、コンパクトの定義を言い換えると、

「$A \cap \left(\bigcup_\lambda O_\lambda\right)^c = A \cap \bigcap_\lambda O_\lambda^c = \emptyset$ ならば、適当な有限部分族 $\{O_{\lambda_i} | i = 1, 2, \cdots, n\}$ があって $A \cap \left(\bigcup_{i=1}^n O_{\lambda_i}\right)^c = A \cap \bigcap_{i=1}^n O_{\lambda_i}^c = \emptyset$」

となる。これの対偶を取ると、

「任意の有限部分族 $\{O_{\lambda_i}\}$ に対して $A \cap \bigcap_{i=1}^n O_{\lambda_i}^c \neq \emptyset$ ならば、$A \cap \bigcap_\lambda O_\lambda^c \neq \emptyset$」

閉集合の定義は $F = O^c$ (O は開集合) だったから、これは (1) を意味する。

(1) $\Rightarrow$ (2)：A の点列 $\{p_n\}$ に対し、$F_n = \{p_i | i \geq n\}$ と置く。閉集合族 $\{F_n^a\}$ は明らかに A で有限交叉性を持つ。(1) から、点 p で、$p \in A \cap \bigcap_{n=1}^\infty F_n^a$ となるものがある。F_n^a に対する定理 3.15 (2) から、$p \in A$ に収束する $F_n \subset \{p_n\}$ の部分列がある。

(2) $\Rightarrow$ (3)：対偶を証明する。(3) の否定は「有界でないか、閉集合でない」である。有界でないならば、収束しない点列があるのは明らかである。閉集合でないならば、定理 3.15 (2) から収束点が A に含まれない点列が存在する。

(3) $\Rightarrow$ コンパクト：証明は省略するが、方針は定理 3.14 と同じである。距離空間ではこの命題は成り立たない。例えば、無限次元空間の場合にコンパクトでない有界閉集合がある。

(2) $\Rightarrow$ コンパクト：距離空間の場合に証明する必要があるが、省略する。　□

注 1) この定理の「(3) $\Rightarrow$ コンパクト」は $\mathbf{R}^n$ で成り立つが、定理 3.14 の拡張であり、**ハイネ-ボレルの定理**と言う。

2) この定理の「(3) $\Rightarrow$ (2)」は $\mathbf{R}^n$ で成り立つが、定理 2.14 の拡張であり、**ボルツァノ-ワイエルシュトラスの定理**と言う。

3.4.3　一様収束

関数の列 $\{f_n(x)\}$ は、x を固定すると数列になるので、その極限が定義できる。その極限値を $f(x)$ とすると、これは関数になる。$\{f_n(x)\}$ は $f(x)$ に**各点収束**すると言い、

$\lim_{n\to\infty} f_n(x) = f(x)$ と書く。正確に記すと、

(3.4.1) $\qquad \forall \epsilon > 0, \forall x, \exists N; n > N \Rightarrow |f_n(x) - f(x)| < \epsilon$

各点収束は自然な定義であるが、実際には、連続関数の極限が連続とは限らず、定積分の極限が極限の定積分とも限らない等の不都合がある。

例 3.5 (1) 区間 $[0, 2\pi]$ 上の関数列 $\{f_n(x) = \sin^n x\}$ を考える。この区間で、$f_n(\pi) = \sin^n \pi = 1$, $0 \le \sin x < 1 (x \ne \pi)$ であるから、$f(x) = \lim_{n\to\infty} \sin^n x = \begin{cases} 1 & (x = \pi) \\ 0 & (x \ne \pi) \end{cases}$ となる。各 $f_n(x) = \sin^n x$ は連続であるが、極限関数 $f(x)$ は $x = \pi$ で不連続である。

(2) 区間 $[0, 1]$ 上の関数 $f_n(x)$ を

$$f_n(x) = \begin{cases} -6n^3 x^2 + 6n^2 x = -6n^3 x \left(x - \frac{1}{n}\right) & (0 \le x \le \frac{1}{n}), \\ 0 & (\frac{1}{n} < x \le 1) \end{cases}$$

とする。明らかに、$\lim_{n\to\infty} f_n(x) = 0$ だから、$\int_0^1 \lim_{n\to\infty} f_n(x)\,dx = \int_0^1 0\,dx = 0$ だが、

$$\lim_{n\to\infty} \int_0^1 f_n(x)\,dx = \lim_{n\to\infty} \int_0^{\frac{1}{n}} (-6n^3 x^2 + 6n^2 x)\,dx = \lim_{n\to\infty} 1 = 1$$

これらの不都合の原因は、定義 (3.4.1) で、N が x に依存する為である。そこで、一様連続のときと同様に、定義域 A で N が $x \in A$ に依存しないよう取れるとき、**一様収束**と呼ぶ。上の二つの例はどちらも一様収束しない。

(3.4.2) $\qquad \forall \epsilon > 0, \exists N, \forall x \in A; n > N \Rightarrow |f_n(x) - f(x)| < \epsilon$

一様収束は、以下のように望ましい性質を持つ。これらの定理はワイエルシュトラスによる。

定理 3.17 閉区間 $[a, b]$ 上の連続関数列 $\{f_n(x)\}$ が関数 $f(x)$ に一様収束するならば、$f(x)$ は $[a, b]$ で連続である。

（証明）任意の $p \in [a, b]$ で $f(x)$ が連続な事を示す。任意の $\epsilon > 0$ を取る。一様収束であるから、適当な N があり、任意の x に対し、$n > N$ ならば $|f_n(x) - f(x)| < \frac{\epsilon}{3}$ である。任意の n に対して、$f_n(x)$ は連続であるから、適当な $\delta > 0$ があり、$|x - p| < \delta$ ならば $|f_n(x) - f_n(p)| < \frac{\epsilon}{3}$ となる。

以上から、$|x - p| < \delta$ ならば、$n > N$ となる n を選ぶ事で、

$$|f(x) - f(p)| = |f(x) - f_n(x) + f_n(x) - f_n(p) + f_n(p) - f(p)|$$
$$\leq |f(x) - f_n(x)| + |f_n(x) - f_n(p)| + |f_n(p) - f(p)|$$
$$< \frac{\epsilon}{3} + \frac{\epsilon}{3} + \frac{\epsilon}{3} = \epsilon$$

となり、これは p で $f(x)$ が連続になる事を意味する。 □

定理 3.18（項別積分定理） 区間 $[a,b]$ で積分可能な関数の列 $\{f_n(x)\}$ が積分可能関数 $f(x)$ に一様収束するならば、

$$\lim_{n \to \infty} \int_a^b f_n(x)\,dx = \int_a^b \lim_{n \to \infty} f_n(x)\,dx = \int_a^b f(x)\,dx$$

（証明） 一様収束から、任意の $\epsilon > 0$ に対し、適当な N があって、$n > N$ ならば $|f_n(x) - f(x)| < \dfrac{\epsilon}{b-a}$ となるから、

$$\left|\int_a^b (f_n(x) - f(x))\,dx\right| \leq \int_a^b |f_n(x) - f(x)|\,dx \leq \int_a^b \frac{\epsilon}{b-a}\,dx = \epsilon$$

これは、目的の収束を意味する。 □

各 $f_n(x)$ が連続で一様収束するならば、定理 3.17 から $f(x)$ も連続になる。連続関数は積分可能であるから、項別積分定理が成り立つ。さらに、上の証明を拡張すると、条件は**一様有界** ($\exists K > 0, \forall n, \forall x \in [a,b]; |f_n(x)| \leq K$) のみに出来る。

定理 3.19（アルゼラ） $[a,b]$ で積分可能な関数列 $\{f_n(x)\}$ が一様有界で、積分可能関数 $f(x)$ に各点収束すれば、項別積分可能である。

$$\lim_{n \to \infty} \int_a^b f_n(x)\,dx = \int_a^b \lim_{n \to \infty} f_n(x)\,dx = \int_a^b f(x)\,dx$$

これらの定理は、ルベーグ積分に対しての項別積分定理の特別な場合である。このように、リーマン積分を拡張したルベーグ積分は、積分についての全ての定理を包括した究極の積分と言える。

定理 3.18 から項別微分定理が得られる。

定理 3.20（項別微分定理） 閉区間 $[a,b]$ で微分可能な関数列 $\{f_n(x)\}$ が関数 $f(x)$ に各点収束し、$\{f_n'(x)\}$ は連続関数列で $\bar{f}(x)$ に一様収束すると仮定する。このとき、$f(x)$ は微分可能で、$f'(x) = \bar{f}(x)$ であり、$f'(x)$ は連続である。

(証明) 定理 3.17 から、$\bar{f}(x)$ は連続である。連続関数は積分可能であるから、$f'_n(x)$, $\bar{f}(x)$ は積分可能である。定理 3.18 より、任意の $x \in [a,b]$ に対し

$$f(x) - f(a) = \lim_{n\to\infty}\{f_n(x) - f_n(a)\} = \lim_{n\to\infty}\int_a^x f'_n(t)\,dt$$
$$= \int_a^x \lim_{n\to\infty} f'_n(x)\,dx = \int_a^x \bar{f}(t)\,dx$$

微積分の基本定理 6.4 から、最後の式は微分可能であるから、最初の式の $f(x)$ も微分可能である。最初と最後の式を微分して、連続関数 $f'(x) = \bar{f}(x)$ を得る。 □

コーシーの収束条件は、一様収束にも適用される。

定理 3.21（コーシーの一様収束条件） 閉区間 $[a,b]$ 上の関数列 $\{f_n(x)\}$ が一様収束するためには、次のコーシーの一様収束条件が必要十分条件である。

$$\forall \epsilon > 0, \exists N, \forall x \in [a,b]; n > N, m > N \Rightarrow |f_n(x) - f_m(x)| < \epsilon$$

(証明) $\Rightarrow$: $f(x)$ に一様収束するならば、

$$\forall \epsilon > 0, \exists N, \forall x \in [a,b]; n > N \Rightarrow |f_n(x) - f(x)| < \frac{\epsilon}{2}$$

よって、

$$n > N, m > N \Rightarrow |f_n(x) - f_m(x)| \leq |f_n(x) - f(x)| + |f(x) - f_m(x)| < \frac{\epsilon}{2} + \frac{\epsilon}{2} = \epsilon$$

$\Leftarrow$: コーシーの一様収束条件が成り立つならば、

$$\forall \epsilon > 0, \exists N, \forall x \in [a,b]; n > N, m > N \Rightarrow |f_n(x) - f_m(x)| < \frac{\epsilon}{2}$$

また、コーシーの収束条件より収束関数 $f(x) = \lim_{n\to\infty} f_n(x)$ があるから、

$$\forall x \in [a,b], \exists M_x; m > M_x \Rightarrow |f_m(x) - f(x)| < \frac{\epsilon}{2}$$

それで、$n > N$ とし、各 x 毎に m を $m > N, m > M_x$ となるように取ると、

$$\forall x \in [a,b]; |f_n(x) - f(x)| \leq |f_n(x) - f_m(x)| + |f_m(x) - f(x)| < \frac{\epsilon}{2} + \frac{\epsilon}{2} = \epsilon$$

これは、一様収束を意味する。 □

項別積分定理や項別微分定理は、名前に項の字が入っているように、べき級数などの関数列の級数 $\sum_{n=0}^{\infty} f_n(x)$ に有効である。その場合の一様収束の判定は、次の M 判定法によるのが便利である。

定理 3.22（ワイエルシュトラスの M 判定法） 区間 $[a,b]$ 上の関数列 $\{f_n(x)\}$ に対し、正の数列 $\{M_n\}$ があり、$\forall x \in [a,b]; |f_n(x)| \leq M_n$ とする。もし、級数 $\sum_{n=0}^{\infty} M_n$ が収束するならば、関数列の級数 $\sum_{n=0}^{\infty} f_n(x)$ は一様収束する。

（証明）コーシーの収束条件から、$\forall \epsilon > 0, \exists N; n > m > N \Rightarrow \sum_{i=m}^{n} M_i < \epsilon$ となる。そのとき、

$$\forall x \in [a,b]; \left|\sum_{i=m}^{n} f_i(x)\right| \leq \sum_{i=m}^{n} |f_i(x)| \leq \sum_{i=m}^{n} M_i < \epsilon$$

これはコーシーの一様収束条件である。　□

これまでの定理から、一様収束が良い性質を保つことが分かった。一方、関数の中で多項式は身近で扱いやすい存在である。そこで、多項式列が一様収束する時の極限関数は扱いやすいと言える。次の定理はそれを一般の連続関数について保証する。

定理 3.23（ワイエルシュトラスの多項式近似定理） 有界閉区間 $[a,b]$ 上の任意の連続関数 $f(x)$ に対して、$f(x)$ に一様収束する多項式関数の列 $\{P_n(x)\}$ が存在する。

最初に区間 $[0,1]$ でこの定理を示す。閉区間 $[0,1]$ 上の連続関数 $f(x)$ に対して、ベルンシュタインの多項式を

$$p_n(x) = \sum_{i=0}^{n} f\left(\frac{i}{n}\right) {}_nC_i x^i (1-x)^{n-i}$$

で定義する。すると、この多項式関数列は $f(x)$ に一様収束する。それを示す為に、2 項定理から得られる次の一群の公式を用意する。

$$\sum_{i=0}^{n} {}_nC_i x^i (1-x)^{n-i} = (x+(1-x))^n = 1^n = 1$$

$$i \, {}_nC_i = i \frac{n!}{(n-i)!i!} = n \frac{(n-1)!}{(n-1-(i-1))!(i-1)!} = n \, {}_{n-1}C_{i-1}$$

$$\sum_{i=0}^{n} i \, {}_nC_i x^i (1-x)^{n-i} = nx \sum_{i=1}^{n} {}_{n-1}C_{i-1} x^{i-1} (1-x)^{n-i}$$
$$= nx(x+1-x)^{n-1} = nx$$

$$i(i-1) \, {}_nC_i = \frac{n!}{(n-i)!(i-2)!} = n(n-1)\frac{(n-2)!}{(n-2-(i-2))!(i-2)!} = n(n-1) \, {}_{n-2}C_{i-2}$$

3.4 一様連続と一様収束   71

$$\sum_{i=0}^{n} i(i-1)\,_nC_i x^i(1-x)^{n-i} = n(n-1)x^2 \sum_{i=2}^{n} {}_{n-2}C_{i-2} x^{i-2}(1-x)^{n-i}$$

$$= n(n-1)x^2(x+1-x)^{n-2} = n(n-1)x^2$$

$$(nx-i)^2 = n^2x^2 - 2inx + i^2 = n^2x^2 + (1-2nx)i + i(i-1)$$

(3.4.3) $\displaystyle\sum_{i=0}^{n}(nx-i)^2\,_nC_i x^i(1-x)^{n-i} = n^2x^2 + (1-2nx)nx + n(n-1)x^2 = nx(1-x)$

定理 3.24 区間 $[0,1]$ で、ベルンシュタインの多項式 $p_n(x)$ は $f(x)$ に一様収束する。

（証明）ハイネの定理 3.13 から $f(x)$ は $[0,1]$ で一様連続であるから、任意の $\epsilon > 0$ に対して、適当な δ があって、

$$|x-x'| < \delta \;\Rightarrow\; |f(x)-f(x')| < \frac{\epsilon}{2}$$

また、定理 2.14（最大・最小の原理）から $|f(x)|$ は $[0,1]$ で最大値 M を取る。すなわち、$|f(x)| \leq M$ である。さらに、

$J_n(x) = \{i \in \mathbf{Z} |\, 0 \leq i \leq n,\, |x - \frac{i}{n}| < \delta\}$, $J'_n(x) = \{i \in \mathbf{Z} |\, 0 \leq i \leq n,\, |x - \frac{i}{n}| \geq \delta\}$

を整数の集合とする。$J_n(x) \cup J'_n(x) = \{0,1,\cdots,n\}$ である。上の最初の公式から $f(x) = \displaystyle\sum_{i=0}^{n} f(x)\,_nC_i x^i(1-x)^{n-i}$ であるから、任意の $x \in [0,1]$ に対して

$$|f(x) - p_n(x)| = \left|\sum_{i=0}^{n}\left(f(x) - f\left(\frac{i}{n}\right)\right)\,_nC_i x^i(1-x)^{n-i}\right|$$

$$\leq \sum_{i=0}^{n}\left|f(x) - f\left(\frac{i}{n}\right)\right|\,_nC_i x^i(1-x)^{n-i}$$

$$= \sum_{i \in J_n(x)}\left|f(x) - f\left(\frac{i}{n}\right)\right|\,_nC_i x^i(1-x)^{n-i}$$

$$+ \sum_{i \in J'_n(x)}\left|f(x) - f\left(\frac{i}{n}\right)\right|\,_nC_i x^i(1-x)^{n-i}$$

十分大きい n に対して、どちらの和も $\dfrac{\epsilon}{2}$ 未満になる事を示そう。最初の和は、δ の取り方と上の公式から、

$$\sum_{i \in J_n(x)}\left|f(x) - f\left(\frac{i}{n}\right)\right|\,_nC_i x^i(1-x)^{n-i} < \sum_{i \in J_n(x)} \frac{\epsilon}{2}\,_nC_i x^i(1-x)^{n-i}$$

$$\leq \sum_{i=0}^{n} \frac{\epsilon}{2}\,_nC_i x^i(1-x)^{n-i} = \frac{\epsilon}{2}$$

次に 2 番目の和 S を評価する。$i \in J'_n(x)$ ならば $1 \leq \frac{(x-\frac{i}{n})^2}{\delta^2} = \frac{(nx-i)^2}{n^2\delta^2}$ だから、

$$\left|f(x) - f\left(\frac{i}{n}\right)\right| \leq 2M \leq 2M\frac{(nx-i)^2}{n^2\delta^2}$$

(3.4.3) と、$[0,1]$ で $x(1-x)$ の最大値が $\frac{1}{4}$ になる事から

$$\begin{aligned}
S &= \sum_{i \in J'_n(x)} \left|f(x) - f\left(\frac{i}{n}\right)\right| {}_nC_i x^i(1-x)^{n-i} \\
&\leq \sum_{i \in J'_n(x)} \frac{2M}{n^2\delta^2}(nx-i)^2 \, {}_nC_i x^i(1-x)^{n-i} \\
&\leq \frac{2M}{n^2\delta^2} \sum_{i=0}^{n} (nx-i)^2 \, {}_nC_i x^i(1-x)^{n-i} \\
&= \frac{2M}{n^2\delta^2} nx(1-x) \leq \frac{M}{2n\delta^2}
\end{aligned}$$

そこで、N を $N > \frac{M}{\epsilon\delta^2}$ となる自然数とする。すると、$n > N$ ならば、$\frac{M}{2n\delta^2} < \frac{\epsilon}{2}$ より、2 番目の和 S は $\frac{\epsilon}{2}$ 未満になる。よって、

$$|f(x) - p_n(x)| < \frac{\epsilon}{2} + \frac{\epsilon}{2} = \epsilon$$

これは、多項式列 $\{p_n(x)\}$ が $f(x)$ に一様収束する事を意味する。 □

(定理 3.23 の証明) $g(x) = f(a + (b-a)x)$ は、$[0,1]$ 上の連続関数であるから、多項式列 $\{p_n(x)\}$ があり $g(x)$ に一様収束する。多項式 $P_n(x)$ を

$$P_n(x) = p_n\left(\frac{x-a}{b-a}\right)$$

で定義する。多項式列 $\{P_n(x)\}$ は $g\left(\frac{x-a}{b-a}\right) = f(x)$ に一様収束する。 □

以上の諸定理を、べき級数に適用すると定理 2.31 を得る。証明は省略する。

第 4 章

初等関数

4.1 指数関数と対数関数

4.1.1 指数関数

1 以上の自然数 $n \geq 1$ に対して、$a^n = a \cdots a$ を n 個の a の積で定義する。次の公式は容易である。

(4.1.1) $$a^n a^m = a^{n+m}$$

$a > 0$ とする。これから、全ての実数 n に対し a^n を定義していくが、この公式が成り立つように定義を拡張していく。また、この公式に付け加えて、次の等式と不等式も成り立つ。以下で n を実数に拡張するが、その場合でもこの等式と不等式は成り立つ。

(4.1.2) $$a^n b^n = (ab)^n \quad (a^n)^m = a^{nm}$$
(4.1.3) $$a > 1, \, n < m \Rightarrow a^n < a^m,$$
$$0 < a < 1, \, n < m \Rightarrow a^n > a^m,$$
$$n > 0, \, 0 < a < b \Rightarrow a^n < b^n$$

指数 a^n を自然数以外の数 n に拡張する。まず、$n = 0$ で公式 (4.1.1) が成り立つならば、$a^0 a^m = a^{0+m} = a^m$ である。$1 \cdot a^m = a^m$ と比べれば、$a^0 = 1$ とするのが合理的である。

次に自然数 $n \geq 1$ に対し、$m = -n$ の場合の公式は、$a^n a^{-n} = a^{n-n} = a^0 = 1$ になる。$a^n \dfrac{1}{a^n} = 1$ と比べて、$a^{-n} = \dfrac{1}{a^n}$ とするのが合理的である。

公式 4.1.2 から、有理数 $r = \dfrac{1}{n}$ ($n \geq 1$ は自然数) に対して、$\left(a^{\frac{1}{n}}\right)^n = a^{\frac{1}{n}n} = a^1 = a$ である。例 3.2 (1) のべき乗根 $\sqrt[n]{a}$ の定義から $\sqrt[n]{a}^n = a$ であるから、$a^{\frac{1}{n}} = \sqrt[n]{a}$ とするのが合理的である。有理数 $r = \dfrac{m}{n}$ に対しては、$a^r = \sqrt[n]{a^m}$ とすればよい。

以上をまとめると

(4.1.4) $$a^0 = 1,\ a^{-n} = \frac{1}{a^n},\ a^{\frac{m}{n}} = \sqrt[n]{a^m}$$

問題 4.1 (1) $n = -n' < m = -m'$ が負の整数の時、不等式 (4.1.3) を示せ。
(2) $0 < n = \dfrac{p}{q} < m = \dfrac{s}{t}$ が正の有理数の時、不等式 (4.1.3) を示せ。

以上で、有理数の範囲まで指数が拡張された。以下で、実数 x にまで指数 a^x を拡張する。まず、$a = 1$ の時は $a^x = 1$ とする。

$a > 1$ の時、任意の実数 x に対して、$Y_x = \{a^r | r \leq x \wedge r \in \mathbf{Q}\}$ と置く。x より大きい自然数 n 取ると、$a^r \in Y_x$ ならば、$r \leq x \leq n$ だから (4.1.3) から $a^r \leq a^n$ (r は有理数) となり、Y_x は上に有界である。よって、上限がある。それを $a^x = \sup Y_x$ と定義する。もちろん、x が有理数ならば、$\sup Y_x$ は、有理数に対して定義された a^x である。

$0 < a < 1$ の時は、x より大きい自然数 n があり、$a^r \in Y_x$ ならば、$r \leq x \leq n$ だから、(4.1.3) から $a^r \geq a^m$ となり、Y_x は下に有界である。よって、下限がある。それを $a^x = \inf Y_x$ と定義する。以上で、$y = a^x$ は全ての実数 x に対し定義されたから、それを**指数関数**と呼ぶ。

以下で、指数関数の連続性や基本公式 (4.1.1) 等を証明する。ただし、証明されているのは有理数の場合の公式だけなので、有理数を超えて公式を使うと循環論法になる恐れがある。その事に注意が必要である。

定理 4.1 $a > 0$ とする。$y = a^x : \mathbf{R} \to (0, \infty)$ について、次が成り立つ。
(1) $a > 1$ ならば強い意味で単調増加、$0 < a < 1$ ならば強い意味で単調減少である。
(2) $a \neq 1$ ならば全射である。つまり、$\forall y \in (0, \infty), \exists x \in \mathbf{R};\ y = a^x$
(3) 連続である。

(証明) (1) $a > 1$ の場合を証明する。$0 < a < 1$ の場合も証明は同様である。$x < y$ とすると、有理数 k, k' で、$x < k < k' < y$ となるものがある。その時、任意の $a^r \in Y_x$ (r は有理数で $r \leq x$) に対し、有理数についての (4.1.3) から $a^r < a^k < a^{k'}$, $a^{k'} \in Y_y$ である。$a^x = \sup Y_x$, $a^y = \sup Y_y$ であるから、$a^x \leq a^k < a^{k'} \leq a^y$ である。これは、$y = a^x$ が単調増加を意味する。

(2) $a > 1$ の場合を示す。任意の実数 $y > 0$ に対して、$X_y = \{r \in \mathbf{Q} | a^r \leq y\}$ と置く。等比数列 $\{a^n\}$ は ∞ に発散するから、自然数 n で、$y \leq a^n$ となるものがある。その時、有理数に対する (4.1.3) から、有理数 r について $a^r < y < a^n$ は $r < n$ を意味する。よって、X_y は上に有界である。$x = \sup X_y$ とする。$a^r \in Y_x$ ならば、r は有理数であり $r < x$ である。定理 2.10 で $\epsilon = x - r$ とすれば、適当な有理数 $q \in X_y$ があり、$x - \epsilon = r < q \leq x$ となる。有理数に対する (4.1.3) から $a^r < a^q \leq y$ である。

$a^x = \sup Y_x = \sup\{a^r\}$ であるから、$a^x \leq y$ である。以下 $a^x = y$ を矛盾法により示す。
$a^x < y$ と仮定して矛盾を導く。$1 < \dfrac{y}{a^x}$ に注意する。また、$a > 1$ より $a^{\frac{1}{n}} > 1$ であり、定理 2.6 (1) から、$\lim\limits_{n\to\infty}\left(a^{\frac{1}{n}} - 1\right) = 0$ である。よって、十分大きい n に対して $a^{\frac{1}{n}} - 1 < \dfrac{y}{a^x} - 1$ となる。この時、$a^x < a^x a^{\frac{1}{n}} < y$ である。一方、定理 2.10 から $x - \dfrac{1}{n} < r \leq x$ となる有理数 r がある。$x < r + \dfrac{1}{n}$ に注意する。また、$a^r \in Y_x$ でもあるから、$a^r \leq a^x$ となる。
$$a^{r+\frac{1}{n}} = a^r a^{\frac{1}{n}} \leq a^x a^{\frac{1}{n}} < y$$
これは、$r + \dfrac{1}{n} \in X_y$ を意味し、$r + \dfrac{1}{n} \leq \sup X_y = x$ となるが、$x < r + \dfrac{1}{n}$ に矛盾する。よって、$a^x < y$ ではなく、$a^x = y$ となる。これは、全射を意味する。

$0 < a < 1$ の場合は、$\dfrac{1}{a} > 1$ に注意する。任意の実数 $y > 0$ に対して、上で示した $\left(\dfrac{1}{a}\right)^x$ が全射になる事から、適当な $x > 0$ があり、$\dfrac{1}{y} = \left(\dfrac{1}{a}\right)^x$ となる。これは、$y = a^x$ を意味するから、a^x は全射になる。

(3) 定理 3.10 と (1) (2) から、連続である。　□

この時、公式 (4.1.1), (4.1.2), (4.1.3) は全て成立する。

定理 4.2　(1) $a^x a^y = a^{x+y}$　(2) $a^x b^x = (ab)^x$　(3) $(a^x)^y = a^{xy}$
(4) $a > 1, x < y \Rightarrow a^x < a^y$　(5) $0 < a < 1, x < y \Rightarrow a^x > a^y$
(6) $x > 0, 0 < a < b \Rightarrow a^x < b^x$

(証明) 以下では、$a > 1$ の場合を証明する。$0 < a < 1$ の場合の証明は省略するが、同様である。$\{x_n\}, \{y_n\}$ をそれぞれ x, y に収束する、有理数の増加数列とする。その時、連続性から
$$\lim_{n\to\infty} x_n = x,\ \lim_{n\to\infty} = y,\ \lim_{n\to\infty} a^{x_n} = a^x,\ \lim_{n\to\infty} a^{y_n} = a^y$$
(1) x_n, y_n は有理数であるから、(4.1.1) が成り立つ。よって
$$a^x a^y = \lim_{n\to\infty} a^{x_n} a^{y_n} = \lim_{n\to\infty} a^{x_n + y_n} = a^{x+y}$$
(2) 以下は全て同様に証明できる。　□

問題 4.2　上の定理で、(2) 以下を示せ。

問題 4.3　以下の値 (整数又は少数) を求めよ。
(1) 2^5　(2) 2^{10}　(3) 3^4　(4) e^0　(5) 2^{-2}　(6) $9^{\frac{3}{2}}$　(7) $64^{\frac{2}{3}}$　(8) $125^{-\frac{2}{3}}$

4.1.2 対数

定義 4.1 上の定理 4.1 と定理 3.11 から、指数関数 $y = a^x : \mathbf{R} \to (0, \infty)$ は、$a \neq 1$ の時、逆関数を持ち、それは単調連続になる。この逆関数を $y = \log_a x : (0, \infty) \to \mathbf{R}$ と書き、**対数**と呼び、a を**対数の底**と呼ぶ。微積分では、$a = e$ の時が、公式が簡単で便利なので、それを**自然対数**と呼び、$\log x = \log_e x$ と書く。

すなわち、$\log_a x$ は、$x = a^y$ となる指数の値 y を表す。例えば、$8 = 2^3$ より $\log_2 8 = 3$、$1 = a^0$ より $\log_a 1 = 0$、$a = a^1$ より $\log_a a = 1$ である。

$$(4.1.5) \qquad y = \log_a x \Leftrightarrow a^y = x, \quad y = \log x \Leftrightarrow e^y = x$$

$$(4.1.6) \qquad \log_a 1 = 0,\ \log_a a = 1, \quad \log 1 = 0,\ \log e = 1,\ \log e^n = n$$

注 $\log_{10} x$ を**常用対数**と呼び、分野によっては、これを $\log x$ と表示する場合がある。例えば、関数電卓のキーがそうである。その場合は自然対数は lon または ln と表記される。

定理 4.3 $y = \log_a x : (0, \infty) \to \mathbf{R}$ は連続関数である。$a > 1$ の時は強い意味で単調増加であり、$0 < a < 1$ の時は強い意味で単調減少である。

次の定理は、対数関数の基本的な性質である。

定理 4.4 (1) $\log_a(xy) = \log_a x + \log_a y$ (2) $\log_a \dfrac{x}{y} = \log_a x - \log_a y$

(3) $\log_a x^n = n \log_a x$ (4) $\log_a x = \dfrac{\log_b x}{\log_b a}$ であり、特に $\log_a x = \dfrac{\log x}{\log a}$

(5) $a^{\log_a x} = x$ であり、特に $e^{n \log x} = x^n$

(証明) $u = \log_a x,\ v = \log_a y$ とする。その時、$a^u = x,\ a^v = y$ である。
 (1) $xy = a^u a^v = a^{u+v}$ から $\log_a(xy) = u + v = \log_a x + \log_a y$ である。
 (2) (1) と同様である。
 (3) $x^n = (a^u)^n = a^{nu}$ から、$\log_a x^n = nu = n \log_a x$ である。
 (4) $w = \log_b a$ とすると、$b^w = a$ である。$a^u = x$ より $b^{wu} = a^u = x$ であり、$wu = \log_b x$ となる。その時、

$$\log_a x = u = \frac{\log_b x}{w} = \frac{\log_b x}{\log_b a}$$

 (5) $u = \log_a x$ から、$a^u = x$ であり、$u = \log_a x$ を代入すれば、$a^{\log_a x} = x$ となる。$a = e$ の時、$e^{\log x} = x$ の両辺を n 乗して $e^{n \log x} = x^n$ となる。 □

問題 4.4 対数の全ての公式を書け。

問題 4.5 以下の値 (整数又は分数) を求めよ。
(1) $\log_2 1$ (2) $\log_3 3$ (3) $\log_2 32$ (4) $\log_2 1024$ (5) $\log_3 81$
(6) $\log_2 0.25$ (7) $\log_9 27$ (8) $\log_{64} 16$ (9) $\log_{125} 0.04$
(10) $\log 1$ (11) $\log e$ (12) $\log \sqrt{e}$ (13) $\log \dfrac{1}{\sqrt[3]{e^2}}$

次にべき関数 $y = x^r$ の連続性について調べる。r が有理数の時、例 3.1 と逆関数の連続性より、べき関数は連続になる。それ以上に、全ての実数 r に対しべき関数 $y = x^r$ は $x > 0$ で連続である。それが次の定理である。証明には、指数関数および対数関数の連続性を使用する。

定理 4.5 全ての実数 r に対し、べき関数 $y = x^r : (0, \infty) \to (0, \infty)$ は連続である。

(証明) 定理 4.4 (5) から、$x^r = e^{r \log x}$ である。指数関数と対数関数の連続性 (定理 4.1, 4.3) と定理 3.6 から、このべき関数は連続になる。 □

4.1.3 様々な極限

定理 2.13 で、自然対数の底を定義した。この定義で、n を一般の変数にしてもよい。

定理 4.6 $\displaystyle\lim_{x \to \pm\infty} \left(1 + \dfrac{1}{x}\right)^x = e$

(証明) (1) 定理 3.2 より、全ての $\displaystyle\lim_{n \to \infty} a_n = \pm\infty$ となる数列に対して $\displaystyle\lim_{n \to \infty} \left(1 + \dfrac{1}{a_n}\right)^{a_n} = e$ となれば、$\displaystyle\lim_{x \to \pm\infty} \left(1 + \dfrac{1}{x}\right)^x = e$ である。

$\displaystyle\lim_{n \to \infty} a_n = \infty$ のとき、s_n を a_n を少数展開したときの整数部分とする。つまり、s_n は整数で、$s_n \leq a_n < s_n + 1$ である。

$$\left(1 + \dfrac{1}{s_n + 1}\right)^{s_n + 1} \left(1 + \dfrac{1}{s_n + 1}\right)^{-1} = \left(1 + \dfrac{1}{s_n + 1}\right)^{s_n}$$
$$< \left(1 + \dfrac{1}{a_n}\right)^{a_n}$$
$$< \left(1 + \dfrac{1}{s_n}\right)^{s_n + 1} = \left(1 + \dfrac{1}{s_n}\right)^{s_n} \left(1 + \dfrac{1}{s_n}\right)$$

$\displaystyle\lim_{n \to \infty} a_n = \infty$ より $\displaystyle\lim_{n \to \infty} \dfrac{1}{s_n} = 0$ である。定理 2.13 から左右の数列は e に収束するから、定理 2.5 (6) より、この数列は e に収束する。

$\lim_{n\to\infty} a_n = -\infty$ の場合は、$b_n = -a_n$ とすると、

$$\left(1+\frac{1}{a_n}\right)^{a_n} = \left(1-\frac{1}{b_n}\right)^{-b_n} = \left(\frac{b_n}{b_n-1}\right)^{b_n} = \left(1+\frac{1}{b_n-1}\right)^{b_n-1}\left(1+\frac{1}{b_n-1}\right)$$

$\lim_{n\to\infty} b_n = \infty$ であるから、最初に証明した事から e に収束する。 □

この定理を使えば、e^x に収束する次の数列を得る。後の定理 4.8 の証明でこの数列を使用するだろう。

定理 4.7 $\lim_{n\to\infty}\left(1+\dfrac{x}{n}\right)^n = e^x$

(証明) 定理 4.5 のべき関数の連続性と定理 4.6 から、次が示される。ここで、$t = \dfrac{n}{x}$ である。

$$\lim_{n\to\infty}\left(1+\frac{x}{n}\right)^n = \lim_{n\to\infty}\left(1+\frac{1}{\frac{n}{x}}\right)^{\frac{n}{x}x} = \lim_{t\to\infty}\left\{\left(1+\frac{1}{t}\right)^t\right\}^x$$
$$= \left\{\lim_{t\to\infty}\left(1+\frac{1}{t}\right)^t\right\}^x = e^x \quad □$$

次の極限は、指数関数の微分の公式の証明に使用する。

定理 4.8 (1) 全ての実数 x に対して、$e^x \geq 1+x$ である。

特に、$x < 1$ ならば $1+x \leq e^x \leq \dfrac{1}{1-x}$

(2) $\lim_{x\to 0} \dfrac{e^x-1}{x} = 1$

(証明) (1) 十分に大きい n に対し $\left|\dfrac{x}{n}\right| < 1$ であるから、問題 1.2 (2) (ベルヌイの不等式) より、$\left(1+\dfrac{x}{n}\right)^n > 1 + n\dfrac{x}{n} = 1+x$ である。定理 4.7 から、$e^x \geq 1+x$ である。この不等式から、$e^{-x} \geq 1-x$ となる。$x < 1$ ならば $e^x \leq \dfrac{1}{1-x}$

(2) (1) の不等式より、$x \leq e^x - 1 \leq \dfrac{1}{1-x} - 1 = \dfrac{x}{1-x}$ $(x < 1)$

したがって、
$$1 \leq \frac{e^x-1}{x} \leq \frac{1}{1-x} \ (0 < x < 1), \quad 1 \geq \frac{e^x-1}{x} \geq \frac{1}{1-x} \ (x < 0)$$

定理 3.1 (5) から
$$\lim_{x \to 0} \frac{e^x - 1}{x} = 1 \quad \square$$

4.2 三角関数と逆三角関数

4.2.1 三角関数

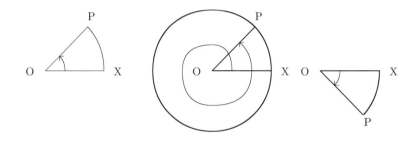

図 4.2.1

　角度の単位 ° は、直角を 90 等分したものを 1° として定義されている。ここでもっと自然な角度の単位を導入する。半径 1 の円を考え、その半径を OX とし動径を OP とする。OX と OP の作る角を円弧 XP の長さで測る。この単位をラジアンと呼び、しばしば単位を省略して数値のみで角を表す。反時計方向に OP を回転させた時の角の大きさは正で、時計方向に回転させた時の角の大きさは負とする。1 回転以上させた場合は回転数分の円周を足す物とする。詳しくは図 4.2.1 を参照。ラジアンと ° の間の単位変換の公式は、半径 1 の円の円周が 2π になる事とその時の角度は 360° になる事から得られる。

(4.2.1) $\quad 180° = \pi$ ラジアン, $\quad 1° = \dfrac{\pi}{180}$ ラジアン, $\quad 1$ ラジアン $= \dfrac{180°}{\pi}$

問題 4.6 次の角度を、度はラジアンにラジアンは度に変換せよ。
(1) $\dfrac{\pi}{6}$ (2) $\dfrac{\pi}{4}$ (3) $\dfrac{\pi}{3}$ (4) $90°$ (5) $210°$ (6) $405°$ (7) $-\dfrac{\pi}{6}$ (8) $-120°$

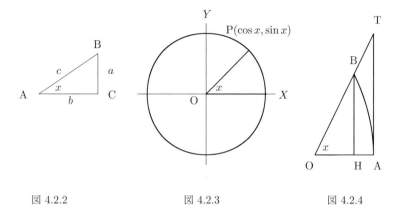

図 4.2.2　　　　　図 4.2.3　　　　　図 4.2.4

さて、$\angle C$ が直角な直角三角形 ABC を考え、$x = \angle A$ として、図 4.2.2 を使って

$$\cos x = \frac{b}{c}, \quad \sin x = \frac{a}{c}, \quad \tan x = \frac{a}{b}$$

と三角関数を定義する。$\cos x$ を**コサイン**、$\sin x$ を**サイン**、$\tan x$ を**タンジェント**と呼ぶ。

問題 4.7　よく使われる直角三角形は、直角二等辺三角形 (角 $\frac{\pi}{4}, a = 1, b = 1, c = \sqrt{2}$) と、正三角形を半分にした直角三角形 (角 $\frac{\pi}{3}, \frac{\pi}{6}$, 辺 $1, \sqrt{3}$, 斜辺 2) の二つである。これから、角 $\frac{\pi}{4}, \frac{\pi}{6}, \frac{\pi}{3}$ の三角関数の値を全て求めよ。

三平方の定理と定義から次の基本的な関係式を得る。

(4.2.2) $\qquad \cos^2 x + \sin^2 x = 1, \quad \tan x = \frac{\sin x}{\cos x}, \quad 1 + \tan^2 x = \frac{1}{\cos^2 x}$

ここで、$\sin^n x = (\sin x)^n$ などと表す。この定義は $0 < x < \frac{\pi}{2}$ の範囲だけに通用する定義であるから、一般の角にも三角関数を定義する必要がある。そのために、上の直角三角形で $c = 1$ ならば、$b = \cos x, a = \sin x$ になる事に注目する。

定義 4.2　XY 座標平面上に原点を中心とする半径 1 の円を考え、X 軸から角 x 回転させた半径 OP と円周との交点の座標を $(\cos x, \sin x)$ と定義する。図 4.2.3 を参照。さらに $\tan x = \dfrac{\sin x}{\cos x}$ と定義する。

定義から、1回転は角 2π であり、半回転は角 π であるから、

(4.2.3) $\quad \cos(x+2n\pi) = \cos x, \quad \sin(x+2n\pi) = \sin x,$
$\qquad\qquad \cos(x+\pi) = -\cos x, \quad \sin(x+\pi) = -\sin x$
$\qquad\qquad \tan(x+n\pi) = \tan x \quad (n \in \mathbf{Z})$
$\qquad\qquad \cos(-x) = \cos x, \quad \sin(-x) = -\sin x, \quad \tan(-x) = -\tan x$

さらに (4.2.2) も成り立つ。次の**加法定理**は三角関数の性質の中で最も重要な物である。上の (4.2.3) もこの公式から導かれる。

(4.2.4) $\qquad\qquad \sin(x+y) = \sin x \cos y + \cos x \sin y$

(4.2.5) $\qquad\qquad \cos(x+y) = \cos x \cos y - \sin x \sin y$

(4.2.6) $\qquad\qquad \tan(x+y) = \dfrac{\tan x + \tan y}{1 - \tan x \tan y}$

左辺を $(x-y)$ にすると、右辺の $\pm$ は $\mp$ に変わる。また、特に次の公式が加法定理から得られる。

(4.2.7) $\quad \cos\left(\dfrac{\pi}{2} - x\right) = \sin x, \quad \sin\left(\dfrac{\pi}{2} - x\right) = \cos x, \quad \tan\left(\dfrac{\pi}{2} - x\right) = \dfrac{1}{\tan x}$
$\qquad \sin\left(x + \dfrac{\pi}{2}\right) = \cos x$

三角関数の積分では以下の公式をよく使う。これらは全て加法定理から証明される。

(4.2.8) 倍角公式 $\quad \sin 2x = 2 \sin x \cos x,$
$\qquad\qquad\qquad\qquad \cos 2x = \cos^2 x - \sin^2 x = 2\cos^2 x - 1 = 1 - 2\sin^2 x$
$\qquad\qquad\qquad\qquad \tan 2x = \dfrac{2\tan x}{1 - \tan^2 x}$

(4.2.9) 半角公式 $\quad \sin^2 x = \dfrac{1}{2} - \dfrac{1}{2}\cos 2x, \quad \cos^2 x = \dfrac{1}{2} + \dfrac{1}{2}\cos 2x,$
$\qquad\qquad\qquad\qquad \sin^2 \dfrac{x}{2} = \dfrac{1}{2} - \dfrac{1}{2}\cos x, \quad \cos^2 \dfrac{x}{2} = \dfrac{1}{2} + \dfrac{1}{2}\cos x,$
$\qquad\qquad\qquad\qquad \sin x \cos x = \dfrac{1}{2}\sin 2x$

(4.2.10) 3倍角公式 $\quad \sin^3 x = \dfrac{3}{4}\sin x - \dfrac{1}{4}\sin 3x, \quad \cos^3 x = \dfrac{3}{4}\cos x + \dfrac{1}{4}\cos 3x$

(4.2.11) 積和公式 $\quad \sin A \sin B = -\dfrac{1}{2}\cos(A+B) + \dfrac{1}{2}\cos(A-B)$
$\qquad\qquad\qquad\qquad \cos A \cos B = \dfrac{1}{2}\cos(A+B) + \dfrac{1}{2}\cos(A-B)$
$\qquad\qquad\qquad\qquad \sin A \cos B = \dfrac{1}{2}\sin(A+B) + \dfrac{1}{2}\sin(A-B)$

問題 4.8 次の角について三角関数の値を求めよ。

(1) 0 (2) $\dfrac{\pi}{2}$ (3) π (4) $-\dfrac{\pi}{2}$ (5) $\dfrac{2}{3}\pi$ (6) $\dfrac{11}{6}\pi$ (7) $\dfrac{29}{4}\pi$ (8) $\dfrac{32}{3}\pi$

問題 4.9 加法定理から、公式 (4.2.7), (4.2.8), (4.2.9), (4.2.10), (4.2.11) を導け。

4.2.2 三角関数の連続性

この節では、三角関数の連続性や単調性を調べる。

定義 4.2 より、$(\sin\theta, \cos\theta)$ は原点を中心とした半径 1 の円周上の点の座標である。定理 3.6 (4) と例 3.2, 例 3.1 (3) から、円の方程式 $y = \pm\sqrt{1-x^2}$ は連続である。さらに、$y = \pm\sqrt{1-x^2}$ は区間 $[-1,0], [0,1]$ でそれぞれ単調である。定理 3.10 より、それぞれの区間で全射になるから、対応する角（円弧の長さ）θ の区間 $\left[n\dfrac{\pi}{2}, (n+1)\dfrac{\pi}{2}\right]$ で $-1 \le x = \cos\theta \le 1$, $-1 \le y = \sin\theta \le 1$ もそれぞれ単調全射になる。よって、定理 3.10 より連続になる。全ての区間で連続であるから、$\mathbf{R}$ 全体で連続になる。

$\tan\theta = \dfrac{\sin\theta}{\cos\theta}$ は、定理 3.6 (3) から $\cos\theta \ne 0$ つまり $\theta = 2n\pi \pm \dfrac{\pi}{2}$ $(n \in \mathbf{Z})$ 以外で連続になる。しかも、$0 \le x \le 1$ の範囲で、$y = \sqrt{1-x^2}$ は強い意味で減少であるから、グラフより、$0 \le \theta < \dfrac{\pi}{2}$ の範囲で $x = \cos\theta$ は減少し、$\sin\theta$ は増加する。よって、この範囲で $\tan\theta = \dfrac{\sin\theta}{\cos\theta}$ は強い意味で単調増加である。$-\dfrac{\pi}{2} < -\theta \le 0$ の範囲では、$-\theta$ が増加するなら θ は減少であり、$\tan\theta$ も減少する。その時、$\tan(-\theta) = -\tan\theta$ は増加になる。よって、この範囲でも強い意味で増加する。以上から、区間 $\left(-\dfrac{\pi}{2}, \dfrac{\pi}{2}\right)$ で $\tan\theta$ は強い意味で単調増加である。

任意の実数 $t \ge 0$ に対し、$x = \dfrac{1}{\sqrt{1+t^2}}$ とする。$0 < x \le 1$ と、上の $\cos\theta : \left[0, \dfrac{\pi}{2}\right] \to [0,1]$ が全射になる事から、$x = \cos\theta, y = \sqrt{1-x^2} = \sqrt{1-\cos^2\theta} = \sin\theta$ となる $\theta \in \left[0, \dfrac{\pi}{2}\right]$ がある。すると、

$$x^2 = \dfrac{1}{1+t^2}, \quad x^2 + t^2 x^2 = 1, \quad x^2 t^2 = 1 - x^2, \quad t = \dfrac{\sqrt{1-x^2}}{x} = \dfrac{\sin\theta}{\cos\theta} = \tan\theta$$

となるから、$\tan\theta : \left[0, \dfrac{\pi}{2}\right) \to [0, \infty)$ は全射になる。また、$\tan(-\theta) = -\tan\theta$ より、$\tan\theta : \left(-\dfrac{\pi}{2}, 0\right] \to (-\infty, 0]$ も全射になる。定理 3.11 から、$\tan\theta : \left(-\dfrac{\pi}{2}, \dfrac{\pi}{2}\right) \to \mathbf{R}$ は全単射かつ単調増加連続である。

定理 4.9 (1) $\sin\theta, \cos\theta$ は、$\mathbf{R}$ で連続である。

$\tan\theta$ は、$\theta = 2n\pi \pm \dfrac{\pi}{2}$ 以外で連続である。

(2) $\sin\theta : \left[-\dfrac{\pi}{2}, \dfrac{\pi}{2}\right] \to [-1,1]$ は、強い意味で単調増加全単射である。

$\cos\theta : [0, \pi] \to [-1, 1]$ は、強い意味で単調減少全単射である。

$\tan\theta : \left(-\dfrac{\pi}{2}, \dfrac{\pi}{2}\right) \to \mathbf{R}$ は、強い意味で単調増加全単射である。

特に、$\cos x$ は $x = 0$ で連続であるから、次の極限値が得られる。これらは、三角関数の導関数の公式を示すのに使用される。

定理 4.10 (1) $\displaystyle\lim_{x \to 0} \dfrac{\sin x}{x} = 1$ (2) $\displaystyle\lim_{x \to 0} \dfrac{\cos x - 1}{x} = 0$

(証明) (1) 図 4.2.4 で、OA = OB = 1 とする。ラジアンで測った角 x は円弧 AB の長さであり、HB = $\sin x$, AT = $\tan x$ である。図を見ると、$\sin x < x < \tan x$ が成り立っているように見える。これを厳密に説明するためには面積を使う。$\triangle$OAB $= \dfrac{1}{2}\sin x$, 扇形 OAB $= \dfrac{1}{2}x$ (円の面積 π, 円周 2π から、面積比により)、$\triangle$OAT $= \dfrac{1}{2}\tan x$ であり、この順に包含関係がある。よって、$\triangle$OAB $<$ 扇形 OAB $< \triangle$OAT であるから、

$$\dfrac{1}{2}\sin x < \dfrac{1}{2}x < \dfrac{1}{2}\tan x$$

$$\sin x < x < \dfrac{\sin x}{\cos x}$$

$$\dfrac{\sin x}{x} < 1, \quad \cos x < \dfrac{\sin x}{x}$$

$$\cos x < \dfrac{\sin x}{x} < 1$$

$\displaystyle\lim_{x \to 0}\cos x = \cos 0 = 1$ より、定理 3.1 (5) から (1) は証明された。 □

(2) (1) から、

$$\lim_{x \to 0} \dfrac{\cos x - 1}{x} = \lim_{x \to 0} \dfrac{(\cos x - 1)(\cos x + 1)}{x(\cos x + 1)} = \lim_{x \to 0} \dfrac{\cos^2 x - 1}{x(\cos x + 1)}$$

$$= -\lim_{x \to 0} \dfrac{x}{\cos x + 1} \dfrac{\sin^2 x}{x^2} = -\dfrac{0}{\cos 0 + 1} 1^2 = 0 \quad \square$$

問題 4.10 次の極限値を求めよ．
(1) $\displaystyle\lim_{x \to 0} \dfrac{\sin 3x}{x}$ (2) $\displaystyle\lim_{x \to 0} \dfrac{\sin 2x^3}{x^3}$ (3) $\displaystyle\lim_{x \to 0} \dfrac{\sin^2 3x}{x^2}$ (4) $\displaystyle\lim_{x \to 0} \dfrac{1 - \cos x}{x^2}$

4.2.3 逆三角関数

定義 4.3 定理 3.11 と定理 4.9 から、三角関数の連続な逆関数 (逆三角関数) が得られる。

第4章 初等関数

(1) **アークサイン** $\mathrm{Sin}^{-1} x : [-1, 1] \to \left[-\dfrac{\pi}{2}, \dfrac{\pi}{2}\right]$ は、$\sin x : \left[-\dfrac{\pi}{2}, \dfrac{\pi}{2}\right] \to [-1, 1]$ の逆関数である。

(2) **アークコサイン** $\mathrm{Cos}^{-1} x : [-1, 1] \to [0, \pi]$ は、$\cos x : [0, \pi] \to [-1, 1]$ の逆関数である。

(3) **アークタンジェント** $\mathrm{Tan}^{-1} x : \mathbf{R} \to \left(-\dfrac{\pi}{2}, \dfrac{\pi}{2}\right)$ は、$\tan x : \left(-\dfrac{\pi}{2}, \dfrac{\pi}{2}\right) \to \mathbf{R}$ の逆関数である。

つまり、$\mathrm{Sin}^{-1} x$ は $\sin \theta = x$ となる角 θ で $-\dfrac{\pi}{2} \leq \theta \leq \dfrac{\pi}{2}$ の範囲にあるものである。

同様に、$\mathrm{Tan}^{-1} x$ は $\tan \theta = x$ となる角 θ で $-\dfrac{\pi}{2} < \theta < \dfrac{\pi}{2}$ の範囲にあるものである。

(4.2.12) $y = \sin x \Leftrightarrow \mathrm{Sin}^{-1} y = x,$ $y = \mathrm{Sin}^{-1} x \Leftrightarrow \sin y = x$

(4.2.13) $y = \tan x \Leftrightarrow \mathrm{Tan}^{-1} y = x,$ $y = \mathrm{Tan}^{-1} x \Leftrightarrow \tan y = x$

例 4.1 (1) $\sin 0 = 0$ より、$\mathrm{Sin}^{-1} 0 = 0$ である。
(2) $\sin \dfrac{\pi}{6} = \dfrac{1}{2}$ より、$\mathrm{Sin}^{-1} \dfrac{1}{2} = \dfrac{\pi}{6}$ である。
(3) $\tan 0 = 0$ より、$\mathrm{Tan}^{-1} 0 = 0$ である。
(4) $\tan \dfrac{\pi}{4} = 1$ より、$\mathrm{Tan}^{-1} 1 = \dfrac{\pi}{4}$ である。

また、$\sin(-x) = -\sin x$, $\tan(-x) = -\tan x$ であるから、

(4.2.14) $\mathrm{Sin}^{-1}(-x) = -\mathrm{Sin}^{-1} x,$ $\mathrm{Tan}^{-1}(-x) = -\mathrm{Tan}^{-1} x$

例 4.2 (1) $\mathrm{Sin}^{-1}\left(-\dfrac{1}{2}\right) = -\mathrm{Sin}^{-1} \dfrac{1}{2} = -\dfrac{\pi}{6}$
(2) $\mathrm{Tan}^{-1}(-1) = -\mathrm{Tan}^{-1} 1 = -\dfrac{\pi}{4}$

$\mathrm{Sin}^{-1} x$ と $\mathrm{Cos}^{-1} x$ の関係を見るために、(4.2.7) を使う。直角三角形の直角以外の角を y, $\dfrac{\pi}{2} - y$ とする。すると、$x = \sin y = \cos\left(\dfrac{\pi}{2} - y\right)$ である。この式から、$\mathrm{Sin}^{-1} x = y$, $\mathrm{Cos}^{-1} x = \dfrac{\pi}{2} - y = \dfrac{\pi}{2} - \mathrm{Sin}^{-1} x$ である。

(4.2.15) $\mathrm{Cos}^{-1} x = \dfrac{\pi}{2} - \mathrm{Sin}^{-1} x$

この式が、$\mathrm{Sin}^{-1} x$ はよく使われるが、$\mathrm{Cos}^{-1} x$ はあまり使われない理由である。

問題 4.11 次の逆三角関数の値を求めよ。

(1) $\mathrm{Sin}^{-1} 0$ (2) $\mathrm{Sin}^{-1} \dfrac{1}{2}$ (3) $\mathrm{Sin}^{-1}\left(-\dfrac{\sqrt{3}}{2}\right)$ (4) $\mathrm{Sin}^{-1}\left(-\dfrac{\sqrt{2}}{2}\right)$ (5) $\mathrm{Sin}^{-1} 1$

(6) $\mathrm{Tan}^{-1} 0$ (7) $\mathrm{Tan}^{-1} \sqrt{3}$ (8) $\mathrm{Tan}^{-1}(-1)$ (9) $\mathrm{Tan}^{-1}\left(-\dfrac{\sqrt{3}}{3}\right)$

第5章

微分法

5.1 導関数

5.1.1 微分係数

　微分は瞬間の速度の計算方法を定式化したものである。時間を x、移動距離を $y = f(x)$ (x の関数) とする。時間が $x = a$ から $x = a + h$ まで変化すると、その間の移動距離は $f(a+h) - f(a)$ になり、平均速度は $\dfrac{f(a+h) - f(a)}{h}$ により計算される。瞬間の速度は $h = 0$ の時であるが、これは $\dfrac{0}{0}$ になり計算不可能である。そこで、瞬間の速度は平均速度の極限 $\displaystyle\lim_{h \to 0} \dfrac{f(a+h) - f(a)}{h}$ として定義される。この考えを一般の関数 $y = f(x)$ の場合に適用したのが、微分係数である。グラフでは下図のようになる。

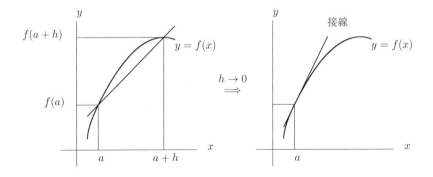

図 5.1.1

$\dfrac{f(a+h)-f(a)}{h}$ はグラフ上の 2 点間の直線の傾きであり、この直線は h を 0 に近づけると接線に近づく。したがって、$\displaystyle\lim_{h\to 0}\dfrac{f(a+h)-f(a)}{h}$ は接線の傾きを表す。

また Δx で変数 x のわずかな変化量を表し、x の**増分**と呼ぶ。今の場合 $\Delta x = h$, $\Delta y = f(a+h) - f(a)$ である.

定義 5.1 関数 $y = f(x)$ は a を含むある開区間で定義されている。極限値

$$f'(a) = \lim_{h\to 0}\frac{f(a+h)-f(a)}{h} = \lim_{\Delta x\to 0}\frac{\Delta y}{\Delta x}$$

が有限な値で存在する時、関数 $y = f(x)$ は点 $x = a$ で**微分可能**と言い、この極限値を $x = a$ での**微分係数** $\boldsymbol{f'(a)}$ と言う。ある開区間の各点で微分可能な時、各点 x にその点での微分係数を対応させる事で、新しい関数を得る。この関数を**導関数**と呼び、次のような記号で表す。

$$y',\quad f'(x),\quad \dot{y},\quad \dot{f}(x),\quad \frac{dy}{dx},\quad \frac{d}{dx}f(x) = \lim_{h\to 0}\frac{f(x+h)-f(x)}{h}$$

分数の形をしている記号は、分数ではない事に注意する。各微分係数 $f'(a)$ は導関数 $f'(x)$ に値 $x = a$ を代入したものである。それを $\dfrac{dy}{dx}\Big|_{x=a}$ とも書く。また、$y = f(x)$ から $f'(x)$ を求める事を**微分する**と言う。

導関数 $f'(x)$ は、詳しくは**第 1 次導関数**と呼び、さらに $f'(x)$ の導関数 $f''(x)$ を**第 2 次導関数**と呼び、次のように書く。

$$y'',\quad f''(x),\quad \ddot{y},\quad \ddot{f}(x),\quad \frac{d^2y}{dx^2},\quad \left(\frac{d}{dx}\right)^2 f(x)$$

同様に、n 回微分したものが**第 $\boldsymbol{n}$ 次導関数**であり、次のように書く。

$$y^{(n)},\quad f^{(n)}(x),\quad \frac{d^n y}{dx^n},\quad \left(\frac{d}{dx}\right)^n f(x)$$

注 y' はラグランジュに、$\dot{y}$ はニュートンに、$\dfrac{dy}{dx}$ はライプニッツによる記号である。これらは使用目的や分野により使い分けられる。

グラフ上では、微分係数は接線の傾きを表す。接線は点 $(a, f(a))$ を通り傾き $f'(a)$ の直線であるから、次の定理を得る。厳密に言えば、接線はこの定理により定義される。

定理 5.1 関数 $y = f(x)$ が点 $x = a$ で微分可能な事と、$x = a$ で接線がある事は同値である。**接線の方程式**は $y - f(a) = f'(a)(x - a)$ である。

5.1.2 導関数の性質

次の定理は連続関数との関係で基本的である。

定理 5.2 関数 $y=f(x)$ が $x=a$ で微分可能ならば、$x=a$ で連続である。

(証明) $f'(a)$ が存在するから、

$$\lim_{x\to a} f(x) = \lim_{x\to a}\left\{f(a) + (x-a)\frac{f(x)-f(a)}{x-a}\right\}$$
$$= f(a) + \lim_{x\to a}(x-a)\lim_{x\to a}\frac{f(x)-f(a)}{x-a}$$
$$= f(a) + 0\cdot f'(a) = f(a)$$

定義 3.2 から、$y=f(x)$ は $x=a$ で連続である。 □

注 この定理の逆は正しくない。ワイエルストラスは、関数

$$y = \sum_{n=0}^{\infty} a^n \cos(\pi b^n x), \quad (0<a<1, b \text{ は奇数})$$

が、$ab > 1 + \frac{3\pi}{2}$ の時、全ての x で連続であるが、同時に全ての点で微分不可能である事を示した。

実際に導関数を計算する時に使われる次の公式は極限の性質 (定理 3.1) から導かれる。

定理 5.3 関数 $y=f(x)$, $y=g(x)$ が微分可能ならば、次の関数も微分可能であり、下記の公式が成り立つ。

(1) $(af(x) + bg(x))' = af'(x) + bg'(x)$ (a,b は実数の定数)

(2) $(f(x)g(x))' = f'(x)g(x) + f(x)g'(x)$

(3) $g(x) \neq 0$ ならば $\left(\dfrac{f(x)}{g(x)}\right)' = \dfrac{f'(x)g(x) - f(x)g'(x)}{\{g(x)\}^2}$

特に、$\left(\dfrac{1}{g(x)}\right)' = -\dfrac{g'(x)}{\{g(x)\}^2}$

(4) (合成関数) $g(f(x))' = g'(f(x))f'(x)$

$y = g(t)$, $t = f(x)$ ならば、$\dfrac{dy}{dx} = \dfrac{dy}{dt}\dfrac{dt}{dx} = g'(t)f'(x)$

(5) (逆関数) $(f^{-1}(x))' = \dfrac{1}{f'(f^{-1}(x))}$, $\dfrac{dy}{dx} = \dfrac{1}{\frac{dx}{dy}}$

注 1) (5) で、$y = f^{-1}(x)$ は $x = f(y)$ と同値であり、$\dfrac{dy}{dx} = (f^{-1}(x))'$, $\dfrac{dx}{dy} = f'(y)$ である。

2) 関数 $y = f(x)$ が閉区間 $[a,b]$ で連続で強い意味で単調ならば、定理 3.11 から逆関数 $y = f^{-1}(x)$ が存在する。(5) は、強い意味で単調な関数 $f(x)$ が微分可能で $f'(x) \neq 0$ ならば、$f^{-1}(x)$ も微分可能になる事を意味する。

(証明) (1) 定理 3.1 から

$$\begin{aligned}
(af(x) + bg(x))' &= \lim_{h \to 0} \frac{af(x+h) + bg(x+h) - (af(x) + bg(x))}{h} \\
&= a \lim_{h \to 0} \frac{f(x+h) - f(x)}{h} + b \lim_{h \to 0} \frac{g(x+h) - g(x)}{h} \\
&= af'(x) + bg'(x)
\end{aligned}$$

(2) $$\begin{aligned}
(f(x)g(x))' &= \lim_{h \to 0} \frac{f(x+h)g(x+h) - f(x)g(x)}{h} \\
&= \lim_{h \to 0} \frac{f(x+h)g(x+h) - f(x)g(x+h) + f(x)g(x+h) - f(x)g(x)}{h} \\
&= \lim_{h \to 0} \frac{f(x+h) - f(x)}{h} g(x+h) + f(x) \lim_{h \to 0} \frac{g(x+h) - g(x)}{h} \\
&= f'(x)g(x) + f(x)g'(x)
\end{aligned}$$

(3) $$\begin{aligned}
\left(\frac{f(x)}{g(x)}\right)' &= \lim_{h \to 0} \frac{\frac{f(x+h)}{g(x+h)} - \frac{f(x)}{g(x)}}{h} \\
&= \lim_{h \to 0} \frac{f(x+h)g(x) - f(x)g(x+h)}{g(x+h)g(x)h} \\
&= \lim_{h \to 0} \frac{f(x+h)g(x) - f(x)g(x) + f(x)g(x) - f(x)g(x+h)}{g(x+h)g(x)h} \\
&= \lim_{h \to 0} \frac{\frac{f(x+h)-f(x)}{h} g(x) - f(x) \frac{g(x+h)-g(x)}{h}}{g(x+h)g(x)} \\
&= \frac{f'(x)g(x) - f(x)g'(x)}{g(x)g(x)}
\end{aligned}$$

(4) $t = f(x)$, $\Delta x = h$, $\Delta t = f(x+h) - f(x)$, $\Delta y = g(f(x+h)) - g(f(x))$ とすると $f(x+h) = f(x) + \Delta t = t + \Delta t$ であるから、$\Delta y = g(t + \Delta t) - g(t)$ であり、$\lim_{h \to 0} \Delta t = 0$, $\lim_{\Delta t \to 0} \Delta y = 0$ となる。

$$\frac{dy}{dx} = \lim_{\Delta x \to 0} \frac{\Delta y}{\Delta x} = \lim_{\Delta x \to 0} \frac{\Delta y}{\Delta t} \frac{\Delta t}{\Delta x} = \lim_{\Delta t \to 0} \frac{\Delta y}{\Delta t} \lim_{\Delta x \to 0} \frac{\Delta t}{\Delta x} = \frac{dy}{dt} \frac{dt}{dx}$$

(5) $\Delta y = f^{-1}(x+\Delta x) - f^{-1}(x)$ より $y = f^{-1}(x), x = f(y)$ だから
$f^{-1}(x+\Delta x) = f^{-1}(x) + \Delta y = y + \Delta y$, $\quad x + \Delta x = f(y+\Delta y)$, $\quad \Delta x = f(y+\Delta y) - f(y)$
したがって、
$$\frac{dy}{dx} = \lim_{\Delta x \to 0} \frac{\Delta y}{\Delta x} = \lim_{\Delta x \to 0} \frac{1}{\frac{\Delta x}{\Delta y}} = \frac{1}{\lim_{\Delta y \to 0} \frac{\Delta x}{\Delta y}} = \frac{1}{\frac{dx}{dy}} \qquad \square$$

問題 5.1 n を自然数として、ライプニッツの公式
$$\{f(x)g(x)\}^{(n)} = \sum_{i=0}^{n} {}_nC_i f^{(n-i)}(x) g^{(i)}(x)$$
$$= f^{(n)}(x)g(x) + \cdots + {}_nC_i f^{(n-i)}(x) g^{(i)}(x) + \cdots + f(x) g^{(n)}(x)$$
を数学的帰納法により証明せよ。

ただし、問題 1.2 (1) のヒントを参考にせよ。

5.1.3 媒介変数表示

平面を運動する物体の座標 (x,y) は、時間 t を変数とする関数により表される。このように、平面上の曲線の点 (x,y) はしばしば**媒介変数** t を用いて、$y = f(t)$, $x = g(t)$ のように**媒介変数表示**で表される。$x = g(t)$ がある区間で強い意味で単調で連続ならば、定理 3.11 より逆関数 $t = g^{-1}(x)$ があり、$y = f(g^{-1}(x))$ という通常の関数表現を得る。次の定理は合成関数と逆関数の微分の公式から得られる。

定理 5.4 媒介変数表示 $y = f(t)$, $x = g(t)$ が与えられているとする。ある区間で、$f(t), g(t)$ が微分可能、$g(t)$ は強い意味で単調、$g'(t) \neq 0$ ならば、y は x の関数として微分可能で、
$$\frac{dy}{dx} = \frac{\frac{dy}{dt}}{\frac{dx}{dt}} = \frac{f'(t)}{g'(t)}$$

テスト 9

問1. 次の導関数の定義の空欄を埋めよ。
$$\frac{df(x)}{dx} = \lim_{\boxed{A} \to \boxed{B}} \frac{f(\boxed{C} + \boxed{D}) - f(\boxed{E})}{\boxed{F}}$$

問 2. 次の微分の公式を書け。

(1) $(af + bg)' = a\boxed{A} + b\boxed{B}$

(2) $\{fg\}' = \boxed{C}g + \boxed{D}g'$

(3) $\left(\dfrac{f}{g}\right)' = \dfrac{f'\boxed{E} - \boxed{F}g'}{\boxed{G}\boxed{H}}$

(4) $y = f(g(x))$ の時、$y = f(t), t = g(x)$ とすると、$\dfrac{dy}{dx} = \dfrac{df(t)}{d\boxed{I}}\dfrac{d\boxed{I}}{d\boxed{J}}$

5.2 指数関数と対数関数の導関数

5.2.1 べき関数

多項式の微分では、次のべき関数の微分の公式が基本である。この公式は、n が自然数の場合は 2 項定理から直接示せる。有理数の場合も自然数の場合から示せる。一般に、n が実数の時も、対数を使って示せる。それで、この定理は 5.2.3 節で証明する。

定理 5.5　　$(x^n)' = nx^{n-1}$

特に、a を定数として、$(a)' = 0,\quad (x)' = 1,\quad (\sqrt{x})' = \dfrac{1}{2\sqrt{x}}$

後半は次のようにして示せる。

$$(a)' = (ax^0)' = 0x^{-1} = 0, \quad (x)' = (x^1)' = 1x^0 = 1,$$

$$(\sqrt{x})' = \left(x^{\frac{1}{2}}\right)' = \frac{1}{2}x^{-\frac{1}{2}} = \frac{1}{2}\frac{1}{x^{\frac{1}{2}}} = \frac{1}{2\sqrt{x}}$$

有理数の指数の定義 (4.1.4) と上の定理から次の例題の微分が計算できる。

例題 5.1　次の関数の微分を計算せよ。

(1) $y = x^5 - 2x^4 + 3x^3 - 4x^2 + 5x - 6$　　(2) $f(x) = \dfrac{1}{x^6}$

(3) $y = \sqrt[5]{x^2}$　　(4) $f(x) = \dfrac{1}{\sqrt[3]{x^2}}$

(解答) (1) 定理 5.3 (1) から、

$$y' = (x^5)' - 2(x^4)' + 3(x^3)' - 4(x^2)' + 5(x)' - (6)'$$
$$= 5x^4 - 2 \cdot 4x^3 + 3 \cdot 3x^2 - 4 \cdot 2x + 5 - 0$$
$$= 5x^4 - 8x^3 + 9x^2 - 8x + 5$$

(2) (4.1.4) から $f'(x) = (x^{-6})' = -6x^{-7} = -\dfrac{6}{x^7}$

(3) (4.1.4) から $\dfrac{dy}{dx} = (x^{\frac{2}{5}})' = \dfrac{2}{5}x^{-\frac{3}{5}} = \dfrac{2}{5}\dfrac{1}{x^{\frac{3}{5}}} = \dfrac{2}{5\sqrt[5]{x^3}}$

(4) (4.1.4) から $\dfrac{d}{dx}f(x) = \left(\dfrac{1}{x^{\frac{2}{3}}}\right)' = \left(x^{-\frac{2}{3}}\right)' = -\dfrac{2}{3}x^{-\frac{5}{3}} = -\dfrac{2}{3}\dfrac{1}{x^{\frac{5}{3}}} = -\dfrac{2}{3\sqrt[3]{x^5}}$

次の例題は、定理 5.3 を使用する。

例題 5.2　次の微分を計算せよ。
(1) $\left\{(x^3+2)\sqrt{x}\right\}'$　　(2) $\dfrac{d}{dx}\left(\dfrac{x^2+2}{x^3-5}\right)$　　(3) $\left\{(x^3+2)^5\right\}'$
(4) $\dfrac{d}{dx}\left(\dfrac{1}{\sqrt{x^2-5}}\right)$　　(5) $\left(x^2\sqrt{x^2+3}\right)'$　　(6) $\dfrac{d}{dx}\left\{\dfrac{(2x+3)^6}{5x-1}\right\}$

（解答）(1) 定理 5.3 (2) より
$$y' = (x^3+2)'\sqrt{x} + (x^3+2)(\sqrt{x})' = 3x^2\sqrt{x} + (x^3+2)\dfrac{1}{2\sqrt{x}}$$
$$= \dfrac{3x^2\sqrt{x}\,2\sqrt{x} + (x^3+2)}{2\sqrt{x}} = \dfrac{7x^3+2}{2\sqrt{x}}$$

(2) 定理 5.3 (3) より
$$\dfrac{dy}{dx} = \dfrac{(x^2+2)'(x^3-5) - (x^2+2)(x^3-5)'}{(x^3-5)^2} = \dfrac{2x(x^3-5) - (x^2-2)3x^2}{(x^3-5)^2}$$
$$= \dfrac{-x^4+6x^2-10x}{(x^3-5)^2}$$

(3) 定理 5.3 (4) より
$$y' = 5(x^3+2)^4 \cdot (x^3+2)' = 5(x^3+2)^4 \cdot 3x^2 = 15(x^3+2)^4 x^2$$

(4) 定理 5.3 (4) より
$$\dfrac{dy}{dx} = \left\{(x^2-5)^{-\frac{1}{2}}\right\}' = -\dfrac{1}{2}(x^2-5)^{-\frac{3}{2}}(x^2-5)' = -\dfrac{x}{\sqrt{x^2-5}^3}$$

(5) 定理 5.3 (2) (4) より
$$y' = \left(x^2\right)'\sqrt{x^2+3} + x^2\left(\sqrt{x^2+3}\right)' = 2x\sqrt{x^2+3} + x^2\dfrac{1}{2\sqrt{x^2+3}}(x^2+3)'$$
$$= 2x\sqrt{x^2+3} + \dfrac{x^3}{\sqrt{x^2+3}} = \dfrac{2x\sqrt{x^2+3}\sqrt{x^2+3} + x^3}{\sqrt{x^2+3}}$$
$$= \dfrac{2x(x^2+3)+x^3}{\sqrt{x^2+3}} = \dfrac{3x^3+6x}{\sqrt{x^2+3}}$$

(6) 定理 5.3 (3) (4) より

$$\frac{dy}{dx} = \frac{\{(2x+3)^6\}'(5x-1) - (2x+3)^6(5x-1)'}{(5x-1)^2}$$
$$= \frac{6(2x+3)^5(2x+3)'(5x-1) - (2x+3)^6 5}{(5x-1)^2} = \frac{(2x+3)^5(60x-12) - 5(2x+3)^6}{(5x-1)^2}$$
$$= \frac{\{(60x-12) - 5(2x+3)\}(2x+3)^5}{(5x-1)^2} = \frac{(50x-27)(2x+3)^5}{(5x-1)^2}$$

問題 5.2 次の関数の導関数を求めよ。

(1) $y = 3x^7 + 2x^5 - 4x + 1$ (2) $f(x) = (x^2-3)(x^3-x)$
(3) $y = \dfrac{x^2+1}{2x-1}$ (4) $f(x) = (2x+3)^4 - 2(2x+3) - 3$
(5) $y = \left(\sqrt[4]{x^2+1}\right)^3$ (6) $f(x) = \dfrac{x}{\sqrt{3x+2}}$

テスト 10

問1. 次の関数の微分を計算せよ。

(1) $\left(\dfrac{1}{(x^2+1)^4}\right)' = -\dfrac{\boxed{A}\,x}{(x^2+1)^{\boxed{B}}}$

(2) $\dfrac{d}{dx}\left(\sqrt[6]{x^3+2}\right) = \dfrac{x^2}{\boxed{C}\sqrt[6]{x^3+2}^{\boxed{D}}}$

(3) $\left\{(x+3)^4\sqrt{2x+1}\right\}' = \dfrac{(x+3)^3(\boxed{E}\,x + \boxed{F})}{\sqrt{2x+1}}$

(4) $\dfrac{d}{dx}\left(\dfrac{\sqrt[3]{x}}{x^3+2}\right) = \dfrac{\boxed{G} - \boxed{H}\,x^3}{3\sqrt[3]{x^2}(x^3+2)^{\boxed{I}}}$

5.2.2 指数関数・対数関数

対数関数 $y = \log_a x$ の導関数を求めよう。連続性（定理 4.3）と定理 4.6 より、

$$(\log_a x)' = \lim_{h \to 0} \frac{\log_a(x+h) - \log_a x}{h} = \lim_{h \to 0} \frac{1}{x}\frac{x}{h} \log_a \frac{x+h}{x}$$

$$= \frac{1}{x} \lim_{h \to 0} \log_a \left(1 + \frac{h}{x}\right)^{\frac{x}{h}}$$

($t = \dfrac{x}{h}$ と置くと、$\dfrac{h}{x} = \dfrac{1}{t}$, $h \to 0$ の時 $t \to \infty$)

$$= \frac{1}{x} \lim_{t \to \infty} \log_a \left(1 + \frac{1}{t}\right)^t$$

$$= \frac{1}{x} \log_a e$$

特に、自然対数 $\log x = \log_e x$ に対して、$(\log x)' = \dfrac{1}{x}$ となる。底の変換公式により、$\log_a x = \dfrac{\log x}{\log a}$ であるから、$(\log_a x)' = \dfrac{1}{x \log a}$ である。

また、不定積分の公式 $\int \dfrac{1}{x} dx = \log x + C$ も、この微分から即座に得られる。だが、この不定積分の公式の左辺で、x は 0 以外の正負両方の値を取るが、右辺では正の値のみを取る。そこで、x が負の場合の対数の微分を考える。その時、$|x| = -x > 0$ であり、

$$(\log |x|)' = (\log(-x))' = \frac{1}{-x}(-x)' = \frac{1}{x}$$

定理 5.6 (1) $(\log |x|)' = \dfrac{1}{x}$ (2) $(\log_a |x|)' = \dfrac{1}{x \log a}$ (3) $(\log |f(x)|)' = \dfrac{f'(x)}{f(x)}$

指数関数 $y = e^x$ の導関数を求める。同値な式 $\log y = x$ の両辺を x で微分する。

$$\frac{y'}{y} = 1, \quad y' = y = e^x, \quad (a^x)' = (e^{x \log a})' = e^{x \log a}(x \log a)' = a^x \log a$$

以上から、

定理 5.7 (1) $(e^x)' = e^x$ (2) $(a^x)' = a^x \log a$ (3) $(e^{f(x)})' = e^{f(x)} f'(x)$

問題 5.3 定理 4.8 (2) の極限を使用して、$(e^x)' = e^x$ を導関数の定義から直接示せ。

5.2.3 対数微分

任意の実数 r に対して、べき関数 $y = x^r$ $(x > 0)$ を考えよう。両辺の対数をとって x について微分すると、合成関数の微分から、

$$(\log |y|)' = (\log |x^r|)' = (r \log |x|)'$$
$$\frac{y'}{y} = r \frac{1}{x}$$
$$y' = r \frac{y}{x} = r \frac{x^r}{x} = r x^{r-1}$$

定理 5.8 任意の実数 r に対し $(x^r)' = r x^{r-1}$ $(x > 0)$

この定理の証明のように、$y = f(x)$ が乗算やべき乗の形をしている時は、両辺の対数をとって微分すると計算が簡単になる場合が多い。このような計算を**対数微分**と呼ぶ。

問題 5.4 対数微分により、次の関数を微分せよ。ただし公式 $(\sin x)' = \cos x$ はすでに与えられているとする。

(1) $y = x^x$ (2) $y = x^{\sin x}$ (3) $y = (3x-1)^2 (2x+3)^3$ (4) $y = \dfrac{(x+1)^3}{(x-1)^2}$

レポート 3

問 次の関数の導関数を求めよ．

(1) $y = 2^x$ (2) $y = \log_3 x$ (3) $y = e^{2x+3}$
(4) $y = \log |x^2 - 2x + 3|$ (5) $y = (2-x) e^{x^2}$ (6) $y = 3^x \log_2 x$
(7) $y = \log \left| \dfrac{x-a}{x+a} \right|$ (8) $y = \log \left| x + \sqrt{x^2 + A} \right|$
(9) $y = x \sqrt{x^2 + A} + A \log \left| x + \sqrt{x^2 + A} \right|$

テスト 11

問 1．次の関数の微分を計算せよ。

(1) $\left(e^{(x^3 + 2x^2 + 5)} \right)' = (\boxed{A} x^2 + \boxed{B} x) e^{(x^3 + 2x^2 + \boxed{C})}$

(2) $\dfrac{d}{dx}\left(\log|x^4-3x+1|\right) = \dfrac{\boxed{D}x^3 - \boxed{E}}{x^4 - \boxed{F}x + 1}$

(3) $\left(e^{x^2}\log|3x+2|\right)' = \boxed{G}xe^{x^2}\log|3x+2| + \dfrac{\boxed{H}e^{x^2}}{3x+2}$

(4) $\dfrac{d}{dx}\left(\dfrac{\log|x^3+1|}{e^{2x+1}}\right) = \dfrac{\boxed{I}x^2 - \boxed{J}(x^3+1)\log|x^3+1|}{(x^3+1)e^{\boxed{K}x+\boxed{L}}}$

問 2. $y = x^{x^2}$ を対数微分する。次の空欄に 1, 2, x, x^2, y, y' を入れよ。

両辺の対数を取る。$\log|y| = \boxed{A}\log|x|$

両辺を微分して、$\dfrac{\boxed{B}}{y} = \boxed{C}x\log|x| + \boxed{D}$

よって、$y' = \boxed{E}\left(2\boxed{F}\log|x| + \boxed{G}\right)$

以上から、$y' = \left(\boxed{H}\log|x| + \boxed{I}\right)x^{x^2+\boxed{J}}$

5.3　三角関数と逆三角関数の導関数

5.3.1　三角関数

定理 4.10 の極限を使用すると、三角関数の導関数の公式を得る。

定理 5.9 (1) $(\sin x)' = \cos x$　(2) $(\cos x)' = -\sin x$　(3) $(\tan x)' = \begin{cases} \dfrac{1}{\cos^2 x} \\ 1 + \tan^2 x \end{cases}$

(証明) (1)
$$\begin{aligned}(\sin x)' &= \lim_{h\to 0}\dfrac{\sin(x+h)-\sin x}{h} \\ &= \lim_{h\to 0}\dfrac{\sin x\cos h + \cos x\sin h - \sin x}{h} \\ &= \lim_{h\to 0}\dfrac{\sin x(\cos h - 1) + \cos x\sin h}{h} \\ &= \sin x\lim_{h\to 0}\dfrac{\cos h - 1}{h} + \cos x\lim_{h\to 0}\dfrac{\sin h}{h} \\ &= \sin x\cdot 0 + \cos x\cdot 1 = \cos x\end{aligned}$$

(2) 問題 5.5 である。

(3)
$$\begin{aligned}(\tan x)' &= \left(\frac{\sin x}{\cos x}\right)' \\ &= \frac{(\sin x)'\cos x - \sin x(\cos x)'}{\cos^2 x} \\ &= \frac{\cos^2 x + \sin^2 x}{\cos^2 x} \\ &= \begin{cases} \frac{1}{\cos^2 x}, \\ 1 + \tan^2 x \end{cases} \quad \square \end{aligned}$$

問題 5.5 $(\cos x)' = -\sin x$ を証明せよ．

例題 5.3 (1) $(\sin^5 x)' = 5\sin^4 x(\sin x)' = 5\sin^4 x \cos x$

(2) $\dfrac{d}{dx}(\cos x^7) = -\sin x^7 (x^7)' = -7x^6 \sin x^7$

レポート 4

問 次の関数の導関数を求めよ。

(1) $y = \sin(2x - 3)$ (2) $y = \cos x^3$ (3) $y = \sin^4 x$
(4) $y = \dfrac{\cos x}{\sin x}$ (5) $y = \tan(x^2 - x + 1)$ (6) $y = \sin^2 x \cos 3x$
(7) $y = \log|\cos x|$ (8) $y = e^{2x}\sin 3x$

5.3.2 逆三角関数

4.2.3 節で定義した逆三角関数の導関数は、三角関数の導関数から得られる。まず、$y = \mathrm{Sin}^{-1} x$ に同値な $\sin y = x$ の両辺を x で微分する。$\cos y \cdot y' = 1$ から、

$$y' = \frac{1}{\cos y} = \frac{1}{\sqrt{1 - \sin^2 y}} = \frac{1}{\sqrt{1 - x^2}}$$

ここで、$-\dfrac{\pi}{2} \leq y = \mathrm{Sin}^{-1} x \leq \dfrac{\pi}{2}$ の範囲で、$\cos y \geq 0$ となる事に注意する。次の公式は、実質は不定積分の公式である。

$$\left(\mathrm{Sin}^{-1}\frac{x}{a}\right)' = \frac{1}{\sqrt{1 - \left(\frac{x}{a}\right)^2}} \cdot \left(\frac{x}{a}\right)' = \frac{1}{\sqrt{a^2 - x^2}}$$

同様に、$y = \text{Tan}^{-1} x$ に同値な $\tan y = x$ の両辺を x で微分する。$(1 + \tan^2 y) \cdot y' = 1$ から、
$$y' = \frac{1}{1 + \tan^2 y} = \frac{1}{x^2 + 1}$$
次の公式は、実質は不定積分の公式である。
$$\left(\text{Tan}^{-1} \frac{x}{a}\right)' = \frac{1}{\left(\frac{x}{a}\right)^2 + 1} \cdot \left(\frac{x}{a}\right)' = \frac{a}{x^2 + a^2}$$

定理 5.10 (1) $\left(\text{Sin}^{-1} x\right)' = \dfrac{1}{\sqrt{1 - x^2}}$ (2) $\left(\text{Sin}^{-1} \dfrac{x}{a}\right)' = \dfrac{1}{\sqrt{a^2 - x^2}}$

(3) $\left(\text{Tan}^{-1} x\right)' = \dfrac{1}{x^2 + 1}$ (4) $\left(\text{Tan}^{-1} \dfrac{x}{a}\right)' = \dfrac{a}{x^2 + a^2}$

問題 5.6 次の関数の導関数を求めよ。ただし a は定数である。

(1) $y = \text{Sin}^{-1} \dfrac{x}{2}$ (2) $y = \text{Tan}^{-1} \dfrac{x}{3}$ (3) $y = \text{Sin}^{-1}(3x - 1)$ (4) $y = \text{Tan}^{-1}(4x + 5)$

(5) $y = x\sqrt{a^2 - x^2} + a^2 \text{Sin}^{-1} \dfrac{x}{a}$ (6) $y = \text{Tan}^{-1}(2 \tan x)$

注 ラジアン θ は半径 1 の円弧の長さと定義した。例 6.9 で見るようにこの長さは定積分 $\theta = \displaystyle\int_0^y \frac{dx}{\sqrt{1 - x^2}}$ により与えられる。ここで、y は円周上の点の y 座標である。不定積分は微分の逆演算であるから、上の定理は $\displaystyle\int \frac{dx}{\sqrt{1 - x^2}} = \text{Sin}^{-1} x$ を意味し、$\theta = \text{Sin}^{-1} y$, $y = \sin \theta$ となる。そこで、循環論法を避けるならば、まず $\text{Sin}^{-1} y = \displaystyle\int_0^y \frac{dx}{\sqrt{1 - x^2}}$ とし、この定積分で $\text{Sin}^{-1} y$ を定義し、その逆関数として $\sin \theta$ を定義する事になる。あるいは、積分を使用しないならば、次の節で述べるマクローリン展開で $\sin x$ を定義する事になる。いずれにしろ、加法定理の証明は大変である。

テスト 12

以下、答えには必ず符号を付けること。例えば、3 は +3, 0 は +0

問 1. 次の関数の微分を計算せよ。

(1) $\left(\sin x^2 \cos^3 x\right)' = \boxed{A} x \cos x^2 \cos^3 x + \boxed{B} \sin x^2 \cos^2 x \sin x$

(2) $\dfrac{d}{dx} \dfrac{\tan 2x}{e^{3x}} = \dfrac{\boxed{C} \tan^2 2x + \boxed{D} \tan 2x + \boxed{E}}{e^{3x}}$

(3) $(\tan 3x \cos 2x)' = \boxed{F} \dfrac{\cos 2x}{\cos^2 3x} + \boxed{G} \tan 3x \sin 2x$

(4) $\dfrac{d}{dx}\sin(\log|3x^2+18x+27|) = \dfrac{\boxed{H}}{x+\boxed{I}}\cos(\log|3x^2+18x+27|)$

問2．次の逆三角関数の値を求めよ。

(1) $\text{Sin}^{-1} 0 = \boxed{A}$ (2) $\text{Sin}^{-1}\dfrac{1}{2} = \dfrac{\pi}{\boxed{B}}$ (3) $\text{Sin}^{-1}\left(-\dfrac{\sqrt{3}}{2}\right) = \dfrac{\pi}{\boxed{C}}$

(4) $\text{Sin}^{-1}\left(-\dfrac{\sqrt{2}}{2}\right) = \dfrac{\pi}{\boxed{D}}$ (5) $\text{Sin}^{-1} 1 = \dfrac{\pi}{\boxed{E}}$ (6) $\text{Tan}^{-1} 0 = \boxed{F}$

(7) $\text{Tan}^{-1}\sqrt{3} = \dfrac{\pi}{\boxed{G}}$ (8) $\text{Tan}^{-1}(-1) = \dfrac{\pi}{\boxed{H}}$ (9) $\text{Tan}^{-1}\left(-\dfrac{\sqrt{3}}{3}\right) = \dfrac{\pi}{\boxed{I}}$

問3．次の関数の微分を計算せよ。

(1) $\left(\text{Sin}^{-1}\dfrac{x}{3}\right)' = \dfrac{1}{\sqrt{\boxed{A}-x^2}}$

(2) $\dfrac{d}{dx}\text{Tan}^{-1}\dfrac{x}{2} = \dfrac{\boxed{B}}{x^2+\boxed{C}}$

(3) $\left(x\sqrt{4-x^2}+4\,\text{Sin}^{-1}\dfrac{x}{2}\right)' = \boxed{D}\sqrt{\boxed{E}-x^2}$

5.4 平均値の定理とテーラー展開

5.4.1 平均値の定理

平均値の定理は、微分係数をその周辺の平均変化率で近似する定理であり、導関数を様々な問題に応用する時の基本定理である。図形的には、関数 $y=f(x)$ のグラフの区間 $[a,b]$ での両端を結んだ直線を平行移動させれば、ある点 $x=c$ でそのグラフの接線になるという事実で説明される。(その直線の傾き) = (接線の傾き) = $f'(c)$

定理 5.11（ラグランジュの平均値の定理） $y=f(x)$ が $[a,b]$ で連続、(a,b) で微分可能な時、適当な $c \in (a,b)$ があり、

$$\dfrac{f(b)-f(a)}{b-a} = f'(c)$$

となる。

特に、$h = b-a$, $\theta = \dfrac{c-a}{b-a}$ とすると、$b = a+h$, $c = a + \theta h$ $(0 < \theta < 1)$ であり、

$$f(a+h) = f(a) + hf'(a+\theta h)$$

この定理を証明する為に、その特殊な場合であるロールの定理をまず証明する。

定理 5.12（ロールの定理） 関数 $y = f(x)$ が $[a,b]$ で連続、(a,b) で微分可能であり、$f(a) = f(b)$ ならば
$$f'(c) = 0, \quad c \in (a,b)$$

となる c がある。

(証明) 定理 3.9 より、$f(x)$ は $[a,b]$ で最大と最小になる。もし、開区間 (a,b) で最大値も最小値も取らないならば、端点 $x = a, b$ で最大値および最小値を取るが、$f(a) = f(b)$ から、最大値と最小値が一致する。これは $f(x)$ が $[a,b]$ で定数になる事を意味し、その時 $f'(x) = 0$ であるから定理は成り立つ。それで (a,b) で最大になるか最小になると仮定してよい。

最小になる場合も同じ証明になるから、$\exists c \in (a,b)$ で $f(x)$ が最大になると仮定する。この場合の証明は、テスト 13 (1) である。この時 $f(c+h) \leq f(c)$ であるから、$\dfrac{f(c+h) - f(c)}{h}$ は、h が正ならば負、負ならば正である。したがって、h を正のまま 0 に近づける場合と、負のまま 0 に近づける場合によって、それぞれ $f'(c) \leq 0$, $f'(c) \geq 0$ になる。$f'(c)$ は近づけ方によらないから、$f'(c) = 0$ である。 □

平均値の定理はロールの定理の一般化である。

(平均値の定理 5.11 の証明) $F(x) = f(x) - f(a) - \dfrac{f(b) - f(a)}{b-a}(x-a)$ と置くと、

$$F(a) = F(b) = 0, \quad F'(x) = f'(x) - \dfrac{f(b) - f(a)}{b-a}$$

であるから、ロールの定理から、$F'(c) = 0$ となる c が存在する。その時、

$$F'(c) = f'(c) - \dfrac{f(b) - f(a)}{b-a} = 0, \quad \dfrac{f(b) - f(a)}{b-a} = f'(c)$$

よって、この c が求める c である。 □

次の定理は、上のラグランジュの平均値の定理の拡張であり、$g(x) = x$ の場合がラグランジュの平均値の定理である。

定理 5.13（コーシーの平均値の定理） 関数 $f(x), g(x)$ が $[a,b]$ で連続、(a,b) で微分可能であって、(a,b) で $g'(x) \neq 0$ ならば

$$\frac{f(b) - f(a)}{g(b) - g(a)} = \frac{f'(c)}{g'(c)}, \quad c \in (a,b)$$

となる c が存在する。

(証明) テスト 13 (2) である。$F(x) = f(x)\{g(b) - g(a)\} - \{f(b) - f(a)\}g(x)$ と置き、ロールの定理を適用する。 □

テスト 13

問 次の空欄を埋めよ。

(1) (ロールの定理 5.12) 関数 $f(x)$ が $[a,b]$ で連続、(a,b) で微分可能とする。
$f(a) = f(b)$ のとき、$\exists c \in (a,b) : f'(c) = 0$
(証明) 定理 3.9 より、$f(x)$ は $[a,b]$ で最大最小になる。
(a,b) で最大値 $f(c)$ を持つ場合を証明する。
つまり、$\boxed{A}\, c \in (a,b),\ \boxed{B}\, x \in [a,b] : f(x) \boxed{C} f(c)$

一方、$f'(c) = \lim_{h \to 0} \dfrac{f(\boxed{D} + h) - f(\boxed{D})}{h}$ であり、

$f(c)$ は最大であるから、$f(\boxed{D} + h) - f(\boxed{D}) \boxed{E} 0$
1) もし、$h > 0$ ならば、以上から $f'(c) \boxed{F} 0$
2) もし、$h < 0$ ならば、以上から $f'(c) \boxed{G} 0$
以上より、$f'(c) = 0$ □

(2) (定理 5.13) 関数 $f(x),\ g(x)$ が $[a,b]$ で連続、(a,b) で微分可能、$g(b) \neq g(a), g'(x) \neq 0$ ならば、

$$\exists c \in (a,b) : \frac{f(b) - f(a)}{g(b) - g(a)} = \frac{f'(c)}{g'(c)}$$

(証明) もし、$g(b) = g(a)$ ならば、ロールの定理より、$g'(c) = 0$ となる $c \in (a,b)$ がある。これは、仮定 $g'(x) \neq 0$ $(x \in (a,b))$ に反する。よって $g(b) \neq g(a),\ g(b) - g(a) \neq 0$ である。そこで、$F(x) = f(x)\{g(b) - g(a)\} - \{f(b) - f(a)\}g(x)$ と置く。
すると、$F(a) = f(a)g(\boxed{A}) - f(b)g(\boxed{B}),\ F(b) = -f(b)g(\boxed{C}) + f(a)g(\boxed{D})$
よって、$F(a) = F(b)$
上の (1) (ロールの定理) から、$\boxed{E}\, c \in (a,b) : F'(c) = \boxed{F}$

$$F'(x) = f'(x)\{g(\boxed{G}) - g(a)\} - \{f(b) - f(\boxed{H})\}g'(x)$$

$$F'(c) = f'(\boxed{I})\{g(\boxed{G}) - g(a)\} - \{f(b) - f(\boxed{H})\}g'(\boxed{I}) = 0$$

$$\{f(b) - f(\boxed{H})\}g'(\boxed{I}) = f'(\boxed{I})\{g(\boxed{G}) - g(a)\}$$

$$\frac{f(b) - f(\boxed{H})}{g(\boxed{G}) - g(a)} = \frac{f'(\boxed{J})}{g'(\boxed{J})} \qquad \square$$

5.4.2 テイラー展開とマクローリン展開

次のテイラーの定理で、$n=1$ の場合は平均値の定理である。この定理の中の R_n をラグランジュの剰余項と言う。

定理 5.14（テイラーの定理） 関数 $f(x)$ が $[a,b]$ で n 回微分可能であり、$f^{(r)}(x)$ $(0 \leq r \leq n-1)$ が (a,b) で連続ならば、

$$f(b) = \sum_{r=0}^{n-1} \frac{f^{(r)}(a)}{r!}(b-a)^r + \frac{f^{(n)}(c)}{n!}(b-a)^n$$
$$= f(a) + \frac{f'(a)}{1!}(b-a) + \frac{f''(a)}{2!}(b-a)^2 + \cdots + \frac{f^{(n-1)}(a)}{(n-1)!}(b-a)^{n-1} + R_n$$
$$R_n = \frac{f^{(n)}(c)}{n!}(b-a)^n = \frac{f^{(n)}(a+\theta(b-a))}{n!}(b-a)^n,$$
$$a < c < b, \quad 0 < \theta = \frac{c-a}{b-a} < 1$$

となる c が存在する。$b < a$ の時も同じ式が成り立つような $b < c < a$ が存在する。

(証明) 関数の組

$$F(x) = f(b) - \sum_{r=0}^{n-1} \frac{f^{(r)}(x)}{r!}(b-x)^r, \quad G(x) = (b-x)^n$$

を考える。すると

$$F(b) = 0, \quad F(a) = f(b) - \sum_{r=0}^{n-1} \frac{f^{(r)}(a)}{r!}(b-a)^r$$
$$F'(x) = -\sum_{r=0}^{n-1} \frac{f^{(r+1)}(x)}{r!}(b-x)^r + \sum_{r=1}^{n-1} \frac{f^{(r)}(x)}{r!}r(b-x)^{r-1} = -\frac{f^{(n)}(x)}{(n-1)!}(b-x)^{n-1}$$
$$G(b) = 0, \quad G(a) = (b-a)^n, \quad G'(x) = -n(b-x)^{n-1}$$

コーシーの平均値の定理 5.13 から、ある $c \in (a, b)$ があって、

$$\frac{F(b) - F(a)}{G(b) - G(a)} = \frac{F'(c)}{G'(c)}$$

$$\frac{0 - F(a)}{0 - (b-a)^n} = \frac{-\frac{f^{(n)}(c)}{(n-1)!}(b-c)^{n-1}}{-n(b-c)^{n-1}} = \frac{f^{(n)}(c)}{n!}$$

$$F(a) = \frac{f^{(n)}(c)}{n!}(b-a)^n$$

$$f(b) - \sum_{r=0}^{n-1} \frac{f^{(r)}(a)}{r!}(b-a)^r = \frac{f^{(n)}(c)}{n!}(b-a)^n$$

$$f(b) = \sum_{r=0}^{n-1} \frac{f^{(r)}(a)}{r!}(b-a)^r + \frac{f^{(n)}(c)}{n!}(b-a)^n$$

となる。この式は本定理を意味し、$R_n = F(a)$ である。また $\theta = \dfrac{c-a}{b-a}$, $c = a + \theta(b-a)$ に注意すると、R_n の第 2 の表示を得る。 □

注 c の取り方には任意性があるから、R_n を別の式と別の c で表示出来る可能性がある。例えば、上の証明の中の $G(x)$ の代わりに、$G(x) = (b-x)^{n-p}$ $(0 \leq p \leq n-1)$ とすると、

$$G(b) = 0, \quad G(a) = (b-a)^{n-p}, \quad G'(x) = -(n-p)(b-x)^{n-p}$$

上の証明と同様に、コーシーの平均値の定理 5.13 から、ある $c \in (a, b)$ があって、

$$R_n = F(a) = (b-a)^{n-p} \frac{f^{(n)}(c)(b-c)^{n-1}}{(n-1)!(n-p)(b-c)^{n-p-1}}$$

$$= \frac{(b-a)^{n-p}}{(n-1)!}(b-c)^p \frac{f^{(n)}(c)}{(n-p)}$$

$$= \frac{(b-a)^n}{(n-1)!}\left(\frac{b-c}{b-a}\right)^p \frac{f^{(n)}(c)}{(n-p)}$$

$$= (1-\theta)^p \frac{f^{(n)}(a+\theta(b-a))}{(n-p)} \frac{(b-a)^n}{(n-1)!}$$

ここで、$\theta = \dfrac{c-a}{b-a}$ から、$c = a + \theta(b-a)$, $\dfrac{b-c}{b-a} = \dfrac{(b-a)-(c-a)}{b-a} = 1-\theta$ である。

この形の剰余項 R_n を**シュレミルヒの剰余項**と言う。$p = 0$ の時は、ラグランジュの剰余項であり、$p = n-1$ の時、

$$R_n = (1-\theta)^{n-1} f^{(n)}(a + \theta(b-a)) \frac{(b-a)^n}{(n-1)!}$$

をコーシーの**剰余項**と言う。

テイラーの定理の直接の応用は、関数の近似計算である。$b = a + h$ として h が十分小さいならば、テイラーの定理は $f(b)$ の近似値を与える。R_n はその時の誤差である。なお、$\fallingdotseq$ は、ほぼ等しいという意味である。

1 次の近似 $f(a + h) \fallingdotseq f(a) + f'(a)h$

2 次の近似 $f(a + h) \fallingdotseq f(a) + f'(a)h + \dfrac{f''(a)}{2}h^2$

例 5.1 $(2.01)^5$ の近似計算をしてみる。$f(x) = x^5$, $a = 2$, $h = 0.01$ とすると、
$f'(x) = 5x^4$, $f''(x) = 20x^3$ から、
$f(2) = 2^5 = 32$, $f'(2) = 5 \cdot 2^4 = 80$, $f''(2) = 20 \cdot 2^3 = 160$
1 次の近似 $(2.01)^5 \fallingdotseq f(2) + f'(2) \cdot 0.01 = 32 + 80 \cdot 0.01 = 32.8$
2 次の近似 $(2.01)^5 \fallingdotseq 32 + 80 \cdot 0.01 + \dfrac{160}{2} \cdot (0.01)^2 = 32.808$
実際の値は $(2.01)^5 = 32.8080401$

(注) 実験のデータの値は、大抵の場合は 3 桁取るのが通常である。したがって、誤差もそれに合わせる。

問題 5.7 次の計算の 2 次の近似値を求めよ.

(1) $(5.02)^3$ (2) $e^{0.01}$ (3) $\log(1.002)$

(4) $\sin(\theta + 0.03)$ (ただし、$\sin\theta = \dfrac{3}{5}, \cos\theta = \dfrac{4}{5}$ とする。)

関数 $f(x)$ が無限回微分可能であり、

$$b = x, \quad \lim_{n \to \infty} R_n = \lim_{n \to \infty} \frac{f^{(n)}(a + \theta(x - a))}{n!}(x - a)^n = 0 \quad (0 < \theta < 1)$$

ならば、この関数のべき級数展開

(5.4.1) $\quad f(x) = \displaystyle\sum_{n=0}^{\infty} \frac{f^{(n)}(a)}{n!}(x - a)^n$

$\qquad\qquad = f(a) + f'(a)(x - a) + \dfrac{f''(a)}{2!}(x - a)^2 + \dfrac{f^{(3)}(a)}{3!}(x - a)^3 + \cdots\cdots$

を得る。これを $x = a$ のまわりの**テイラー展開**と呼ぶ。特に $a = 0$ の時は**マクローリン展開**と呼ぶ。

(5.4.2) $\quad f(x) = \displaystyle\sum_{n=0}^{\infty} \frac{f^{(n)}(0)}{n!}x^n = f(0) + f'(0)x + \dfrac{f''(0)}{2!}x^2 + \dfrac{f^{(3)}(0)}{3!}x^3 + \cdots\cdots$

例 5.2　次の級数はマクローリン展開の例である。R は収束半径であり、等式は区間 $(-R, R)$ の点で成り立つ。

(1) $e^x = \sum_{n=0}^{\infty} \dfrac{x^n}{n!} = 1 + x + \dfrac{x^2}{2!} + \dfrac{x^3}{3!} + \cdots\cdots$,　収束半径 $R = \infty$

(2) $\sin x = \sum_{n=0}^{\infty} (-1)^n \dfrac{x^{2n+1}}{(2n+1)!} = x - \dfrac{x^3}{3!} + \dfrac{x^5}{5!} - \cdots\cdots$,　収束半径 $R = \infty$

(3) $\cos x = \sum_{n=0}^{\infty} (-1)^n \dfrac{x^{2n}}{(2n)!} = 1 - \dfrac{x^2}{2!} + \dfrac{x^4}{4!} - \cdots\cdots$,　収束半径 $R = \infty$

(4) $\log(1+x) = \sum_{n=1}^{\infty} (-1)^{n-1} \dfrac{x^n}{n} = x - \dfrac{x^2}{2} + \dfrac{x^3}{3} - \cdots\cdots$,　収束半径 $R = 1$

注 形式的に、$x = 1$ で $\sum_{n=1}^{\infty} (-1)^{n-1} \dfrac{1}{n} = 1 - \dfrac{1}{2} + \dfrac{1}{3} - \dfrac{1}{4} + \cdots\cdots = \log(1+1) = \log 2$

$x = -1$ で $\sum_{n=1}^{\infty} (-1)^{n-1} \dfrac{1}{n} (-1)^n = -\sum_{n=1}^{\infty} \dfrac{1}{n} = \log(1-1) = -\infty$

(5) $\dfrac{1}{1-x} = \sum_{n=0}^{\infty} x^n = 1 + x + x^2 + x^3 + \cdots\cdots$,　収束半径 $R = 1$

注 (4) を各項毎に微分し、$-x$ を代入するとこの式を得る。逆に、(5) を積分して、(4) を得る。

(6) $(1+x)^r = \sum_{n=0}^{\infty} \binom{r}{n} x^n$,　収束半径 $R = 1$

ここで、$\binom{r}{n} = \dfrac{r(r-1)\cdots(r-n+1)}{n!}$,　$\binom{r}{0} = 1$ とする。

注 r は任意の実数であり、特に r が自然数の時は $\binom{r}{n} = {}_rC_n$ $(0 \leq n \leq r)$, $\binom{r}{n} = 0$ $(n > r)$ になり、(6) は 2 項定理を意味する。

(解答) (1) $f(x) = e^x$ とすると、$f^{(n)}(x) = e^x$ より $f^{(n)}(0) = e^0 = 1$ である。

$$|R_n| = \left| \dfrac{f^n(\theta x)}{n!} x^n \right| < e^{|x|} \dfrac{|x|^n}{n!}$$

定理 2.6 (4) から剰余項は 0 に収束するから、与えられたマクローリン展開が得られる。ダランベールの定理 2.30 から、収束半径は

$$R = \lim_{n \to \infty} \frac{\frac{1}{n!}}{\frac{1}{(n+1)!}} = \lim_{n \to \infty} \frac{(n+1)!}{n!} = \lim_{n \to \infty} (n+1) = \infty$$

(2) $f(x) = \sin x$ とすると

$$f^{(4m)}(x) = \sin x, \quad f^{(4m+1)}(x) = \cos x, \quad f^{(4m+2)}(x) = -\sin x, \quad f^{(4m+3)}(x) = -\cos x$$

以上から、$n = 2m, 2m+1$ とすると、
$f^{(2n)}(0) = (-1)^n \sin 0 = 0, \quad f^{(2n+1)}(0) = (-1)^n \cos 0 = (-1)^n$

$$|R_n| = \left| \frac{f^n(\theta x)}{n!} x^n \right| \le \frac{|x|^n}{n!}$$

定理 2.6 (4) から剰余項は 0 に収束し、与えられたマクローリン展開が得られる。$t = x^2$ とすると、

$$\sin x = \sum_{n=0}^{\infty} (-1)^n \frac{x^{2n+1}}{(2n+1)!} = x \sum_{n=0}^{\infty} (-1)^n \frac{t^n}{(2n+1)!} \quad \text{であるから、収束半径は}$$

$$R = \lim_{n \to \infty} \frac{(2n+3)!}{(2n+1)!} = \lim_{n \to \infty} (2n+2)(2n+3) = \infty$$

(3) (2) と同様である。テスト 14 問 1 参照。

(4) $f(x) = \log(1+x)$ とすると、

$$f'(x) = \frac{1}{1+x}, \ f''(x) = -\frac{1}{(1+x)^2}, \ f^{(3)}(x) = \frac{2}{(1+x)^3}, \ f^n(x) = (-1)^{n-1} \frac{(n-1)!}{(1+x)^n}$$

よって、$f(0) = 0, f^{(n)}(0) = (-1)^{n-1}(n-1)!$ である。

$0 < c < x < 1$ の場合は、$|R_n| = \left| \frac{f^n(c)}{n!} x^n \right| \le \frac{1}{n} \frac{|x|^n}{(1+c)^n} < \frac{1}{n} |x|^n$ である。定理 2.4 から、$\lim_{n \to \infty} |R_n| = 0$ となり、マクローリン展開を得る。
$-1 < x < c = \theta x < 0 \ (0 < \theta < 1)$ の場合は、$0 < 1-\theta < 1$ であり、$-1 < x < 0$ から、$1 + \theta x > 1 - \theta > 0$ である。その時、$\dfrac{1-\theta}{1+\theta x} < 1$ であるから、コーシーの剰余項より

$$|R_n| = \left| (1-\theta)^{n-1} \frac{1}{(1+\theta x)^n} x^n \right| = \frac{1}{(1-\theta)} \left(\frac{1-\theta}{1+\theta x} \right)^n |x|^n < \frac{1}{(1-\theta)} |x|^n$$

よって、R_n は 0 に収束する。収束半径 R は

$$R = \lim_{n \to \infty} \left| \frac{n+1}{n} \right| = 1$$

(5) (6) 略 □

注 1) x が複素数の時、e^x はべき級数 $\displaystyle\sum_{n=0}^{\infty} \frac{x^n}{n!}$ で定義される。

$i = \sqrt{-1}$ とすると、$(xi)^{2m} = (-1)^m x^{2m}$, $(xi)^{2m+1} = (-1)^m x^{2m+1} i$ である。
このべき級数は絶対収束するから、和の順序を変えても収束値は同じである事に注意して、次のオイラーの公式を得る。

(5.4.3) $\displaystyle e^{xi} = \sum_{n=0}^{\infty} \frac{(xi)^n}{n!} = \sum_{m=0}^{\infty} (-1)^m \frac{x^{2m}}{(2m)!} + \sum_{m=0}^{\infty} (-1)^m \frac{x^{2m+1}}{(2m+1)!} i = \cos x + i \sin x$

2) $(\text{Tan}^{-1} x)' = \dfrac{1}{1+x^2}$ と上の (5) から

$$\text{Tan}^{-1} x = \int_0^x \frac{1}{1+x^2}\, dx = \int_0^x (1 - x^2 + x^4 - \cdots\cdots)\, dx = x - \frac{x^3}{3} + \frac{x^5}{5} - \cdots\cdots$$

以上から $\text{Tan}^{-1} 1 = \dfrac{\pi}{4}$ に注意して、

$$\frac{\pi}{4} = 1 - \frac{1}{3} + \frac{1}{5} - \frac{1}{7} + \cdots\cdots$$

この級数の収束は遅いので、$\alpha = \text{Tan}^{-1} \dfrac{1}{5}$ から導かれる次の級数を、実際の π の値の計算には使う。

$$\tan 2\alpha = \frac{2\tan\alpha}{1-\tan^2\alpha} = \frac{5}{12}, \quad \tan 4\alpha = \frac{2\tan 2\alpha}{1-\tan^2 2\alpha} = \frac{120}{119},$$

$$\tan\left(4\alpha - \frac{\pi}{4}\right) = \frac{\tan 4\alpha - \tan\frac{\pi}{4}}{1 + \tan 4\alpha \tan\frac{\pi}{4}} = \frac{1}{239}, \quad 4\alpha - \frac{\pi}{4} = \text{Tan}^{-1}\frac{1}{239}$$

以上から、π の値を効率よく計算する級数が得られる。

$$\frac{\pi}{4} = 4\alpha - \text{Tan}^{-1}\frac{1}{239} = 4\text{Tan}^{-1}\frac{1}{5} - \text{Tan}^{-1}\frac{1}{239}$$
$$= 4\left(\frac{1}{5} - \frac{1}{3\cdot 5^3} + \frac{1}{5\cdot 5^5} - \cdots\right) - \left(\frac{1}{239} - \frac{1}{3\cdot 239^3} + \cdots\right)$$

テスト 14

問 1. $f(x) = \cos x$ のマクローリン展開を求める。

$f'(x) = \boxed{A}$, $f''(x) = \boxed{B}$, $f^{(3)}(x) = \boxed{C}$, $f^{(4)}(x) = \boxed{D}$ より

$f^{(4m)}(x) = \boxed{E}$, $f^{(4m+1)}(x) = \boxed{F}$, $f^{(4m+2)}(x) = \boxed{G}$, $f^{(4m+3)}(x) = \boxed{H}$

以上から、

$f^{(4m)}(0) = \boxed{I}$, $f^{(4m+1)}(0) = \boxed{J}$, $f^{(4m+2)}(0) = \boxed{K}$, $f^{(4m+3)}(0) = \boxed{L}$

$n = 2m, 2m+1$ とすると、$f^{(2n+1)}(0) = \boxed{M}$ であり、
$(-1)^{2m} = 1$, $(-1)^{2m+1} = -1$ であるから、
$n = 2m$ なら $f^{(2n)}(0) = f^{(4m)}(0) = \boxed{N} = (-1)^{2m} = (-1)^{\boxed{O}}$,
$n = 2m+1$ なら $f^{(2n)}(0) = f^{(4m+2)}(0) = \boxed{P} = (-1)^{2m+1} = (-1)^{\boxed{Q}}$
よって、

$$\cos x = \sum_{n'=0}^{\infty} \frac{f^{(n')}((0)}{n'!} x^{n'}$$
$$= \sum_{n=0}^{\infty} \left(\frac{f^{(2n)}(0)}{(2n)!} x^{2n} + \frac{f^{(2n+1)}(0)}{(2n+1)!} x^{2n+1} \right)$$
$$= \sum_{n=0}^{\infty} \frac{(-1)^{\boxed{R}}}{(\boxed{S})!} x^{\boxed{T}}$$

問 2. $i = \sqrt{-1}$ とする。$i^2 = -1$ より

$$e^{xi} = \sum_{n'=0}^{\infty} \frac{\boxed{A}}{n'!} (xi)^{n'}$$
$$= \sum_{n=0}^{\infty} \left(\frac{\boxed{A}}{(2n)!} (xi)^{2n} + \frac{\boxed{A}}{(2n+1)!} (xi)^{2n+1} \right)$$
$$= \sum_{n=0}^{\infty} \left(\frac{(\boxed{B})^n}{(2n)!} x^{2n} + \boxed{C} \frac{(\boxed{D})^n}{(2n+1)!} x^{2n+1} \right)$$
$$= \boxed{E} + i\boxed{F}$$

5.5 導関数の応用

5.5.1 不定形

極限の見かけ上の形が

$$\frac{0}{0}, \quad \frac{\infty}{\infty}, \quad 0 \cdot \infty, \quad \infty - \infty, \quad \infty^0, \quad 0^0, \quad 1^\infty$$

である時、これらの極限を**不定形**と呼ぶ。形式的に変形すれば、

$$\frac{\infty}{\infty} = \frac{\frac{1}{\infty}}{\frac{1}{\infty}} = \frac{0}{0}, \quad 0 \cdot \infty = \frac{0}{\frac{1}{\infty}} = \frac{0}{0}, \quad \infty - \infty = \left(1 - \frac{\infty}{\infty}\right)\infty$$

$$\infty^0 = e^{0\log\infty} = e^{0\cdot\infty}, \quad 0^0 = e^{0\log 0} = e^{0\cdot(-\infty)}, \quad 1^\infty = e^{\infty\log 1} = e^{\infty\cdot 0}$$

などのように、これらは $\frac{0}{0}$ の形に出来る。さらに $\frac{0}{0}$ の形の不定形は導関数を使って計算出来る場合がある。

定理 5.15 関数 $f(x), g(x)$ が開区間 (x_0, x_1) で連続、点 $x = a \in (x_0, x_1)$ 以外で微分可能であり、$g'(x) \neq 0$ とする。さらに $\lim_{x \to a} \frac{f'(x)}{g'(x)}$ が存在すると仮定する。

(1) $f(a) = g(a) = 0$ ならば

$$\lim_{x \to a} \frac{f(x)}{g(x)} = \lim_{x \to a} \frac{f'(x)}{g'(x)}$$

(2) $\lim_{x \to a} g(x) = \infty$ ならば

$$\lim_{x \to a} \frac{f(x)}{g(x)} = \lim_{x \to a} \frac{f'(x)}{g'(x)}$$

(証明) (1) コーシーの平均値の定理 5.13 から、a, x の間の点 c があり

$$\frac{f(x)}{g(x)} = \frac{f(x) - f(a)}{g(x) - g(a)} = \frac{f'(c)}{g'(c)}$$

$x \to a$ ならば、$c \to a$ であるから (1) は成り立つ。

(2) a, x の間の点 b を取り、b, x にコーシーの平均値の定理を適用すると、b, x の間に点 c があり

$$\frac{f(x) - f(b)}{g(x) - g(b)} = \frac{f'(c)}{g'(c)}$$

$$f(x) - f(b) = \{g(x) - g(b)\}\frac{f'(c)}{g'(c)}$$

$$\frac{f(x)}{g(x)} = \frac{f(b)}{g(x)} + \left\{1 - \frac{g(b)}{g(x)}\right\}\frac{f'(c)}{g'(c)}$$

例えば、$a < x$ ならば $a < b < c < x$ であり、$a > x$ ならば $a > b > c > x$ となる事に注意する。$x \to a$ ならば、$b \to a$, $c \to a$ であり、$\lim_{x \to a} g(x) = \infty$ である。

$$\lim_{x \to a} \frac{f(b)}{g(x)} = \frac{f(a)}{\infty} = 0, \quad \lim_{x \to a} \frac{g(b)}{g(x)} = \frac{g(a)}{\infty} = 0$$

以上から、$x \to a$ の時 (2) は成り立つ。 □

例題 5.4 次の極限値を求めよ。
(1) $\displaystyle\lim_{x\to 1}\frac{x^3-1}{x^2-1}$ (2) $\displaystyle\lim_{x\to\infty}\frac{x^n}{e^x}$ (3) $\displaystyle\lim_{x\to 0}\frac{e^x+e^{-x}-2}{x^2}$ (4) $\displaystyle\lim_{x\to+\infty}\left(\frac{x-1}{x+1}\right)^x$

(解答) (1) $f(x)=x^3-1$, $g(x)=x^2-1$ とすると、$f(1)=g(1)=0$ であるから、上の定理 (1) を適用して、

$$\lim_{x\to 1}\frac{x^3-1}{x^2-1}=\lim_{x\to 1}\frac{(x^3-1)'}{(x^2-1)'}=\lim_{x\to 1}\frac{3x^2}{2x}=\frac{3}{2}$$

(2) $e^\infty=\infty$ であるから、上の定理 (2) を適用して、

$$\lim_{x\to\infty}\frac{x^n}{e^x}=\lim_{x\to\infty}\frac{(x^n)'}{(e^x)'}=\lim_{x\to\infty}\frac{nx^{n-1}}{e^x}=\cdots=\lim_{x\to\infty}\frac{n!}{e^x}=0$$

(3) $\frac{0}{0}$ の形であるから、

$$\lim_{x\to 0}\frac{e^x+e^{-x}-2}{x^2}=\lim_{x\to 0}\frac{e^x-e^{-x}}{2x}=\lim_{x\to 0}\frac{e^x+e^{-x}}{2}=\frac{e^0+e^0}{2}=1$$

(4) 1^∞ の形である。$f(x)=\left(\dfrac{x-1}{x+1}\right)^x$ とする。$\log|f(x)|=x\log\left|\dfrac{x-1}{x+1}\right|$ である。さらに $\frac{0}{0}$ の形にする。ただし、

$$\left(\log\left|\frac{x-1}{x+1}\right|\right)'=(\log|x-1|-\log|x+1|)'=\frac{1}{x-1}-\frac{1}{x+1}=\frac{2}{x^2-1}$$

$$\log\lim_{x\to\infty}|f(x)|=\lim_{x\to\infty}\log|f(x)|=\lim_{x\to\infty}\frac{\log\frac{x-1}{x+1}}{\frac{1}{x}}=\lim_{x\to\infty}\frac{\frac{2}{x^2-1}}{-\frac{1}{x^2}}$$

$$=-2\lim_{x\to\infty}\frac{x^2}{x^2-1}=-2\lim_{x\to\infty}\frac{2x}{2x}=-2\lim_{x\to\infty}1=-2$$

よって、

$$\lim_{x\to\infty}f(x)=e^{-2}$$

問題 5.8 次の極限値を求めよ。

(1) $\displaystyle\lim_{x\to 0}\frac{x-\log(1+x)}{x^2}$ (2) $\displaystyle\lim_{x\to 0}\frac{\sin(x+x^2)}{x}$ (3) $\displaystyle\lim_{x\to 0}\frac{e^x-\cos x}{x}$
(4) $\displaystyle\lim_{x\to 0}\frac{x^3-\sin^3 x}{x^5}$ (5) $\displaystyle\lim_{x\to\infty}x(e^{\frac{1}{x}}-1)$ (6) $\displaystyle\lim_{x\to 0}\left(\frac{1}{\sin x}-\frac{1}{x}\right)$
(7) $\displaystyle\lim_{x\to 0}x\log x$ (8) $\displaystyle\lim_{x\to 0}(3x+1)^{\frac{1}{x}}$

5.5.2 関数のグラフの概形

増加・減少関数と極大・極小

関数の増加・減少は導関数 $f'(x)$ の符号により判断される。

定理 5.16 関数 $y = f(x)$ が閉区間 $[a,b]$ で連続であり、開区間 (a,b) で微分可能とする。
(1) (a,b) で $f'(x) = 0$ ならば $f(x)$ は $[a,b]$ で定数である。
(2) (a,b) で $f'(x) > 0$ ならば $f(x)$ は $[a,b]$ で強い意味の増加関数である。
(3) (a,b) で $f'(x) < 0$ ならば $f(x)$ は $[a,b]$ で強い意味の減少関数である。

(証明) $[a,b]$ 内の 2 点 $a \leq x_1 < x_2 \leq b$ に対してのラグランジュの平均値の定理 5.11 から、$x_1 < c < x_2$ となる c があって

$$\frac{f(x_2) - f(x_1)}{x_2 - x_1} = f'(c)$$

$x_2 - x_1 > 0$ であるから、$f'(c) = 0,\ > 0,\ < 0$ のそれぞれの場合に

$$f(x_2) = f(x_1), \quad f(x_2) > f(x_1), \quad f(x_2) < f(x_1)$$

$x_1 < x_2$ は任意であるから、これは定理を意味する。 □

増加と減少の境目では局所的に最大最小になっている。その点での関数の値を**極値**と呼ぶ。

定義 5.2 点 a を含むある開区間 (x_1, x_2) で、関数 $y = f(x)$ が $x = a$ で最大または最小になる時、$x = a$ で**極大**または**極小**になると言い、$f(a)$ を**極大値**または**極小値**と言う。

ロールの定理 5.12 の証明と同じようにして、次の定理を得る。

定理 5.17 関数 $y = f(x)$ が $x = a$ で極大または極小になるならば $f'(a) = 0$ である。

注 この定理の逆は成り立たない。例えば $y = x^3$ は増加関数で極大・極小になる点はないが、$y' = 3x^2$ より $f'(0) = 0$ である。

極大　　　　　極小　　　　　極値でない

5.5 導関数の応用

問題 5.9 次の関数の極値を求めよ．

(1) $y = x^3 - 3x + 1$　(2) $y = xe^{-2x}$　(3) $y = x\log x$　(4) $y = \sin x$

グラフの凹凸

グラフの曲がり方には、次の二通りがある。一つは、グラフが下にふくらみながら曲がっている状態で、下に凸と言う。もう一つは、上にふくらみながら曲がっている状態で、下に凹と言う。これの定義の仕方はいくつかあるが、ここでは次の定義を採用する。

定義 5.3 関数 $f(x)$ のグラフが点 $x = a$ の近くで接線よりも上にある時、$x = a$ で**下に凸**であると言う。接線の下にある時, $x = a$ で**下に凹**であると言う。またグラフが接線を横切る時、$x = a$ を変曲点と言う。

凸　　　　　　　　　凹　　　　　　　　　変曲点

注 1)「下に」を省略して、単に「凸」「凹」と呼ぶこともしばしばある。その場合は視覚的な「凹凸」とは逆に見える。これは、第2次導関数との関係のせいであり、2次関数 ax^2 が、$a > 0$ で下に凸、$a < 0$ で下に凹になる事に対応している。

2) 関数 $f(x)$ が区間 $[a, b]$ の全ての点で下に凸ならば、この区間の任意の2点 x_1, x_2 に対して

$$(5.5.1) \qquad f\left(\frac{x_1 + x_2}{2}\right) \leq \frac{1}{2}\left(f(x_1) + f(x_2)\right)$$

が成り立つ。逆に (5.5.1) がこの区間の任意の2点で成り立つならば、そこで関数は下に凸になる。

そこで, (5.5.1) が成り立つ時、この区間で**凸関数**であると定義する。関数が凸関数になるための必要十分条件は $f''(x) \geq 0$ になる事である。この事実から様々な重要不等式を得る事が出来る。

関数の凹凸の定義を数式を使って表現する。関数 $y = f(x)$ のグラフが $y = g(x)$ のグラフよりも上にあるとは、$f(x) \geq g(x)$ となる事である。これに注意すると, 定理 5.1 から、$x = a$ での接線の方程式は $y = f(a) + f'(a)(x - a)$ であるから、凸になるとは a の

近くの x で

(5.5.2) $\qquad f(x) \geq f(a) + f'(a)(x-a), \quad f(x) - f(a) - f'(a)(x-a) \geq 0$

となる事である。凹になるとは

(5.5.3) $\qquad f(x) \leq f(a) + f'(a)(x-a), \quad f(x) - f(a) - f'(a)(x-a) \leq 0$

となる事である。また変曲点は $x = a$ で $f(x) - f(a) - f'(a)(x-a)$ の符号が変わる点である。

$y = f(x)$ が第2次までの導関数を持つならば、$n = 2$ の場合のテイラーの定理 5.14 から、a, x の間に点 c があって、

$$f(x) = f(a) + f'(a)(x-a) + \frac{f''(c)}{2}(x-a)^2$$

(5.5.2) と見比べると、曲線の凹凸・変曲点は $f''(c)$ の符号による。$x \to a$ の時、$c \to a$ であるから、次の定理を得る。

定理 5.18 関数 $y = f(x)$ が $x = a$ を含むある開区間で 2 回微分可能であり、$f''(x)$ はそこで連続とする。$x = a$ で、
 (1) 下に凸ならば $f''(a) \geq 0$,
 (2) 下に凹ならば $f''(a) \leq 0$,
 (3) 変曲点であるならば $f''(a) = 0$

また、$f''(a) > 0$ ならば、定理 3.4 から、x が十分 a に近ければ $f''(c) > 0$ となるから、$x = a$ で下に凸である。同様に $f''(a) < 0$ ならば下に凹である。また、極小の定義からグラフはそこで下に凸になり、極大の時は下に凹になる。以上を定理にまとめる。

定理 5.19 関数 $y = f(x)$ が $x = a$ を含むある開区間で 2 回微分可能であり、$f''(x)$ はそこで連続とする。
 (1) $f''(a) > 0$ ならば $x = a$ で下に凸であり、もし $f'(a) = 0$ ならば極小である。
 (2) $f''(a) < 0$ ならば $x = a$ で下に凹であり、もし $f'(a) = 0$ ならば極大である。
 (3) $f''(a) = 0$ であり、a の近くで $f''(x)$ の符号が $x < a$ の時と $a < x$ の時で違うならば変曲点である。

注 $f'(a) = f''(a) = 0$ の場合は、極小・極大の判定は $f(x)$ の $x = a$ の近くでの増加減少の様子から判断しなければならない。

グラフの概形

これまで述べてきたグラフの増大・減少、極大・極小、凹凸、変曲点を考慮する事により、$f(x), f'(x), f''(x)$ が連続な区間で、グラフの概形を描く事が出来るようになる。そのためには、まず $f'(x) = 0$ と $f''(x) = 0$ を解く。これらの解に挟まれた区間では $f'(x)$ は同じ符号になり、$f''(x)$ も同じ符号になる事を利用する。$f'(x), f''(x)$ の符合により判定されるその区間でのグラフの様子を次の表にまとめた。

	$f'(a) = 0$	$f'(x) > 0$	$f'(x) < 0$
$f''(x) > 0$	極小 ∪	凸増大 ↗	凸減少 ↘
$f''(x) < 0$	極大 ∩	凹増大 ↗	凹減少 ↘

例題 5.5 関数 $y = x^3 - 3x^2 + 2$ のグラフの概形を描け。

(解答) $y = f(x) = x^3 - 3x^2 + 2$ とする。
$y' = 3x^2 - 6x = 3x(x-2) = 0$ を解いて $x = 0, 2$
$y'' = 6x - 6 = 6(x-1) = 0$ を解いて $x = 1$
これらの解を基準にして増減表を作る。

1行目は x の値でこの解を大きさの順に並べ、各解の間はその区間に対応する欄を設け、「⋯」を書き入れる。

2行目は y' の値で、$y' = 0$ の解の下には 0 を入れ、それ以外では y' の符号 $\pm$ を入れる。符号を知るためには、対応する区間では同じ符号であるから, その区間の値を $y' = f'(x)$ に代入すればよい.

例えば $(-\infty, 0)$ ならば $f'(-1) = 3(-1)(-1-2) = 9$ であるから $+$
$(0, 2)$ では $f'(1) = 3 \cdot 1(1-2) = -3$ であるから $-$
$(2, \infty)$ では $f'(3) = 3 \cdot 3(3-2) = 9$ であるから $+$

3行目は y'' の値で、2行目と同様に 0 と符号を入れる。
$(-\infty, 1)$ では $f''(0) = 6(0-1) = -6$ より $-$
$(1, \infty)$ では $f''(2) = 6(2-1) = 6$ より $+$

4行目は y の値と概形である。x の値が決まっている欄は値を計算し、極大・極小、変曲点が判定出来るならばそれを書き入れる。それ以外の欄は区間であるから、y', y'' の符号から上の表に基づいてグラフの概形を右向きの矢印で表す。

以上から次の増減表を得る。

x	$\cdots$	0	$\cdots$	1	$\cdots$	2	$\cdots$
y'	$+$	0	$-$	$-$	$-$	0	$+$
y''	$-$	$-$	$-$	0	$+$	$+$	$+$
y	↗	2 極大	↘	0 変曲点	↘	-2 極小	↗

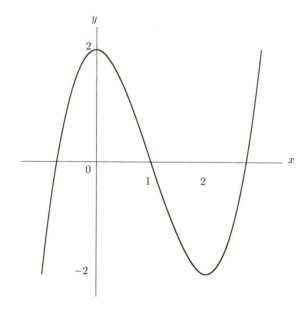

一般の場合は, $f(x), f'(x), f''(x)$ の不連続点を増減表に入れたり, **漸近線** (グラフが限りなく近づく直線) なども考慮してグラフの概形を描く。

レポート 5

問 次の関数のグラフの概形を描け。
(1) $y = \frac{1}{3}x^3 + x^2 - 3x - 3$　(2) $y = x^4 - 6x^2 + 1$
(3) $y = \frac{1}{x} + x$, 不連続点 $x = 0$, 漸近線 $x = 0$, $y = x$
(4) $y = xe^{-2x}$, 漸近線 $y = 0$, $y < 0$ $(x < 0)$, $y > 0$ $(x > 0)$
(5) (正規分布曲線) $y = e^{-x^2}$, 漸近線 $y = 0$, $y > 0$

(6) $y = \log(1 + x^2)$
(7) $y = x^2 \log x \ (x > 0), = 0 \ (x = 0), \ \lim_{x \to +0} x^2 \log x = 0, \ \lim_{x \to +0} x(2\log x + 1) = 0$
(8) $y = x + \sin x \quad (0 \leq x \leq 2\pi)$

テスト 15

問 1. 次の極限を求めよ。

(1) $\displaystyle\lim_{x \to 1} \frac{4x^4 - 3x^2 - 1}{x^4 + x - 2} = \boxed{A}$

(2) $\displaystyle\lim_{x \to 0} \frac{e^{3x} - \cos x}{e^x - 1} = \boxed{B}$

(3) $\displaystyle\lim_{x \to 1} \frac{-1 + 2x - x^2}{\log x - x + 1} = \boxed{C}$

問 2. $y = e^{-x^2}$ のグラフを描く。

$$y' = -\boxed{A}xe^{-x^2}, \quad y'' = -\boxed{B}e^{-x^2} + \boxed{C}x^2 e^{-x^2}$$

よって、

$$y' = 0 \ \text{は} \ x = \boxed{D}, \quad y'' = 0 \ \text{は} \ x = \pm\frac{1}{\sqrt{\boxed{E}}}$$

増減表は

x	$\cdots$	$-\frac{1}{\sqrt{F}}$	$\cdots$	G	$\cdots$	$\frac{1}{\sqrt{H}}$	$\cdots$
y'	I	I	I	0	J	J	J
y''	K	0	L	L	L	0	M
y	N	$\frac{1}{\sqrt{e}}$	O	1	P	$\frac{1}{\sqrt{e}}$	Q

第 6 章

積分法

6.1 不定積分と定積分

6.1.1 不定積分

この章では積分を解説する。積分には、不定積分と定積分の 2 種類がある。不定積分は微分の逆計算であり、定積分は面積の計算方法を定式化したものである。この二つは、もともとはまったく違ったものであったが、微積分の基本定理により、両者は関係付けられた。その結果、微分の公式の利用により、面積などの難解な計算が著しく簡易化された。これが、科学革命の始まりであり、現代文明につながる本質的な進歩であった。

定義 6.1 関数 $F(x)$ が微分可能で $F'(x) = f(x)$ が成り立つ時、$F(x)$ を $f(x)$ の**原始関数**と呼ぶ。$f(x)$ の原始関数は無数にあるが、他の原始関数を $G(x)$ とすると、$\{F(x) - G(x)\}' = 0$ である。定理 5.16 (1) より、ある定数 C があって $G(x) = F(x) + C$ となる。この C を**積分定数**と呼ぶ。全ての原始関数全体を記号

$$\int f(x)\,dx = F(x) + C$$

によって表す。なお、原始関数を**不定積分**と呼ぶ場合がある。例えば、$f(x)$ が連続関数の場合である。(注 3) 参照)

注 1) 不定積分を計算した結果に、積分定数 C は必ず必要である。また、計算の結果として、積分定数 C についての複雑な式が現れる場合があるが、C は任意の実数であったから、その複雑な式も任意の定数になる。したがって、複雑な式全体を新たに C と書いて差し支えない。実用上は、不定積分の記号 $\int dx$ がなくなったら、$+C$ を付けると覚えても問題はほとんどない。下記を参照。ただし、積分定数に条件が付くような問題では正

確に C の式を記述する必要がある。

$$\int 2x\,dx + \int 1 dx = 2(\frac{x^2}{2} + C_1) + x + C_2 = x^2 + x + 2C_1 + C_2 = x^2 + x + C$$

2) 積分の記号は $\int$ と dx で一組である。$\int$ で積分を、dx で積分する変数を指定している。どちらか一方だけでは、その式は意味をなさない。必ず両方があって初めて意味を持つ。両方とも省略出来ない。

なお、これらの記号は定積分の定義にその出典がある。$\int$ は $\sum$ の極限であり、dx は変数 x の無限小である。不正確ではあるが、次の式のような意味である。

$$\int_a^b f(x)\,dx = \lim \sum f(x)\Delta x, \quad \int = \lim \sum, \quad dx = \lim \Delta x$$

別の解釈では、$\int dx = \int 1\,dx = x + C$ に注意し、無限小 d の逆操作を $\int$ とみなす。便利ではあるが、この解釈は厳密性から程遠いので、計算に使われている時には十分な注意が必要である。

3) 厳密には、**不定積分**は、定積分可能な関数 $f(t)$ に対して $\int_a^x f(t)\,dt$ として定義される。a の分だけ不定である。微積分の基本定理により、$f(x)$ が連続ならば、原始関数は上の定義のように不定積分で表される。しかし、$f(x)$ が連続でない時は、不定積分が存在しても原始関数が存在しなかったり。原始関数が存在しても不定積分の存在しない例がある。

不定積分の公式は微分の公式から得られる。実際に以下の公式は右辺を微分する事により証明出来、既に全て計算済みである。

定理 6.1 次の公式が成り立つ。ただし、a, b, r, A は定数である。

(6.1.1) $$\int \{af(x) + bg(x)\}\,dx = a\int f(x)\,dx + b\int g(x)\,dx$$

(6.1.2) $$\int f(ax+b)\,dx = \frac{1}{a}F(ax+b) + C, \quad (F(x) = \int f(x)\,dx \quad a \neq 0)$$

(6.1.3) $$\int x^r\,dx = \frac{x^{r+1}}{r+1} + C \quad (r \neq -1), \quad \int 1\,dx = x + C$$

$$\int \frac{1}{x^n}\,dx = -\frac{1}{(n-1)x^{n-1}} + C \quad (n \neq 1), \quad \int \sqrt{x}\,dx = \frac{2}{3}\sqrt{x^3} + C$$

(6.1.4) $\int \frac{1}{x}\,dx = \log|x| + C$ （これは上の公式で除外された $r = -1$ の場合である）

(6.1.5) $\int e^x\,dx = e^x + C, \quad \int a^x\,dx = \frac{a^x}{\log a} + C$

6.1 不定積分と定積分　119

(6.1.6) $$\int \sin x \, dx = -\cos x + C, \quad \int \cos x \, dx = \sin x + C$$

(6.1.7) $$\int \tan x \, dx = -\log|\cos x| + C, \quad \int \frac{1}{\cos^2 x} \, dx = \tan x + C$$

(6.1.8) $$\int \frac{1}{x^2 + a^2} \, dx = \frac{1}{a} \operatorname{Tan}^{-1} \frac{x}{a} + C \quad (a > 0)$$

(6.1.9) $$\int \frac{1}{x^2 - a^2} \, dx = \frac{1}{2a} \log \left| \frac{x-a}{x+a} \right| + C \quad (a > 0)$$

(6.1.10) $$\int \frac{1}{\sqrt{a^2 - x^2}} \, dx = \operatorname{Sin}^{-1} \frac{x}{a} + C \quad (a > 0)$$

(6.1.11) $$\int \frac{1}{\sqrt{x^2 + A}} \, dx = \log \left| x + \sqrt{x^2 + A} \right| + C$$

(6.1.12) $$\int \sqrt{a^2 - x^2} \, dx = \frac{1}{2} \left(x \sqrt{a^2 - x^2} + a^2 \operatorname{Sin}^{-1} \frac{x}{a} \right) + C \quad (a > 0)$$

(6.1.13) $$\int \sqrt{x^2 + A} \, dx = \frac{1}{2} \left(x \sqrt{x^2 + A} + A \log \left| x + \sqrt{x^2 + A} \right| \right) + C$$

注 1) 公式 (6.1.2) の特別な場合として次の公式を得る。

(6.1.14) $$\int \sin(ax + b) \, dx = -\frac{1}{a} \cos(ax + b) + C$$
$$\int \cos(ax + b) \, dx = \frac{1}{a} \sin(ax + b) + C$$

(6.1.15) $$\int \frac{1}{ax + b} \, dx = \frac{1}{a} \log|ax + b| + C$$
$$\int e^{ax+b} \, dx = \frac{1}{a} e^{ax+b} + C$$

2) 公式 (6.1.3) で $r = -1$ の時は $\frac{x^0}{0}$ になり成立しない。実際 $(x^0)' = (1)' = 0$ であるから、$(x^r)' = rx^{-1}$ となるような r は存在しない。そこで、$r = -1$ の時は $x^{-1} = \frac{1}{x}$ であるから、公式 (6.1.4) を使う。

3) 公式 (6.1.4) で、$\frac{1}{x}$ は $x = 0$ で不連続であり、変数 x は正負どちらの値をも取れるが、関数 $\log x$ の変数 x は正の値しか取れない事に注意する。それで、$x > 0$ の時の不定積分は $\log x + C$ でよいが、$x < 0$ の時には $\log x + C$ は意味をなさない。そこで、$x < 0$ の時まで含めるには定理 5.6 を使ったこの公式になる。

4) 分数の積分で (6.1.8)-(6.1.11) のような形の時は省略して
$$\int \frac{dx}{f(x)} = \int \frac{1}{f(x)} \, dx$$

のようにも表す。

5) 公式 (6.1.8)-(6.1.13) は似たような形の式の積分が並んでいるが、積分結果はまったく似ていない。微分とは違い、式のわずかな変化で積分の結果は大きく違ってくる。それゆえ、細心の注意を払う必要がある。

6) 三角関数の積分では公式 (6.1.6), (6.1.7), (6.1.14) などを使う事になるが、これらを適用可能な形に変形するのに、(4.2.8), (4.2.9), (4.2.11) が有用である。

問題 6.1 上の定理 6.1 の公式を、右辺を微分する事により示せ。

問題 6.2 次の関数の不定積分を求めよ。

(1) $\int (2x^2 - 3x + 4)\,dx$ 　　(2) $\int \left(5\sqrt[3]{x^2} - \dfrac{1}{x^3}\right) dx$

(3) $\int \left(x - \dfrac{1}{x}\right)^2 dx$ 　　(4) $\int (3e^{2x} - 4\sin 3x)\,dx$

(5) $\int \left(\dfrac{3}{x} + \cos(2x+1)\right) dx$ 　　(6) $\int \left(\dfrac{1}{3x-2} - 2e^{2x+3}\right) dx$

(7) $\int \sqrt{e^x}\,dx$ 　　(8) $\int \sin^2 x\,dx$

(9) $\int \left(\dfrac{1}{x^2} + \dfrac{1}{x^2+4}\right) dx$ 　　(10) $\int \left(\dfrac{3}{2x+1} + \dfrac{3}{x^2-9}\right) dx$

(11) $\int \left(\sqrt{x} - \dfrac{1}{\sqrt{2-x^2}}\right) dx$ 　　(12) $\int \left(\dfrac{1}{\sqrt{x}} + \dfrac{1}{\sqrt{x^2+2}}\right) dx$

(13) $\int \sqrt{x+3}\,dx$ 　　(14) $\int \sqrt{3-x^2}\,dx$

(15) $\int \sqrt{3+x^2}\,dx$

(6.1.8)-(6.1.13) で気を付けるのは、x^2 の係数である。公式に合わせて ± 1 でなければならない。

例 6.1 (1) $\int \dfrac{1}{4x^2+1}\,dx = \dfrac{1}{4}\int \dfrac{1}{x^2+\frac{1}{4}}\,dx = \dfrac{1}{2}\mathrm{Tan}^{-1} 2x + C$

(2) $\int \dfrac{1}{1-2x^2}\,dx = -\dfrac{1}{2}\int \dfrac{1}{x^2-\frac{1}{2}}\,dx = -\dfrac{\sqrt{2}}{4}\log\left|\dfrac{x-\frac{1}{\sqrt{2}}}{x+\frac{1}{\sqrt{2}}}\right| + C$

$= -\dfrac{\sqrt{2}}{4}\log\left|\dfrac{\sqrt{2}x-1}{\sqrt{2}x+1}\right| + C$

(3) $\int \dfrac{1}{\sqrt{9x^2-1}}\,dx = \dfrac{1}{3}\int \dfrac{1}{\sqrt{x^2-\frac{1}{9}}}\,dx = \dfrac{1}{3}\log\left|x + \sqrt{x^2-\dfrac{1}{9}}\right| + C$

$= \dfrac{1}{3}\log\left|3x + \sqrt{9x^2-1}\right| + C$

最後の式の積分定数は正確には $-\dfrac{1}{3}\log 3 + C$ であるが、これを一まとめにして C とし

ている。定義 6.1 の注 1) 参照。

(4) $\displaystyle\int \frac{1}{\sqrt{1-9x^2}}\,dx = \frac{1}{3}\int \frac{1}{\sqrt{\frac{1}{9}-x^2}}\,dx = \frac{1}{3}\mathrm{Sin}^{-1}3x + C$

また、2 次式 ax^2+bx+c については、平方完成

$$ax^2+bx+c = a\left\{\left(x+\frac{b}{2a}\right)^2 - \frac{b^2-4ac}{4a^2}\right\}$$

を実行して、(6.1.2) と公式 (6.1.8)-(6.1.13) を使う。

例 6.2 (1) $\displaystyle\int \frac{1}{3x^2-12x+9}\,dx = \frac{1}{3}\int \frac{1}{(x-2)^2-1}\,dx = \frac{1}{6}\log\left|\frac{x-3}{x-1}\right| + C$

(2) $\displaystyle\int \frac{1}{-3x^2+12x-15}\,dx = -\frac{1}{3}\int \frac{1}{(x-2)^2+1}\,dx = -\frac{1}{3}\mathrm{Tan}^{-1}(x-2) + C$

レポート 6

問 次の積分を求めよ。

(1) $\displaystyle\int \frac{1}{x^2+2x}\,dx$ (2) $\displaystyle\int \frac{1}{2x^2+4x+4}\,dx$ (3) $\displaystyle\int \frac{1}{\sqrt{-4x^2+8x-3}}\,dx$

(4) $\displaystyle\int \frac{1}{\sqrt{4x^2-8x+3}}\,dx$ (5) $\displaystyle\int \frac{1}{\sqrt{-x^2+4x-1}}\,dx$ (6) $\displaystyle\int \frac{1}{\sqrt{x^2-4x+1}}\,dx$

6.1.2 定積分

定積分は面積の計算方法を定式化したものである。その定義は、

1) 分割　2) 近似　3) 和　4) 極限

の 4 段階に分かれる。物理量などを定積分に帰着させる時は必ずこの 4 段階を踏む。閉区間 $[a,b]$ で定義されている関数 $y=f(x)$ を考える。

1) 分割：閉区間を $n-1$ 個の点 $a<a_1<a_2<\cdots<a_{n-1}<b$ で分割する。特に $a_0=a$, $a_n=b$ とすると、分割した各小区間は $[a_{i-1},a_i]$ $(i=1,\cdots,n)$ で表され、その長さは $\delta x_i = a_i - a_{i-1}$ となる。

2) 近似：各小区間 $[a_{i-1},a_i]$ の中から点 x_i を任意に一つずつ取ってくる。底辺 $[a_{i-1},a_i]$、高さ $f(x_i)$ の長方形を考えると、その面積は $f(x_i)\delta x_i$ になる。これが、各小区間上の図形の面積の近似値である。

3) 和：この長方形の面積を全て足した値

$$\text{(6.1.16)} \qquad \sum_{i=1}^{n} f(x_i)\,\delta x_i$$

は x 軸と $x=a$, $x=b$, $y=f(x)$ に囲まれた図形の面積の近似値になっている。

4) 極限：区間 $[a,b]$ の分割を δx_i が全て 0 に近づくように細かくしていった時、(6.1.16) の値が、分割 $a<a_1<a_2<\cdots<a_{n-1}<b$ と x_i をどのように取っても一定の値に収束する時、$y=f(x)$ は $[a,b]$ で**積分可能**と言い、その極限値を

$$\text{(6.1.17)} \qquad \int_a^b f(x)\,dx$$

で表し、**a から b までの定積分**と言う。

$$\sum_{i=1}^{n} f(x_i)\,\delta x_i \longrightarrow \int_a^b f(x)\,dx$$

この定義は $a<b$ である場合である。$a>b$ の場合は

$$\int_a^b f(x)\,dx = -\int_b^a f(x)\,dx$$

と定義する。

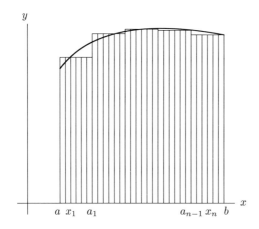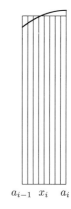

図 6.1.1

注 (1) 定積分の定義の 4 段階は、紛れがないならば、以下のように簡略させてもよい。

1) 分割：分割した区間の幅を Δx とする。
2) 近似：各分割した部分を長方形で近似し、その面積は $f(x)\Delta x$
3) 和：$\sum f(x)\Delta x$
4) 極限：区間の分割を無限に細かくする。その時、$\Delta x \to 0$ であり、この状態を dx で表す。また、$\int$ は $\sum$ の極限を表現している。以上から、

$$\sum f(x)\Delta x \to \int_a^b f(x)\,dx$$

物理量などの様々な量を定積分で表現する時は、このような大雑把な方法で、結果の見当を付ける事は重要である。ただし、見当が付いたら、最後には厳密な導出を必要とする。

(2) 区間 $[a,b]$ で $f(x) \geq 0$ ならば定積分 $\int_a^b f(x)\,dx$ は面積を表す。逆に、面積の定義はこの定積分である。

しかし、$f(x) < 0$ となる点があるならば、定積分は面積とは限らない。それは，
(x 軸より上の部分の面積) − (x 軸より下の部分の面積) である。

(3) ここで定義した定積分はリーマン積分と呼ばれる。積分の拡張としてルベーグ積分がある。リーマン積分が $[a,b]$ を分割したのに対し、ルベーグ積分では y 軸の区間を分割する。y 軸上で、$f([a,b]) \subset [k_0, k_n]$ となる $k_0 < k_n$ を取り、分割 $k_0 < k_1 < \cdots < k_n$ を考える。$X_i = \{x|\,f(x) \in [k_i, k_{i+1}]\}$ とする。X_i の長さを $\mu(X_i)$ で表すと、面積の近似値

$$\sum_{i=0}^n k_i \mu(X_i)$$

を得る。この値の極限がルベーグ積分である。この定義で、積分範囲は区間 $[a,b]$ に限らず、x 軸上の任意の部分集合に拡張される。ルベーグ積分はリーマン積分の拡張になっている。実際に、リーマン積分可能ならば、ルベーグ積分可能で積分の値は一致する。リーマン積分が不可能な関数でも、ルベーグ積分可能な例がある。さらに、微積分の基本定理、関数列の極限とその積分の極限との関係などは、ルベーグ積分を使用した方が自然である。ただし、長さ $\mu(X)$ は、部分集合 X が複雑ならば、長さとは何かと言う考察を必要とする。このように、ルベーグ積分の定義には、長さや面積の抽象化された一般論が必要になり、それが**測度**という概念である。

(4) 定積分は, 存在するならば不定積分とは違い確定した値であり、変数の文字には左右されない。例えば

$$\int_a^b f(x)\,dx = \int_a^b f(t)\,dt = \int_a^b f(y)\,dy$$

例 6.3 関数 $y = k$ (k は定数) を考える。すると、$\sum_{i=1}^{n} \delta x_i = \sum_{i=1}^{n}(a_i - a_{i-1}) = b - a$ であるから

$$\sum_{i=1}^{n} k\,\delta x_i = k(b-a), \quad \int_a^b k\,dx = k(b-a)$$

次に、連続関数に限れば定積分が存在する事を示す。証明を厳密に述べるためには準備がかなり要るので、概略のみを述べる。

定理 6.2 関数 $y = f(x)$ が閉区間 $[a,b]$ で連続ならば、この区間で積分可能である。すなわち $\int_a^b f(x)\,dx$ が存在する。

(証明の概略) 上で記述したような $[a,b]$ の分割を記号 Δ で表す。また、各小区間の長さ δx_i の中の最大値を δ_Δ で表す。$\delta x_i \leq \delta_\Delta$ である。関数 $y = f(x)$ は連続であるから、ワイエルストラスの定理 3.9 から $[a,b]$ で最小値 m 最大値 M を取る。さらに各小区間 $[a_{i-1}, a_i]$ でも最小値 m_i 最大値 M_i がある。

$$m \leq f(x) \leq M \quad (x \in [a,b]), \quad m_i \leq f(x) \leq M_i \quad (x \in [a_{i-1}, a_i])$$

そこで, 次のように s_Δ, S_Δ を定義する。

$$s_\Delta = \sum_{i=1}^{n} m_i\,\delta x_i, \quad S_\Delta = \sum_{i=1}^{n} M_i\,\delta x_i$$

すると、

$$m(b-a) \leq s_\Delta \leq \sum_{i=1}^{n} f(x_i)\,\delta x_i \leq S_\Delta \leq M(b-a)$$

分割 Δ を細かくすると s_Δ は増加し S_Δ は減少する。上の不等式からどちらも有界であるから収束する。それを s, S とする。不等式から $s = S$ が言えれば、問題の和も収束する事が言える。

閉区間で連続であるから、任意の実数 $\epsilon > 0$ に対して適当な実数 $\delta > 0$ があって、全ての $x', x'' \in [a,b]$ に対して、$|x' - x''| < \delta$ ならば $|f(x') - f(x'')| < \epsilon$ となる。(これは一様連続という性質である。詳しくは 3.4.1 節を参照。) そこで各小区間で $M_i = f(x_i')$, $m_i = f(x_i'')$ とし、$\delta_\Delta < \delta$ となる分割を取れば、$|x' - x''| \leq \delta_\Delta < \delta$ ($x', x'' \in [a_{i-1}, a_i]$) より

$$0 \leq S_\Delta - s_\Delta = \sum_{i=1}^{n}(M_i - m_i)\,\delta x_i = \sum_{i=1}^{n}(f(x_i'') - f(x_i'))(a_i - a_{i-1})$$
$$< \sum_{i=1}^{n} \epsilon(a_i - a_{i-1}) < (b-a)\epsilon$$

これから、$S - s = \lim(S_\Delta - s_\Delta) = 0$ である。よって問題の和も収束する。 □

注 1) 同様な証明により、区間 $[a,b]$ で有界な関数は、不連続な点が有限個の時積分可能である。

2) 上の証明の中の s は**不足積分**、S は**過剰積分**と呼ばれ、常に存在する。これらはダルブーにより導入された。ダルブーに従って、$s = \underline{\int} f(x)\, dx$, $S = \overline{\int} f(x)\, dx$ と書く。関数 $f(x)$ が $[a,b]$ で積分可能になる必要十分条件は

$$\underline{\int} f(x)\, dx = \overline{\int} f(x)\, dx$$

となる事である。

6.1.3 定積分の性質

以下の定積分の性質は定義から直接得られる。

(6.1.18) $\quad \int_a^b \{sf(x) + tg(x)\}\, dx = s\int_a^b f(x)\, dx + t\int_a^b g(x)\, dx \quad$ (s, t は定数)

(6.1.19) $\quad a < b, \quad f(x) \geq 0 \quad$ ならば $\quad \int_a^b f(x)\, dx \geq 0$

(6.1.20) $\quad a < b, \quad f(x) \geq g(x) \quad$ ならば $\quad \int_a^b f(x)\, dx \geq \int_a^b g(x)\, dx$

(6.1.21) $\quad \int_a^b f(x)\, dx + \int_b^c f(x)\, dx = \int_a^c f(x)\, dx$

$-|f(x)| \leq f(x) \leq |f(x)|$ より $-\int_a^b |f(x)|\, dx \leq \int_a^b f(x)\, dx \leq \int_a^b |f(x)|\, dx$ となり、

(6.1.22) $\quad a < b \quad$ ならば $\quad \left| \int_a^b f(x)\, dx \right| \leq \int_a^b |f(x)|\, dx$

次の定理は、定積分の基本の定理である．

定理 6.3（**定積分の平均値の定理**） 関数 $y = f(x)$ が閉区間 $[a,b]$ で連続ならば、点 $c \in (a,b)$ があり、

$$\int_a^b f(x)\, dx = f(c)(b-a)$$

(証明) ワイエルストラスの定理から最小値 m 最大値 M があり、定理 6.2 の証明の中の不等式から

$$m(b-a) \leq \int_a^b f(x)\, dx \leq M(b-a)$$

(これは、$m \leq f(x) \leq M$ と例 6.3 からも導ける。)

これから
$$m \leq \frac{1}{b-a} \int_a^b f(x)\,dx \leq M$$
となる。中間値の定理 3.8 により、$c \in (a,b)$ があり
$$\frac{1}{b-a} \int_a^b f(x)\,dx = f(c)$$
この式は定理を意味する。 □

次の定理は微分と定積分の間の基本的な関係である。それまで複雑で難解であった面積の計算を簡単にし、様々な物理量の計算を可能にした非常に重要な大定理である。現在の科学の発展はこの定理による。

定理 6.4 (微積分学の基本定理) 関数 $y = f(x)$ がある開区間 (x_0, x_1) で連続とする。a をこの開区間のある一点とする。その時、関数 $F(x) = \int_a^x f(t)\,dt$ はこの区間で微分可能であり、
$$\frac{d}{dx}\left(\int_a^x f(t)\,dt\right) = F'(x) = f(x)$$

(証明) $x, x+h \in (x_0, x_1)$ とすると、平均値の定理 6.3 より
$$\frac{F(x+h) - F(x)}{h} = \frac{1}{h}\left(\int_a^{x+h} f(t)\,dt - \int_a^x f(t)\,dt\right) = \frac{1}{h}\int_x^{x+h} f(t)\,dt = f(c)$$
となる c があり、$x < c < x+h$ である。$\lim_{h \to 0} c = x$ であるから、連続性より
$$F'(x) = \lim_{h \to 0} \frac{F(x+h) - F(x)}{h} = \lim_{c \to x} f(c) = f(x) \qquad \square$$

定理 6.5 ある開区間で連続な関数は常に不定積分 (原始関数) を持つ。

上の定理 6.4 から定積分を不定積分を使用して計算する方法が得られる。関数 $y = f(x)$ が区間 $[a,b]$ で連続ならばその原始関数 $F(x)$ がある。関数 $\int_c^x f(t)\,dt$ $(c \in (a,b))$ は微積分の基本定理より原始関数になるから、$\int_c^x f(t)\,dt = F(x) + C$ と書ける。よって、
$$\int_a^b f(t)\,dt = \int_c^b f(t)\,dt - \int_c^a f(t)\,dt = F(b) - C - (F(a) - C) = F(b) - F(a)$$
最後の式を $[F(x)]_a^b$ と書き、次の定理を得る。

定理 6.6 関数 $y=f(x)$ が区間 $[a,b]$ で連続であり、$F(x)$ が原始関数ならば、

$$\int_a^b f(x)\,dx = [F(x)]_a^b = F(b) - F(a)$$

原始関数 $F(x)$ は不定積分 $\displaystyle\int f(x)\,dx$ の中の一つの関数であるから、積分定数 C に具体的な値を代入したものである。

注 実際の計算では $C=0$ となる原始関数を使うのが普通である。

例題 6.1 次の定積分の値を求めよ。
(1) $\displaystyle\int_1^2 x^3\,dx$
(2) $\displaystyle\int_{-1}^{\sqrt{3}} \frac{dx}{\sqrt{4-x^2}}$
(3) $\displaystyle\int_0^3 \sqrt{x^2+16}\,dx$

(解答) (1) 少し丁寧に計算を説明する。公式 (6.1.3) から $\displaystyle\int x^3\,dx = \frac{1}{4}x^4 + C$ である。$C=0$ の関数を採用して、

$$\int_1^2 x^3\,dx = \left[\frac{1}{4}x^4\right]_1^2 = \frac{1}{4}2^4 - \frac{1}{4}1^4 = \frac{15}{4}$$

また、次の計算でもよい。計算が複雑になるだけで結果は同じである。

$$\int_1^2 x^3\,dx = \left[\frac{1}{4}x^4 + \frac{2}{\sqrt{3}}\right]_1^2 = \frac{1}{4}2^4 + \frac{2}{\sqrt{3}} - \left(\frac{1}{4}1^4 + \frac{2}{\sqrt{3}}\right) = \frac{15}{4}$$

(2) 公式 (6.1.10) から

$$\int_{-1}^{\sqrt{3}} \frac{dx}{\sqrt{4-x^2}} = \left[\mathrm{Sin}^{-1}\frac{x}{2}\right]_{-1}^{\sqrt{3}} = \mathrm{Sin}^{-1}\frac{\sqrt{3}}{2} - \mathrm{Sin}^{-1}\left(-\frac{1}{2}\right) = \frac{\pi}{3} - \left(-\frac{\pi}{6}\right) = \frac{1}{2}\pi$$

ここで、$\sin\dfrac{\pi}{3} = \dfrac{\sqrt{3}}{2},\quad \sin\left(-\dfrac{\pi}{6}\right) = -\dfrac{1}{2}$ より Sin^{-1} の値を求めている。

(3) 公式 (6.1.13) より

$$\begin{aligned}
\int_0^3 \sqrt{x^2+16}\,dx &= \left[\frac{1}{2}\left(x\sqrt{x^2+16} + 16\log\left|x+\sqrt{x^2+16}\right|\right)\right]_0^3 \\
&= \frac{1}{2}\left\{3\sqrt{25} + 16\log\left(3+\sqrt{25}\right)\right\} - \frac{1}{2}\left(16\log\sqrt{16}\right) \\
&= \frac{15}{2} + 24\log 2 - 16\log 2 \\
&= \frac{15}{2} + 8\log 2
\end{aligned}$$

問題 6.3 次の定積分の値を求めよ。

(1) $\displaystyle\int_{-1}^{2}(x^2+x-2)\,dx$ (2) $\displaystyle\int_{1}^{4}\frac{1}{\sqrt{x}}\,dx$ (3) $\displaystyle\int_{1}^{2}\frac{dx}{2x+1}$

(4) $\displaystyle\int_{0}^{1}e^{3x-1}\,dx$ (5) $\displaystyle\int_{0}^{\frac{\pi}{4}}\sin 3x\,dx$ (6) $\displaystyle\int_{0}^{\frac{\pi}{6}}\tan 2x\,dx$

(7) $\displaystyle\int_{0}^{3}\frac{dx}{x^2+9}$ (8) $\displaystyle\int_{0}^{1}\frac{dx}{x^2-9}$ (9) $\displaystyle\int_{0}^{1}\frac{dx}{\sqrt{4-x^2}}$

(10) $\displaystyle\int_{0}^{1}\frac{dx}{\sqrt{4+x^2}}$ (11) $\displaystyle\int_{0}^{1}\sqrt{2-x^2}\,dx$ (12) $\displaystyle\int_{0}^{1}\sqrt{2+x^2}\,dx$

テスト 16

問 1. 次の空欄を埋めよ。$F(x) = \displaystyle\int f(x)\,dx,\quad a < b$ とする。

(1) $\displaystyle\int_{a}^{b}f(x)\,dx = [F(x)]_{a}^{b} = F(\boxed{A}) - F(\boxed{B})$

(2) $\displaystyle\int_{a}^{c}f(x)\,dx + \int_{c}^{b}f(x)\,dx = \int_{\boxed{C}}^{\boxed{D}}f(x)\,dx$

(3) $\displaystyle\int_{a}^{b}f(x)\,dx = -\int_{\boxed{E}}^{\boxed{F}}f(x)\,dx$ (4) $\displaystyle\int_{a}^{a}f(x)\,dx = \boxed{G}$

(5) $\left|\displaystyle\int_{a}^{b}f(x)\,dx\right| \boxed{H} \displaystyle\int_{a}^{b}|f(x)|\,dx$

問 2. 次の積分を計算せよ。

(1) $\displaystyle\int_{-2}^{1}\frac{8}{2x^2+8x+26}\,dx = \boxed{A}\int_{-2}^{1}\frac{1}{\left(x+\boxed{B}\right)^2+\boxed{C}^2}\,dx$

$\qquad\qquad = \boxed{A}\left[\dfrac{1}{\boxed{D}}\boxed{E}\left(\dfrac{x+\boxed{F}}{\boxed{G}}\right)\right]_{-2}^{1}$

$\qquad\qquad = \dfrac{\pi}{\boxed{H}}$

(2) $\displaystyle\int \frac{1}{\sqrt{9-6x-3x^2}}\,dx = \frac{1}{\sqrt{\boxed{A}}}\int \frac{1}{\sqrt{\boxed{B}^2 - \left(x+\boxed{C}\right)^2}}\,dx$

$\displaystyle \qquad\qquad\qquad\qquad = \frac{1}{\sqrt{\boxed{D}}}\boxed{E}\left(\frac{x+\boxed{F}}{\boxed{G}}\right) + C$

6.1.4 定積分の応用

和の極限値

関数 $y=f(x)$ は区間 $[0,1]$ で積分可能とする。定積分の定義で、区間 $[0,1]$ を n 等分した時を考える。すると $a_i = \dfrac{i}{n}$, $\delta x_i = \dfrac{1}{n}$ である。さらに $x_i = a_i$ とすると和 (6.1.16) は $n\to\infty$ の時 $\displaystyle\int_0^1 f(x)\,dx$ に収束するから、

(6.1.23) $\displaystyle\qquad\qquad \lim_{n\to\infty}\left\{\sum_{i=1}^{n} f\left(\frac{i}{n}\right)\right\}\frac{1}{n} = \int_0^1 f(x)\,dx$

例題 6.2 次の極限値を求めよ。

(1) $\displaystyle\lim_{n\to\infty}\sum_{i=1}^{n}\frac{i^4}{n^5}$ 　　(2) $\displaystyle\lim_{n\to\infty}\sum_{i=1}^{n}\frac{n}{n^2+i^2}$

(解答) 上の公式を、それぞれ $f(x)=x^4$, $\dfrac{1}{x^2+1}$ に適用すると、

(1) $\displaystyle\lim_{n\to\infty}\sum_{i=1}^{n}\frac{i^4}{n^5} = \lim_{n\to\infty}\sum_{i=1}^{n}\frac{i^4}{n^4}\frac{1}{n} = \int_0^1 x^4\,dx = \left[\frac{x^5}{5}\right]_0^1 = \frac{1}{5}$

(2) $\displaystyle\lim_{n\to\infty}\sum_{i=1}^{n}\frac{n}{n^2+i^2} = \lim_{n\to\infty}\sum_{i=1}^{n}\frac{1}{1+\left(\frac{i}{n}\right)^2}\frac{1}{n} = \int_0^1 \frac{dx}{1+x^2} = \left[\mathrm{Tan}^{-1} x\right]_0^1 = \frac{\pi}{4}$

問題 6.4 次の和の極限値を求めよ。

(1) $\displaystyle\lim_{n\to\infty}\sum_{i=1}^{n}\frac{i^2}{n^3}$ 　　(2) $\displaystyle\lim_{n\to\infty}\sum_{i=1}^{n}\frac{1}{n+i}$ 　　(3) $\displaystyle\lim_{n\to\infty}\sum_{i=1}^{n}\frac{n}{i^2-4n^2}$

異常積分・無限積分

関数 $y=f(x)$ が $(a,b]$ で積分可能であるが $x=a$ では値を持たない時でも、次の極限

値が存在する時がある。それを**異常積分**と呼ぶ。

$$(6.1.24) \qquad \int_a^b f(x)\,dx = \lim_{\epsilon \to a+0} \int_\epsilon^b f(x)\,dx$$

例 6.4 関数 $y = \frac{1}{x^r}$ $(r>0)$ は $x=0$ では値がない。$\int_0^1 \frac{dx}{x^r}$ は、$r \geq 1$ の時には異常積分の値はないが、$0 < r < 1$ の時には異常積分の値はあり $\frac{1}{1-r}$ になる。

(証明) $r \neq 1$ の時は、$\int_\epsilon^1 \frac{1}{x^r}\,dx = \int_\epsilon^1 x^{-r}\,dx = \left[\frac{x^{-r+1}}{-r+1}\right]_\epsilon^1 = \frac{1}{r-1}\left(-1 + \epsilon^{1-r}\right)$ であるから、$\epsilon \to +0$ にするとこの結果が導かれる。$r=1$ の時は同様に $\lim_{\epsilon \to +0} \log \epsilon = -\infty$ から値を持たない事が分かる。 □

また次の極限値が存在する時**無限積分**と呼ぶ。

$$(6.1.25) \qquad \int_a^\infty f(x)\,dx = \lim_{b \to \infty} \int_a^b f(x)\,dx, \qquad \int_{-\infty}^b f(x)\,dx = \lim_{a \to -\infty} \int_a^b f(x)\,dx$$

例 6.5 (1) $\int_1^\infty \frac{1}{x^r}\,dx$ は $r > 1$ の時 $\frac{1}{r-1}$ になり、$r \leq 1$ の時は値がない。
(2) $\int_0^\infty e^{-x}\,dx = 1$. (3) $\int_0^\infty e^{-x^2}\,dx = \frac{\sqrt{\pi}}{2}$.

(証明) (1) は異常積分の時の例と同じ積分による。(3) は重積分を使って証明する (定理 8.6)。
(2) $\int_0^b e^{-x}\,dx = \left[-e^{-x}\right]_0^b = -\frac{1}{e^b} + 1$ から $b \to \infty$ とする事により得られる。 □

6.2 置換積分法

6.2.1 置換積分

$y = f(x)$, $F(x) = \int f(x)\,dx$, $x = \varphi(t)$ とする。微積分の基本定理と合成関数の微分の公式から次を得る

$$\frac{dF(x)}{dx} = f(x) = f(\varphi(t)), \quad \frac{dF(x)}{dt} = \frac{dF(x)}{dx}\frac{d\varphi(t)}{dt} = f(\varphi(t))\varphi'(t)$$

第 2 の式を t で積分する。左辺は、定義から $\int \frac{dF(x)}{dt}\,dt = F(x) = \int f(x)\,dx$ であるから、次の公式を得る。

定理 6.7（置換積分） $a = \varphi(\alpha), \quad b = \varphi(\beta)$ とすると、

(6.2.1) $\qquad \displaystyle\int f(x)\,dx = \int f(\varphi(t))\varphi'(t)\,dt, \quad \int_a^b f(x)\,dx = \int_\alpha^\beta f(\varphi(t))\varphi'(t)\,dt$

注 1) 実用上使用頻度が高いのは $t = \phi(x)$ と置いた場合である。この場合、合成関数の微分の公式
$$\frac{dF(x)}{dx} = \frac{dF(x)}{dt}\frac{d\phi(x)}{dx} = \frac{dF(x)}{dt}\phi'(x)$$
を変形して、$\dfrac{dF(x)}{dt} = \dfrac{dF(x)}{dx}\dfrac{1}{\phi'(x)}$ を得るから、これを t で積分する。$\alpha = \phi(a), \quad \beta = \phi(b)$ とすると、

(6.2.2) $\qquad \displaystyle\int f(x)\,dx = \int f(x)\frac{1}{\phi'(x)}\,dt, \quad \int_a^b f(x)\,dx = \int_\alpha^\beta f(x)\frac{1}{\phi'(x)}\,dt$

この場合、右辺の積分の中が t のみで書き表せるならば（例えば $x = \varphi(t)$ と書ける場合）、置換積分は成功である。しかし、x が残る時は失敗であるから、別の式を t と置いて試すなどの更なる工夫が必要になる。

2) $x = \varphi(t)$ ならば $\dfrac{dx}{dt} = \varphi'(t)$ であり、$t = \phi(x)$ ならば $\dfrac{dt}{dx} = \phi'(x)$ である。積分の dx に、上式からの $dx = \varphi'(t)\,dt$ または $dx = \dfrac{1}{\phi'(x)}\,dt$ を代入すると、上の置換積分の式が得られる。これは正しい式変形ではないが、簡易計算としては便利である。

問題 6.5 公式 (6.1.2) を $t = ax + b$ と置いて置換積分する事により示せ。

例題 6.3 次の積分を置換積分により計算せよ。

(1) $\displaystyle\int (x^3 + 2)^4 x^2\,dx$ 　　(2) $\displaystyle\int \frac{x}{x^2 + 1}\,dx$ 　　(3) $\displaystyle\int_0^{\frac{\pi}{3}} \sin x \cos^3 x\,dx$

(4) $\displaystyle\int_0^1 x e^{-x^2+1}\,dx$ 　　(5) $\displaystyle\int_0^{\frac{\pi}{6}} \frac{1}{\cos x}\,dx$

（解答）(1) $t = x^3 + 2$ と置くと、$\dfrac{dt}{dx} = (x^3 + 2)' = 3x^2, \quad dx = \dfrac{1}{3x^2}\,dt$ であるから、

$$\int (x^3 + 2)^4 x^2\,dx = \int t^4 x^2 \frac{1}{3x^2}\,dt = \frac{1}{3}\int t^4\,dt = \frac{1}{3}\frac{t^5}{5} + C = \frac{(x^3 + 2)^5}{15} + C$$

t は暫定的な変数であるから、変数 x に戻している。また問題の積分が $\displaystyle\int (x^3 + 2)^4\,dx$ ならば、$t = x^3 + 2$ と置く置換積分は、t だけの式にならず x が残るから失敗である。この場合はまた別の工夫をする必要がある。

(2) $t = x^2 + 1$ と置くと、$\dfrac{dt}{dx} = (x^2+1)' = 2x, \quad dx = \dfrac{1}{2x} dt$ から

$$\int \frac{x}{x^2+1} dx = \int \frac{x}{t} \frac{1}{2x} dt = \frac{1}{2} \int \frac{1}{t} dt = \frac{1}{2} \log|t| + C = \frac{1}{2} \log|x^2+1| + C$$

この場合も最後は x だけの式に戻している。また、問題の積分が $\displaystyle\int \dfrac{1}{x^2+1} dx$ ならば、この置換積分は失敗する。この場合の答えは公式 (6.1.8) から $\operatorname{Tan}^{-1} x + C$ である。

(3) $t = \cos x$ と置く。この場合は定積分であるから積分範囲をも置換する必要がある。
$t = \cos 0 = 1, \quad t = \cos \dfrac{\pi}{3} = \dfrac{1}{2}$
次に不定積分の時と同様に $\dfrac{dt}{dx} = (\cos x)' = -\sin x, \quad dx = \dfrac{-1}{\sin x} dt$ から、

$$\int_0^{\frac{\pi}{3}} \sin x \cos^3 x \, dx = \int_1^{\frac{1}{2}} \sin x \, t^3 \frac{-1}{\sin x} dt = -\int_1^{\frac{1}{2}} t^3 \, dt = -\left[\frac{t^4}{4}\right]_1^{\frac{1}{2}}$$
$$= -\left[\frac{\left(\frac{1}{2}\right)^4}{4} - \frac{1^4}{4}\right] = \frac{15}{64}$$

なお、$t = \sin x$ と置く置換積分は失敗する。さらに、不定積分の時とは違い x に直す必要は無い。不定積分の時には、答えに t が残るから x に戻したが、定積分の時には値を代入すれば数値が確定し t が答えに出てくる事はないから、x に戻す必要はない。これをわざわざ戻して $-\left[\dfrac{\cos^4 x}{4}\right]_1^{\frac{1}{2}}$ とすると、間違いである。

(4) $t = -x^2 + 1$ と置くと、積分範囲は $t = -0^2 + 1 = 1, \quad t = -1^2 + 1 = 0$ であり、$\dfrac{dt}{dx} = (-x^2+1)' = -2x, \quad dx = \dfrac{1}{-2x} dt$ より、

$$\int_0^1 x e^{-x^2+1} dx = \int_1^0 x e^t \frac{1}{-2x} dt = -\frac{1}{2} \int_1^0 e^t \, dt = -\frac{1}{2} \left[e^t\right]_1^0 = -\frac{1}{2}(e^0 - e^1) = \frac{e-1}{2}$$

(5) $t = \sin x$ と置くと、積分範囲は $t = \sin 0 = 0, \ t = \sin \frac{\pi}{6} = \frac{1}{2}$ であり、$\dfrac{dt}{dx} = (\sin x)' = \cos x, \quad dx = \dfrac{1}{\cos x} dt$ および $\cos^2 x = 1 - \sin^2 x = 1 - t^2$ より

$$\int_0^{\frac{\pi}{6}} \frac{1}{\cos x} dx = \int_0^{\frac{1}{2}} \frac{1}{\cos^2 x} dt = \int_0^{\frac{1}{2}} \frac{1}{1-t^2} dt = -\int_0^{\frac{1}{2}} \frac{1}{t^2-1} dt$$
$$= -\left[\frac{1}{2} \log\left|\frac{t-1}{t+1}\right|\right]_0^{\frac{1}{2}} = -\left(\frac{1}{2} \log \frac{1}{3} - \frac{1}{2} \log 1\right) = \frac{1}{2} \log 3$$

6.2.2 偶関数・奇関数

$\int_{-a}^{a} f(x)\,dx$ の形の定積分の計算は、場合によっては簡略化出来る。

定義 6.2 関数 $y = f(x)$ は, $f(-x) = f(x)$ が成り立つならば**偶関数**, $f(-x) = -f(x)$ が成り立つならば**奇関数**と呼ばれる。

例 6.6 x^{2n} $(n \in \mathbf{Z})$, $\cos x$ などは偶関数である.

x^{2n+1} $(n \in \mathbf{Z})$, $\sin x$, $\tan x$, $\mathrm{Sin}^{-1} x$, $\mathrm{Tan}^{-1} x$ などは奇関数である.

偶関数や奇関数の場合は、$t = -x$ と置く事により、

$$\int_{-a}^{0} f(x)\,dx = \int_{a}^{0} -f(-t)\,dt = \int_{0}^{a} f(-t)\,dt = \begin{cases} \int_{0}^{a} f(x)\,dx & \text{偶関数} \\ -\int_{0}^{a} f(x)\,dx & \text{奇関数} \end{cases}$$

さらに、$\int_{-a}^{a} f(x)\,dx = \int_{-a}^{0} f(x)\,dx + \int_{0}^{a} f(x)\,dx$ であるから

定理 6.8

$$\int_{-a}^{a} f(x)\,dx = \begin{cases} 2\int_{0}^{a} f(x)\,dx & \text{偶関数} \\ 0 & \text{奇関数} \end{cases}$$

例題 6.4 次の定積分を求めよ。

(1) $\int_{-1}^{1} (2x^3 - x^2 + 3x + 1)\,dx$ (2) $\int_{-\frac{\pi}{2}}^{\frac{\pi}{2}} (3\sin^3 x + 2\cos x)\,dx$

(解答) 上の定理と例 6.6 から、

(1) $\int_{-1}^{1} (2x^3 - x^2 + 3x + 1)\,dx = 2\int_{0}^{1} (-x^2 + 1)\,dx = 2\left[-\dfrac{x^3}{3} + x\right]_{0}^{1} = \dfrac{4}{3}$

(2) $\int_{-\frac{\pi}{2}}^{\frac{\pi}{2}} (3\sin^3 x + 2\cos x)\,dx = 2\int_{0}^{\frac{\pi}{2}} 2\cos x\,dx = 2\left[2\sin x\right]_{0}^{\frac{\pi}{2}} = 4$

問題 6.6 次の定積分の値を求めよ。

(1) $\int_{-2}^{2} (2x^5 - 3x^3 + 3x^2 - 5x - 2)\,dx$ (2) $\int_{-\frac{\pi}{4}}^{\frac{\pi}{4}} \left(2\tan^5 x + \dfrac{1}{\cos^2 x}\right) dx$

6.2.3 三角関数の有理化

三角関数の式の積分を有理式の積分に変換するには、$t = \tan \dfrac{x}{2}$ と置く。公式 (4.2.9) から $t^2 = \dfrac{\sin^2 \frac{x}{2}}{\cos^2 \frac{x}{2}} = \dfrac{1-\cos x}{1+\cos x}$, $\quad t^2 + t^2 \cos x = 1 - \cos x, \quad (1+t^2)\cos x = 1 - t^2$

$$\cos x = \frac{1-t^2}{1+t^2}$$

また、

$$\sin^2 x = 1 - \cos^2 x = 1 - \left(\frac{1-t^2}{1+t^2}\right)^2 = \frac{(1+t^2)^2 - (1-t^2)^2}{(1+t^2)^2} = \frac{4t^2}{(1+t^2)^2}$$

$\sin x$ と $t = \tan \dfrac{x}{2}$ が同じ符号を持つ事に注意して

$$\sin x = \frac{2t}{1+t^2}$$

さらに $\dfrac{dt}{dx} = \left(\tan \dfrac{x}{2}\right)' = \left(1 + \tan^2 \dfrac{x}{2}\right)\left(\dfrac{x}{2}\right)' = \dfrac{1+t^2}{2}$

以上から、置換積分に必要な公式は次で与えられる。この置換積分により、三角関数の積分は t の有理式の積分に変形出来る。

(6.2.3) $\qquad t = \tan \dfrac{x}{2}, \quad \cos x = \dfrac{1-t^2}{1+t^2}, \quad \sin x = \dfrac{2t}{1+t^2}, \quad dx = \dfrac{2}{1+t^2} dt$

例題 6.5 次の不定積分を求めよ。
(1) $\displaystyle \int \dfrac{1}{\cos x} dx$ \qquad (2) $\displaystyle \int \dfrac{1}{3\sin x + 5} dx$

(解答) $t = \tan \dfrac{x}{2}$ と置くと、

(1) $\displaystyle \int \frac{1}{\cos x} dx = \int \frac{1}{\frac{1-t^2}{1+t^2}} \frac{2}{1+t^2} dt = -2 \int \frac{dt}{t^2-1}$
$\displaystyle \qquad = -\log\left|\frac{t-1}{t+1}\right| + C = \log\left|\frac{\tan\frac{x}{2}+1}{\tan\frac{x}{2}-1}\right| + C$

(2) $\displaystyle\int \frac{1}{3\sin x + 5}\,dx = \int \frac{1}{3\frac{2t}{1+t^2}+5}\frac{2}{1+t^2}\,dt$

$\displaystyle = 2\int \frac{1}{5t^2+6t+5}\,dt = \frac{2}{5}\int \frac{1}{t^2+\frac{6}{5}t+1}\,dt$

$\displaystyle = \frac{2}{5}\int \frac{dt}{\left(t+\frac{3}{5}\right)^2+\left(\frac{4}{5}\right)^2} = \frac{2}{5}\frac{1}{\frac{4}{5}}\operatorname{Tan}^{-1}\frac{t+\frac{3}{5}}{\frac{4}{5}}+C$

$\displaystyle = \frac{1}{2}\operatorname{Tan}^{-1}\left(\frac{5}{4}t+\frac{3}{4}\right)+C = \frac{1}{2}\operatorname{Tan}^{-1}\left(\frac{5}{4}\tan\frac{x}{2}+\frac{3}{4}\right)+C$

レポート 7

問 1. 次の積分を置換積分により求めよ。

(1) $\displaystyle\int (x^2-2x-1)^3(x-1)\,dx$ (2) $\displaystyle\int \frac{\cos x}{\sin x}\,dx$

(3) $\displaystyle\int x\sqrt{x+1}\,dx$ (4) $\displaystyle\int_{\frac{\pi}{3}}^{\frac{\pi}{2}} \frac{1}{\sin x}\,dx$

(5) $\displaystyle\int_1^e \frac{(\log x)^2}{x}\,dx$ (6) $\displaystyle\int_0^{\log\sqrt{3}} \frac{e^x}{e^{2x}+1}\,dx$

問 2. 次の不定積分を $t=\tan\dfrac{x}{2}$ と置くことにより求めよ。

(1) $\displaystyle\int \frac{1}{\sin x}\,dx$ (2) $\displaystyle\int \frac{1}{2\cos x+3}\,dx$ (3) $\displaystyle\int \frac{1}{2\sin x+3}\,dx$

問 3. 次の積分の公式を書け。

(1) $\displaystyle\int x^n\,dx=$ $\quad(n\neq -1)$ (2) $\displaystyle\int \frac{1}{x}\,dx=$ $\quad(n=-1)$ (3) $\displaystyle\int e^{ax}\,dx=$

(4) $\displaystyle\int \sin x\,dx=$ (5) $\displaystyle\int \cos x\,dx=$ (6) $\displaystyle\int \tan x\,dx=$

(7) $\displaystyle\int \frac{dx}{x^2+a^2}=$ (8) $\displaystyle\int \frac{dx}{x^2-a^2}=$ (9) $\displaystyle\int \frac{dx}{\sqrt{a^2-x^2}}=$

(10) $\displaystyle\int \frac{dx}{\sqrt{x^2+A}}=$ (11) $\displaystyle\int \sqrt{a^2-x^2}\,dx=$ (12) $\displaystyle\int \sqrt{x^2+A}\,dx=$

テスト 17

問 1. 次の積分を計算せよ。

(1) $\displaystyle\int xe^{x^2}\,dx = \frac{1}{\boxed{A}}\int e^t\,dt = \frac{1}{\boxed{B}}\boxed{C}+C = \frac{1}{\boxed{B}}e^{\boxed{D}}+C$

(2) $\displaystyle\int_0^1 \frac{x^2}{x^3+1}\,dx = \frac{1}{\boxed{A}}\int_{\boxed{B}}^{\boxed{C}}\frac{1}{t}\,dt = \frac{1}{\boxed{A}}\Big[\boxed{D}|t|\Big]_{\boxed{B}}^{\boxed{C}} = \frac{1}{\boxed{A}}\boxed{D}\boxed{E}$

(3) $\displaystyle\int e^{2x}\sin(e^{2x}+1)\,dx = \frac{1}{\boxed{A}}\int \sin(t)\,dt = \frac{1}{\boxed{A}}\boxed{B}(t)+C$

$\displaystyle\qquad = \frac{1}{\boxed{A}}\boxed{B}(\boxed{C}+1)+C$

(4) $\displaystyle\int_0^{\frac{\pi}{2}} \cos^4 x \sin x\,dx = -\int_{\boxed{A}}^{\boxed{B}} t^{\boxed{C}}\,dt = -\left[\frac{t^{\boxed{D}}}{\boxed{D}}\right]_{\boxed{A}}^{\boxed{B}} = \frac{1}{\boxed{E}}$

(5) $\displaystyle\int \frac{x}{x^2+9}\,dx = \frac{1}{\boxed{A}}\int \frac{1}{t}\,dt = \frac{1}{\boxed{A}}\boxed{B}|t|+C = \frac{1}{\boxed{A}}\boxed{B}\Big|\boxed{C}+9\Big|+C$

(6) $\displaystyle\int_0^1 \frac{x+1}{\sqrt{3-2x-x^2}}\,dx = -\frac{1}{\boxed{A}}\int_{\boxed{B}}^{\boxed{C}}\frac{1}{\sqrt{t}}\,dt = -\frac{1}{\boxed{A}}\Big[2\boxed{D}\Big]_{\boxed{B}}^{\boxed{C}} = \sqrt{\boxed{E}}$

問2. $t = \tan\dfrac{x}{2}$ と置いた置換積分の計算で、次の空欄を埋めよ。

$\displaystyle\int_0^{\frac{\pi}{2}}\frac{1}{\sin x + \cos x}\,dx = \int_0^{\boxed{A}}\frac{1}{\left(\dfrac{2\boxed{B}}{1+\boxed{C}}+\dfrac{1-\boxed{D}}{1+\boxed{C}}\right)}\cdot\frac{\boxed{E}}{\left(1+\boxed{F}\right)}\,dt$

$\displaystyle\qquad = -\boxed{E}\int_0^{\boxed{A}}\frac{1}{\left(t-\boxed{G}\right)^2-\sqrt{\boxed{H}}^2}\,dt$

$\displaystyle\qquad = -\boxed{E}\left[\frac{1}{2\sqrt{\boxed{H}}}\log\left|\frac{t-\boxed{G}-\sqrt{\boxed{H}}}{t-\boxed{G}+\sqrt{\boxed{H}}}\right|\right]_0^{\boxed{A}}$

$\displaystyle\qquad = \frac{1}{\sqrt{\boxed{I}}}\log\left(\boxed{J}+\boxed{K}\sqrt{2}\right)$

6.3 有理関数の積分

6.3.1 部分分数分解

有理関数 (多項式の分数) の積分 $\int \frac{g(x)}{f(x)} dx$ ($f(x), g(x)$ は多項式) の計算には、部分分数分解を使う。基本になるのは次の公式である。最初の 3 個の公式は $t = x - a$ と置き、最後の公式は、分母を t と置く置換積分による。

(6.3.1) $\quad\quad\quad \int \frac{1}{x-a} dx = \log|x-a| + C$ (参照 (6.1.4))

(6.3.2) $\quad\quad\quad \int \frac{1}{(x-a)^n} dx = -\frac{1}{(n-1)(x-a)^{n-1}} + C \quad (n \geq 2)$ (参照 (6.1.3))

(6.3.3) $\quad\quad\quad \int \frac{1}{(x-a)^2 + b^2} dx = \frac{1}{b} \mathrm{Tan}^{-1} \frac{x-a}{b} + C \quad (b \neq 0)$ (参照 (6.1.8))

(6.3.4) $\quad\quad\quad \int \frac{(x-a)}{(x-a)^2 + b^2} dx = \frac{1}{2} \log|(x-a)^2 + b^2| + C$ (参照 (6.1.4))

有理関数の積分は、有理式を上の公式が使える形に変形する事で計算される。$f(x)$ の次数を n、$g(x)$ の次数を m とする。もし、$n \leq m$ ならば $g(x)$ を $f(x)$ で割り、商を $h(x)$、余りを $r(x)$ とする。その時、

$$g(x) = h(x)f(x) + r(x), \quad \frac{g(x)}{f(x)} = h(x) + \frac{r(x)}{f(x)}$$

であり、$r(x)$ の次数は n 未満である。$h(x)$ は多項式であるから、(6.1.1), (6.1.3) により計算出来る。したがって、$n > m$ の場合を考えればいい。

例 6.7 次の積分を求めよ。

(1) $\int \frac{16x^4}{4x^2+1} dx$ \quad\quad\quad (2) $\int \frac{x^3 + 2x}{x^2 + x + 1} dx$

(解答) どちらも割り算を実行する。

(1) $\quad \int \frac{16x^4}{4x^2+1} dx = \int \left(4x^2 - 1 + \frac{1}{4x^2+1}\right) dx = \frac{4}{3}x^3 - x + \frac{1}{4} \int \frac{1}{x^2 + \left(\frac{1}{2}\right)^2} dx$

$\quad\quad\quad\quad = \frac{4}{3}x^3 - x + \frac{1}{2} \mathrm{Tan}^{-1} 2x + C$

(2) $\displaystyle\int \frac{x^3+2x}{x^2+x+1}\,dx = \int \left(x-1+\frac{2x+1}{x^2+x+1}\right)dx$
$\displaystyle\qquad\qquad\qquad = \frac{1}{2}x^2 - x + \int \frac{1}{t}\,dt \quad (t=x^2+x+1)$
$\displaystyle\qquad\qquad\qquad = \frac{1}{2}x^2 - x + \log|t| + C = \frac{1}{2}x^2 - x + \log|x^2+x+1| + C$

$n > m$ で、$f(x)$ が 1 次式に因数分解される場合の積分は、以下の**部分分数分解**により、式 (6.3.1), (6.3.2) に還元される。

$f(x) = 0$ が重解を持たない場合を考える。すなわち、$a_1, a_2, \cdots, a_n$ が全て違い、$f(x) = (x-a_1)(x-a_2)\cdots(x-a_n)$ となる場合、次の部分分数の和に分解される。

(6.3.5) $\displaystyle\qquad \frac{g(x)}{f(x)} = \frac{A_1}{(x-a_1)} + \frac{A_2}{(x-a_2)} + \cdots + \frac{A_n}{(x-a_n)}$

ここで、$A_1, A_2, \cdots, A_n$ は定数であり、次のように求める。上式の両辺に、$(x-a_i)$ を掛けると、右辺は $(\quad)(x-a_i) + A_i$ という形になる。よって、$x = a_i$ を代入すると、右辺の値は A_i になる。こうして A_i を求める公式が得られる。

(6.3.6) $\displaystyle\qquad A_i = \frac{g(x)}{f(x)}(x-a_i)\bigg|_{x=a_i} = \lim_{x\to a_i}\frac{g(x)}{f(x)}(x-a_i)$

ここで、$h(x)|_{x=a}$ は、約分した式に $x=a$ を代入と言う意味で、記号 lim でも表現できる。

例題 6.6 不定積分 $\displaystyle\int \frac{x+1}{(x-1)(x+2)}\,dx$ を求めよ。

(解答) 部分分数分解を $\displaystyle\frac{x+1}{(x-1)(x+2)} = \frac{A}{(x-1)} + \frac{B}{(x+2)}$ とする。上の公式より、

$\displaystyle A = \frac{x+1}{(x-1)(x+2)}(x-1)\bigg|_{x=1} = \frac{x+1}{x+2}\bigg|_{x=1} = \frac{2}{3},$

$\displaystyle B = \frac{x+1}{(x-1)(x+2)}(x+2)\bigg|_{x=-2} = \frac{x+1}{x-1}\bigg|_{x=-2} = \frac{1}{3}$

よって、

$\displaystyle\int \frac{x+1}{(x-1)(x+2)}\,dx = \int \left\{\frac{\frac{2}{3}}{(x-1)} + \frac{\frac{1}{3}}{(x+2)}\right\}dx$
$\displaystyle\qquad\qquad\qquad = \frac{2}{3}\log|x-1| + \frac{1}{3}\log|x+2| + C = \log\sqrt[3]{|(x-1)^2(x+2)|} + C$

6.3.2 重解を持つ分母

次に、$f(x) = 0$ が重解を持つ場合を考える。$h(x)$ が $(x-a)$ の積にならないとし、$f(x) = h(x)(x-a)^n$ とする。すると、部分分数分解は

$$(6.3.7) \quad \frac{g(x)}{f(x)} = \frac{k(x)}{h(x)} + \frac{A_1}{(x-a)} + \frac{A_2}{(x-a)^2} + \cdots + \frac{A_n}{(x-a)^n} = \frac{k(x)}{h(x)} + \sum_{i=1}^{n} \frac{A_i}{(x-a)^i}$$

となる。両辺に $(x-a)^n$ を掛けると

$$(6.3.8) \quad \frac{g(x)}{f(x)}(x-a)^n = \frac{k(x)}{h(x)}(x-a)^n + \sum_{i=1}^{n} A_i (x-a)^{n-i}$$

この式に $x = a$ を代入すれば、A_n が前と同様に得られる。他の A_i を得る為に、次の j 階導関数を考える。

$$\frac{d^j}{dx^j}(x-a)^{n-i} = \begin{cases} 0 & (j > n-i) \\ j! & (j = n-i) \\ (n-i)(n-i-1)\cdots(n-i-j+1)(x-a)^{n-i-j} & (j < n-i) \end{cases}$$

よって、$x = a$ を代入すると、$j = n-i$ で $j! = (n-i)!$、それ以外で 0 になる。(6.3.8) から次の定理を得る。

定理 6.9（展開公式） $\displaystyle A_i = \frac{1}{(n-i)!} \left. \frac{d^{n-i}}{dx^{n-i}} \frac{g(x)}{f(x)}(x-a)^n \right|_{x=a}$

注 1) この公式は、一般にヘビサイドの名前で呼ばれているが、正確には、部分分数分解による有理関数のラプラス逆変換を与える公式がヘビサイドの展開公式である。

2) $g(x), h(x)$ が複雑で、n が大きい場合は、次の式により A_n から順に A_i を計算するほうが簡単な場合がある。

$$A_n = \left. \frac{g(x)}{f(x)}(x-a)^n \right|_{x=a}$$

$$A_{n-1} = \left. \left\{ \frac{g(x)}{f(x)} - \frac{A_n}{(x-a)^n} \right\} (x-a)^{n-1} \right|_{x=a}$$

$$A_i = \left. \left\{ \frac{g(x)}{f(x)} - \sum_{j=0}^{n-i-1} \frac{A_{n-j}}{(x-a)^{n-j}} \right\} (x-a)^i \right|_{x=a}$$

例題 6.7 次の積分を求めよ。

(1) $\displaystyle \int \frac{x^2 - x + 1}{(x-1)(x+1)^2} dx$ (2) $\displaystyle \int \frac{x^3 + 1}{(x+2)x^3} dx$

(解答) (1) 部分分数分解すると $\dfrac{x^2-x+1}{(x-1)(x+1)^2} = \dfrac{A}{x-1} + \dfrac{B_2}{(x+1)^2} + \dfrac{B_1}{(x+1)}$

$$A = \left.\dfrac{x^2-x+1}{(x-1)(x+1)^2}(x-1)\right|_{x=1} = \left.\dfrac{x^2-x+1}{(x+1)^2}\right|_{x=1} = \dfrac{1}{4}$$

$$B_2 = \left.\dfrac{x^2-x+1}{(x-1)(x+1)^2}(x+1)^2\right|_{x=-1} = \left.\dfrac{x^2-x+1}{(x-1)}\right|_{x=-1} = -\dfrac{3}{2}$$

$$B_1 = \left.\dfrac{1}{(2-1)!}\dfrac{d}{dx}\left\{\dfrac{x^2-x+1}{(x-1)(x+1)^2}(x+1)^2\right\}\right|_{x=-1}$$

$$= \left.\dfrac{(x^2-x+1)'(x-1) - (x^2-x+1)(x-1)'}{(x-1)^2}\right|_{x=-1} = \left.\dfrac{x^2-2x}{(x-1)^2}\right|_{x=-1} = \dfrac{3}{4}$$

以上から、

$$\int \dfrac{x^2-x+1}{(x-1)(x+1)^2}\,dx = \int\left\{\dfrac{\frac{1}{4}}{x-1} + \dfrac{-\frac{3}{2}}{(x+1)^2} + \dfrac{\frac{3}{4}}{x+1}\right\}dx$$

$$= \dfrac{1}{4}\log|x-1| + \dfrac{3}{2(x+1)} + \dfrac{3}{4}\log|x+1| + C$$

$$= \log\sqrt[4]{|(x-1)(x+1)^3|} + \dfrac{3}{2(x+1)} + C$$

(2) 部分分数分解は $\dfrac{x^3+1}{(x+2)x^3} = \dfrac{A}{x+2} + \dfrac{B_3}{x^3} + \dfrac{B_2}{x^2} + \dfrac{B_1}{x}$
したがって、

$$A = \left.\dfrac{x^3+1}{(x+2)x^3}(x+2)\right|_{x=-2} = \left.\dfrac{x^3+1}{x^3}\right|_{x=-2} = \dfrac{7}{8}$$

$$B_3 = \left.\dfrac{x^3+1}{(x+2)x^3}x^3\right|_{x=0} = \left.\dfrac{x^3+1}{(x+2)}\right|_{x=0} = \dfrac{1}{2}$$

$$B_2 = \left.\dfrac{1}{1!}\dfrac{d}{dx}\left\{\dfrac{x^3+1}{(x+2)x^3}x^3\right\}\right|_{x=0} = \left.\dfrac{(x^3+1)'(x+2) - (x^3+1)(x+2)'}{(x+2)^2}\right|_{x=0}$$

$$= \left.\dfrac{2x^3+6x^2-1}{(x+2)^2}\right|_{x=0} = -\dfrac{1}{4}$$

$$B_1 = \left.\dfrac{1}{2!}\dfrac{d^2}{dx^2}\left\{\dfrac{x^3+1}{(x+2)x^3}x^3\right\}\right|_{x=0} = \left.\dfrac{1}{2}\dfrac{d}{dx}\left\{\dfrac{2x^3+6x^2-1}{(x+2)^2}\right\}\right|_{x=0}$$

$$= \left.\dfrac{1}{2}\dfrac{(2x^3+6x^2-1)'(x+2)^2 - (2x^3+6x^2-1)\{(x+2)^2\}'}{(x+2)^4}\right|_{x=0}$$

$$= \left.\dfrac{1}{2}\dfrac{2x^3+12x^2+24x+2}{(x+2)^3}\right|_{x=0} = \dfrac{1}{8}$$

以上から

$$\int \frac{x^3+1}{(x+2)x^3} dx = \int \left\{ \frac{\frac{7}{8}}{x+2} + \frac{\frac{1}{2}}{x^3} + \frac{-\frac{1}{4}}{x^2} + \frac{\frac{1}{8}}{x} \right\} dx$$
$$= \frac{7}{8}\log|x+2| - \frac{1}{4x^2} + \frac{1}{4x} + \frac{1}{8}\log|x| + C$$
$$= \log\sqrt[8]{|(x+2)^7 x|} - \frac{1}{4x^2} + \frac{1}{4x} + C$$

6.3.3　分母が 2 次式の有理関数

分子が 1 次式で、分母が 2 次式の場合の、有理関数の積分を考える。分母と分子を x^2 の係数で割る事により、

$$\int \frac{sx+t}{x^2+ax+b} dx$$

という形の積分を考えれば良い。これを、二つの分数の積分に分解する。

$$\int \frac{sx+t}{x^2+ax+b} dx = \int \frac{sx + \frac{as}{2} - \frac{as}{2} + t}{x^2+ax+b} dx$$
$$= s\int \frac{x+\frac{a}{2}}{x^2+ax+b} dx + \left(t - \frac{as}{2}\right) \int \frac{1}{x^2+ax+b} dx$$

最初の分数の積分は、$t = x^2 + ax + b$ という置換積分により

(6.3.9) $$\int \frac{x+\frac{a}{2}}{x^2+ax+b} dx = \frac{1}{2}\log|x^2+ax+b| + C$$

2 番目の分数の積分 $\int \frac{1}{x^2+ax+b} dx$ は判別式 $D = a^2 - 4b$ の符合により次の様に積分出来る。以下の α, β は方程式 $x^2 + ax + b = 0$ の実数解、$c \pm d\sqrt{-1}$ は複素数解とする。

(6.3.10)　$D > 0$　$\displaystyle\int \frac{1}{(x-\alpha)(x-\beta)} dx = \frac{1}{\alpha-\beta}\log\left|\frac{x-\alpha}{x-\beta}\right| + C$　(部分分数分解)

(6.3.11)　$D = 0$　$\displaystyle\int \frac{1}{(x-\alpha)^2} dx = -\frac{1}{x-\alpha} + C$　($t = x - \alpha$ と置いて置換積分)

(6.3.12)　$D < 0$　$\displaystyle\int \frac{1}{(x-c)^2+d^2} dx = \frac{1}{d}\mathrm{Tan}^{-1}\frac{(x-c)}{d} + C$

一般の有理関数の場合は、次の関数

$$a_0 + a_1 x + \cdots + a_n x^n, \quad \frac{1}{(x-a)^n} \quad (n = 1, 2, \cdots), \quad \frac{x-a}{(x-a)^2+b^2}, \quad \frac{1}{(x-a)^2+b^2}$$

の定数倍の和に分解されるから、これまで述べてきた方法により積分できる。

6.4 部分積分法

6.4.1 部分積分

積の微分公式 (定理 5.3 (2)) から得られる式 $f'(x)g(x) = \{f(x)g(x)\}' - f(x)'g(x)$ を積分して、次の**部分積分**の公式が得られる。

(6.4.1)
$$\int f'(x)g(x)\,dx = f(x)g(x) - \int f(x)g'(x)\,dx$$
$$\int_a^b f'(x)g(x)\,dx = [f(x)g(x)]_a^b - \int_a^b f(x)g'(x)\,dx$$

注 (1) 実際の計算では、部分積分は積の積分 $\int f(x)g(x)\,dx$ に使用される。その時は、$f(x)$ から $F'(x) = f(x)$ となる関数 $F(x)$ を探し、

$$\int f(x)g(x)\,dx = \int F'(x)g(x)\,dx = F(x)g(x) - \int F(x)g'(x)\,dx$$

のようにこの公式を適用する。$F(x)$ は不定積分 $F(x) = \int f(x)\,dx$ により求める。部分的に積分するのでこの名前がある。

(2) 部分積分が有効なのは $f(x)g(x)$ よりも $F(x)g'(x)$ が簡単になる場合である。例として、以下の場合が考えられる。
1) $f(x) = x^n$, $g(x) = \log x$
2) $f(x) = \sin x$, $\cos x$, e^x, $g(x) = x^n$
3) $f(x) = g(x) = \sin x$, $\cos x$, e^x のような、$f(x)g(x)$ と $F(x)g'(x)$ が同程度の場合も、漸化式の考え方を使えば部分積分は有効である。(次の 6.4.2 節参照。)

(3) 不定積分のこの公式では、関数の集合が等しいという意味で $=$ を使っているので、積分定数 C は一つあればよい。次の例題参照。

例題 6.8 次の積分を求めよ。

(1) $\displaystyle\int \log x\,dx$ \qquad (2) $\displaystyle\int x\sin x\,dx$ \qquad (3) $\displaystyle\int_0^1 x^2 e^{2x}\,dx$

(解答) (1) $\int 1\,dx = x + C$ であるから、

$$\int (x)'\log x\,dx = x\log x - \int x(\log x)'\,dx = x\log x - \int 1\,dx = x\log x - x + C$$

(2) $\int \sin x \, dx = -\cos x + C$ より、

$$\int x \sin x \, dx = \int x(-\cos x)' \, dx = -x \cos x - \int (x)'(-\cos x) \, dx$$
$$= -x \cos x + \int \cos x \, dx = -x \cos x + \sin x + C$$

(3) $\int e^{2x} \, dx = \dfrac{1}{2} e^{2x} + C$ より

$$\int_0^1 x^2 e^{2x} \, dx = \int_0^1 x^2 \left(\frac{1}{2} e^{2x}\right)' dx = \left[x^2 \frac{1}{2} e^{2x}\right]_0^1 - \int_0^1 (x^2)' \frac{1}{2} e^{2x} \, dx$$
$$= \frac{1}{2} e^2 - \int_0^1 x e^{2x} \, dx = \frac{1}{2} e^2 - \int_0^1 x \left(\frac{1}{2} e^{2x}\right)' dx$$
$$= \frac{1}{2} e^2 - \left[x \frac{1}{2} e^{2x}\right]_0^1 + \int_0^1 (x)' \frac{1}{2} e^{2x} \, dx$$
$$= \frac{1}{2} e^2 - \frac{1}{2} e^2 + \frac{1}{2} \int_0^1 e^{2x} \, dx = \frac{1}{2} \left[\frac{1}{2} e^{2x}\right]_0^1 = \frac{e^2 - 1}{4}$$

レポート 8

問 1. 部分積分により次の積分を求めよ。

(1) $\displaystyle\int x^2 \log x \, dx$ 　　(2) $\displaystyle\int x^2 \cos x \, dx$ 　　(3) $\displaystyle\int x e^{3x} \, dx$

(4) $\displaystyle\int_1^e x \log x \, dx$ 　　(5) $\displaystyle\int_0^{\frac{\pi}{6}} x \sin 2x \, dx$ 　　(6) $\displaystyle\int_0^1 x^3 e^x \, dx$

問 2. 部分分数分解により、次の積分を求めよ。

(1) $\displaystyle\int \frac{x}{(x-2)(x+1)} \, dx$ 　　(2) $\displaystyle\int \frac{x+3}{(x-1)(x+1)(x+2)} \, dx$

(3) $\displaystyle\int \frac{x^2 + x + 1}{(x-1)x^2} \, dx$ 　　(4) $\displaystyle\int \frac{x+1}{x(x+2)^3} \, dx$

テスト 18

問　次の積分を計算せよ。

(1) $\displaystyle\int x^2 \log x\, dx = \dfrac{\boxed{A}\log x}{\boxed{B}} - \int \dfrac{\boxed{C}}{\boxed{D}}\, dx = \dfrac{\boxed{A}\log x}{\boxed{B}} - \dfrac{\boxed{E}}{9} + C$

(2) $\displaystyle\int_0^2 x^2 e^{2x}\, dx = \left[\dfrac{\boxed{A}e^{2x}}{\boxed{B}}\right]_0^2 - \int_0^2 \boxed{C} e^{2x}\, dx$

$\qquad = \boxed{D}e^4 - \left[\dfrac{\boxed{E}e^{2x}}{\boxed{F}}\right]_0^2 + \int_0^2 \dfrac{e^{2x}}{\boxed{G}}\, dx$

$\qquad = \dfrac{\boxed{H}e^4 - \boxed{I}}{4}$

(3) $\displaystyle\int x\sin 3x\, dx = \boxed{A}\dfrac{\boxed{B}\boxed{C}(3x)}{3} \boxed{D} \int \dfrac{\boxed{E}(3x)}{3}\, dt$ ($\boxed{A}$, $\boxed{D}$ は符号)

$\qquad = \boxed{A}\dfrac{\boxed{B}\boxed{C}(3x)}{3} \boxed{F} \dfrac{\boxed{G}(3x)}{9} + C$ ($\boxed{A}$, $\boxed{F}$ は符号)

(4) $\displaystyle\int_0^{\frac{\pi}{6}} 4x\cos 2x\, dx = \left[2x\boxed{A}(2x)\right]_0^{\frac{\pi}{6}} \boxed{B} \int_0^{\frac{\pi}{6}} 2\boxed{C}(2x)\, dx$ ($\boxed{B}$ は符号)

$\qquad = \dfrac{\sqrt{\boxed{D}}\pi}{2\boxed{E}} - \dfrac{1}{\boxed{F}}$

(5) $\displaystyle\int \dfrac{x-7}{x^2+x-2}\, dx = \int \left(\dfrac{\boxed{A}}{x+\boxed{B}} - \dfrac{\boxed{C}}{x-\boxed{D}}\right) dx$

$\qquad = \log\left|\dfrac{(x+\boxed{E})^{\boxed{F}}}{(x-\boxed{G})^{\boxed{H}}}\right| + C$

(6) $\displaystyle\int_0^2 \dfrac{x^2+4x+6}{(x+2)(x+1)^2}\, dx = \int_0^2 \left(\dfrac{\boxed{A}}{x+2} + \dfrac{\boxed{B}}{(x+\boxed{D})^2} - \dfrac{\boxed{C}}{x+\boxed{D}}\right) dx$

$\qquad = \left[\log\left|\dfrac{(x+2)^{\boxed{E}}}{(x+1)^{\boxed{F}}}\right| - \dfrac{\boxed{G}}{x+1}\right]_0^2$

$\qquad = \boxed{H} + \log\dfrac{\boxed{I}}{\boxed{J}}$

6.4.2 漸化式

部分積分の応用として、求める積分を I と置いて、部分積分により I についての方程式を導く方法がある。

例題 6.9 $a \neq 0, b$ を定数として、

$$I = \int e^{ax} \sin bx \, dx, \quad J = \int e^{ax} \cos bx \, dx$$

と置いて、次の問いに答えよ。

(1) I を部分積分して、J の式で表せ。ただし $\int e^{ax} dx = \frac{1}{a} e^{ax} + C$ を使用せよ。

(2) J を部分積分して、I の式で表せ。ただし $\int e^{ax} dx = \frac{1}{a} e^{ax} + C$ を使用せよ。

(3) (1), (2) の結果から、連立方程式を解いて、I, J を求める事で、次を示せ。

$$\int e^{ax} \sin bx \, dx = \frac{e^{ax}}{a^2 + b^2}(a \sin bx - b \cos bx),$$

$$\int e^{ax} \cos bx \, dx = \frac{e^{ax}}{a^2 + b^2}(b \sin bx + a \cos bx)$$

(解答) 下で、(1) は最初の式で、(2) は 2 番目の式である。

$$I = \frac{1}{a} e^{ax} \sin bx - \int \frac{1}{a} e^{ax} (\sin bx)' \, dx$$

$$= \frac{1}{a} e^{ax} \sin bx - \frac{b}{a} \int e^{ax} \cos bx = \frac{1}{a} e^{ax} \sin bx - \frac{b}{a} J$$

$$J = \frac{1}{a} e^{ax} \cos bx - \int \frac{1}{a} e^{ax} (\cos bx)' \, dx$$

$$= \frac{1}{a} e^{ax} \cos bx + \frac{b}{a} \int e^{ax} \sin bx = \frac{1}{a} e^{ax} \cos bx + \frac{b}{a} I$$

(3) (2) の式を (1) の式に代入して、

$$I = \frac{1}{a} e^{ax} \sin bx - \frac{b}{a^2} e^{ax} \cos bx - \frac{b^2}{a^2} I$$

$$\frac{a^2 + b^2}{a^2} I = \frac{1}{a} e^{ax} \sin bx - \frac{b}{a^2} e^{ax} \cos bx$$

$$I = \frac{e^{ax}}{a^2 + b^2}(a \sin bx - b \cos bx), \quad J = \frac{e^{ax}}{a^2 + b^2}(b \sin bx + a \cos bx)$$

このような部分積分の使い方には、漸化式を導く方法もある。

例題 6.10 次の公式を示せ。

(6.4.2) $\quad \displaystyle\int_0^{\frac{\pi}{2}} \cos^n x \, dx = \int_0^{\frac{\pi}{2}} \sin^n x \, dx = \begin{cases} \frac{n-1}{n} \cdot \frac{n-3}{n-2} \cdots \cdot \frac{3}{4} \cdot \frac{1}{2} \cdot \frac{\pi}{2} & (n \text{ 偶数}) \\ \frac{n-1}{n} \cdot \frac{n-3}{n-2} \cdots \cdot \frac{4}{5} \cdot \frac{2}{3} & (n \text{ 奇数}) \end{cases}$

(証明) $t = \frac{\pi}{2} - x$ と置くと、$x = \frac{\pi}{2} - t, dx = -dt, \cos\left(\frac{\pi}{2} - t\right) = \sin t$ であるから、

$$\int_0^{\frac{\pi}{2}} \cos^n x \, dx = \int_{\frac{\pi}{2}}^0 \cos^n\left(\frac{\pi}{2} - t\right)(-1)\,dt = \int_0^{\frac{\pi}{2}} \sin^n t \, dt = \int_0^{\frac{\pi}{2}} \sin^n x \, dx$$

そこで、この積分を I_n と置くと

$$I_0 = \int_0^{\frac{\pi}{2}} 1 \, dx = [x]_0^{\frac{\pi}{2}} = \frac{\pi}{2}$$

$$I_1 = \int_0^{\frac{\pi}{2}} \cos x \, dx = [\sin x]_0^{\frac{\pi}{2}} = \sin\frac{\pi}{2} - \sin 0 = 1$$

さて、$I_n \quad (n \geq 2)$ に部分積分を適用する。$\sin 0 = 0, \cos\frac{\pi}{2} = 0$ に注意すると

$$I_n = \int_0^{\frac{\pi}{2}} (\sin x)' \cos^{n-1} x \, dx = \left[\sin x \cos^{n-1} x\right]_0^{\frac{\pi}{2}} - \int_0^{\frac{\pi}{2}} \sin x (\cos^{n-1} x)' \, dx$$

$$= -\int_0^{\frac{\pi}{2}} \sin x (n-1) \cos^{n-2} x (-\sin x) \, dx = (n-1) \int_0^{\frac{\pi}{2}} \sin^2 x \cos^{n-2} x \, dx$$

$$= (n-1) \int_0^{\frac{\pi}{2}} (1 - \cos^2 x) \cos^{n-2} x \, dx$$

$$= (n-1) \int_0^{\frac{\pi}{2}} \cos^{n-2} x \, dx - (n-1) \int_0^{\frac{\pi}{2}} \cos^n x \, dx$$

$$= (n-1) I_{n-2} - (n-1) I_n$$

これは I_n, I_{n-2} の関係式である。I_n について解くと漸化式

$$I_n = \frac{n-1}{n} I_{n-2}$$

が得られる。

$$I_n = \frac{n-1}{n} I_{n-2} = \frac{n-1}{n} \cdot \frac{n-3}{n-2} I_{n-4} = \cdots = \begin{cases} \frac{n-1}{n} \cdot \frac{n-3}{n-2} \cdots \cdot \frac{3}{4} \cdot \frac{1}{2} I_0 & (n \text{ 偶数}) \\ \frac{n-1}{n} \cdot \frac{n-3}{n-2} \cdots \cdot \frac{4}{5} \cdot \frac{2}{3} I_1 & (n \text{ 奇数}) \end{cases}$$

最初に計算した I_0, I_1 から公式は得られる。 □

問題 6.7 次の定積分を求めよ．

(1) $\displaystyle\int_0^{\frac{\pi}{2}} \cos^3 x \, dx$ \qquad (2) $\displaystyle\int_0^{\frac{\pi}{2}} \sin^4 x \, dx$ \qquad (3) $\displaystyle\int_0^{\frac{\pi}{2}} \cos^5 x \, dx$

テスト 19

問1. 次の値を求めよ。ただし、$\boxed{C}, \boxed{F}, \boxed{I}, \boxed{L}$ は π または 1 である

(1) $\int_0^{\frac{\pi}{2}} \sin^4 x \, dx = \dfrac{\boxed{A}}{\boxed{B}} \boxed{C}$

(2) $\int_0^{\frac{\pi}{2}} \sin^5 x \, dx = \dfrac{\boxed{D}}{\boxed{E}} \boxed{F}$

(3) $\int_0^{\frac{\pi}{2}} \cos^6 x \, dx = \dfrac{\boxed{G}}{\boxed{H}} \boxed{I}$

(4) $\int_0^{\frac{\pi}{2}} \cos^7 x \, dx = \dfrac{\boxed{J}}{\boxed{K}} \boxed{L}$

問2. $\Gamma(s) = \int_0^\infty e^{-x} x^{s-1} \, dx$ とする。次の空欄を埋めよ。

(1) $\displaystyle\lim_{x \to \infty} e^{-x} = \boxed{A}$ であるから $\Gamma(1) = \int_0^\infty \boxed{B}^{-\boxed{C}} dx = \left[-\boxed{D}^{-\boxed{C}}\right]_0^\infty = 1$

(2) $\int e^{-x} \, dx = -\boxed{E}^{-x} + C$ より

$$\Gamma(s) = \int_0^\infty \left(-e^{-\boxed{F}}\right)' x^{\boxed{G}-1} \, dx$$
$$= \left[-e^{-\boxed{F}} x^{\boxed{G}-1}\right]_0^\infty + \int_0^\infty e^{-\boxed{F}} \left(\boxed{G}-1\right) x^{\boxed{H}-2} \, dx$$

$s \geq 2$ ならば、例題 5.4 (2) より、$\displaystyle\lim_{x \to \infty} e^{-x} x^n = \boxed{I}$ であるから、

$$\Gamma(s) = \left(\boxed{J}-1\right) \Gamma\left(\boxed{K}-1\right)$$

以上から、s が自然数ならば $\Gamma(s) = \left(\boxed{J}-1\right) \Gamma\left(\boxed{K}-1\right) = \cdots\cdots = \boxed{L}!$

注 関数 $\Gamma(s)$ は**ガンマ関数**と呼ばれ、階乗関数の実数への拡張である。

問3. 関数 $f(x)$ に対して、**ラプラス変換** $L(f)$ を関数

$$L(f) = F(t) = \int_0^\infty e^{-tx} f(x) \, dx$$

により、定義する。次の空欄を埋めよ。ただし、例題 5.4 (2) を使用する。

(1) $f(x) = 1$ ならば $L(1) = F(t) = \left[-\dfrac{e^{-tx}}{\boxed{A}}\right]_0^\infty = \dfrac{1}{t} \quad (t > 0)$

(2) $f(x) = e^{ax}$ ならば $L(e^{ax}) = F(t) = \left[\dfrac{e^{(\boxed{B}-t)x}}{\boxed{B}-t}\right]_0^\infty = \dfrac{1}{t-a} \quad (t > a)$

(3) $f(x) = x^n$ のとき、$\int e^{-tx}\,dx = -\dfrac{e^{-tx}}{\boxed{C}} + C$ と例題 5.4 (2) より、

$$L(x^n) = \left[-\dfrac{e^{-tx}}{\boxed{C}}x^n\right]_0^\infty + \int_0^\infty \dfrac{e^{-tx}}{\boxed{C}}\boxed{D}x^{\boxed{D}-1}\,dx$$

$$= \dfrac{\boxed{D}}{\boxed{C}}L(x^{\boxed{E}-1}) = \cdots = \dfrac{\boxed{F}!}{t^{\boxed{G}}}L(1)$$

以上と (1) から $L(x^n) = \dfrac{n!}{t^{n+1}}$ $(t>0)$

(4) 例題 6.4.2 から $(t>0)$

$$L(\sin ax) = \int_0^\infty e^{-tx}\sin ax\,dx$$

$$= \left[\dfrac{e^{-tx}}{t^2 + \boxed{H}^2}\left(-\boxed{I}\sin ax - \boxed{J}\cos ax\right)\right]_0^\infty = \dfrac{\boxed{K}}{t^2+a^2}$$

$$L(\cos ax) = \int_0^\infty e^{-tx}\cos ax\,dx$$

$$= \left[\dfrac{e^{-tx}}{t^2 + \boxed{H}^2}\left(-\boxed{I}\cos ax + \boxed{J}\sin ax\right)\right]_0^\infty = \dfrac{\boxed{L}}{t^2+a^2}$$

(5) $\lim\limits_{x\to\infty}\dfrac{f(x)}{e^{tx}} = 0$ ならば、$t>0$ での微分のラプラス変換は

$$L(f') = \left[e^{-tx}f(x)\right]_0^\infty + \boxed{M}\int_0^\infty e^{-tx}f(x)\,dx = \boxed{M}L(f) - f(\boxed{N})$$

6.5 面積、長さ、体積

6.5.1 面積

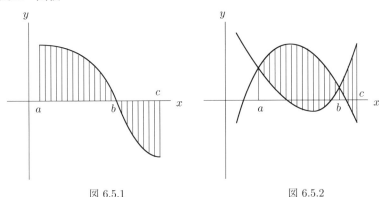

図 6.5.1　　　　　　図 6.5.2

定積分の定義で述べたように、閉区間 $[a,b]$ で $f(x) \geq 0$ であるならば、$x=a, x=b$、x 軸、$y=f(x)$ で囲まれた部分の面積は定積分 $\int_a^b f(x)\,dx$ で表される。もし $f(x) \leq 0$ ならば、面積は $-\int_a^b f(x)\,dx$ で表される。グラフが x 軸を横切る時は、そこで面積を分ける。図 6.5.1 の場合は次の式で表される。ここで b は $f(b)=0$ となる点である。

$$\int_a^b f(x)\,dx - \int_b^c f(x)\,dx$$

二つの曲線 $y=f(x)$, $y=g(x)$ と $x=a, x=b$ で囲まれた部分の面積は、$[a,b]$ で $f(x) \geq g(x)$ ならば、$\int_a^b \{f(x)-g(x)\}\,dx$ である。交点がある場合は交点で図形は二つの部分に分かれる。図 6.5.2 の場合は、次の式で表される。ここで a,b は方程式 $f(x)=g(x)$ の解である。

$$\int_a^b |g(x)-f(x)|\,dx = \int_a^b \{g(x)-f(x)\}\,dx + \int_b^c \{f(x)-g(x)\}\,dx$$

例題 6.11　(1) 楕円 $\dfrac{x^2}{a^2} + \dfrac{y^2}{b^2} = 1$　$(a>0, b>0)$ の面積を求めよ。

(2) この楕円の内部で $0 \leq x \leq \dfrac{a}{2}$ となる部分の面積を求めよ。

(解答) (1) 楕円の方程式から $y = \pm\dfrac{b}{a}\sqrt{a^2-x^2}$ であり、求める面積は、x 軸, y 軸で

囲まれた部分の4倍であるから

$$4\int_0^a \frac{b}{a}\sqrt{a^2-x^2}\,dx = 4\frac{b}{a}\left[\frac{1}{2}\left(x\sqrt{a^2-x^2}+a^2\,\text{Sin}^{-1}\frac{x}{a}\right)\right]_0^a \quad (\text{公式 (6.1.12)})$$

$$= \frac{2b}{a}\left(a^2\,\text{Sin}^{-1}1 - a^2\,\text{Sin}^{-1}0\right) = \frac{2b}{a}a^2\frac{\pi}{2} = ab\pi$$

(2)
$$2\int_0^{\frac{a}{2}} \frac{b}{a}\sqrt{a^2-x^2}\,dx = 2\frac{b}{a}\left[\frac{1}{2}\left(x\sqrt{a^2-x^2}+a^2\,\text{Sin}^{-1}\frac{x}{a}\right)\right]_0^{\frac{a}{2}}$$

$$= \frac{b}{a}\left(\frac{a}{2}\sqrt{a^2-\left(\frac{a}{2}\right)^2}+a^2\,\text{Sin}^{-1}\frac{1}{2} - a^2\,\text{Sin}^{-1}0\right)$$

$$= \frac{b}{a}\left(\frac{\sqrt{3}a^2}{4}+a^2\frac{\pi}{6}\right) = \left(\frac{\sqrt{3}}{4}+\frac{\pi}{6}\right)ab$$

6.5.2　極座標

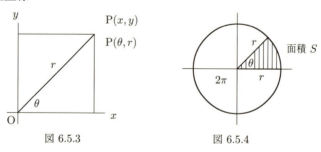

図 6.5.3　　　　　　　図 6.5.4

　座標平面上の点 P を表す方法には、直交座標 (x,y) 以外に極座標による表示 (θ,r) がある。r を原点 O と点 P の間の距離とし、x 軸と OP の間の角を θ とし、組 (θ,r) で点 P を表す。これを**極座標**と呼ぶ。直交座標 (x,y) との関係は次の式で与えられる。

$$(6.5.1) \quad \begin{cases} x = r\cos\theta \\ y = r\sin\theta \end{cases} \quad \begin{cases} r = \sqrt{x^2+y^2} \\ \theta = \text{Tan}^{-1}\frac{y}{x} \end{cases}$$

平面上の曲線は $r=f(\theta)$ で表される。極座標で表示された図形の面積を求める為に、図 6.5.4 の扇型の面積 S (中心角 θ) を準備する。これは半径 r の円の一部であり、円の面積は πr^2 (中心角 2π) であるから、比例式より

$$(6.5.2) \quad S:\pi r^2 = \theta:2\pi, \quad S = \frac{r^2}{2}\theta$$

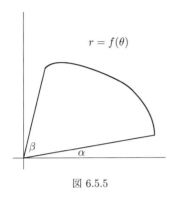

図 6.5.5   図 6.5.6

図 6.5.5 のように曲線 $r = f(\theta)$ と原点からの二つの半直線 $\theta = \alpha, \theta = \beta$ とで囲まれた図形の面積を考える。定積分の定義と同様に、1) 分割 2) 近似 3) 和 4) 極限 の 4 段階を踏んで求める。

1) 中心角を $\alpha_0 = \alpha < \alpha_1 < \cdots < \alpha_n = \beta$ と分割し、$\delta\theta_i = \alpha_i - \alpha_{i-1}$ と置く。
また、θ_i を $\alpha_{i-1} \leq \theta_i \leq \alpha_i$ となるように取り、$r_i = f(\theta_i)$ とする。

2) 図 6.5.6 で、弧 $r = r_i$, 半直線 $\theta = \alpha_{i-1}, \theta = \alpha_i$ で囲まれた図形の面積は、(6.5.2) から $\frac{1}{2}r^2 \delta\theta_i$ となる。これが、分割した部分の面積の近似値である。

3) これを全て足した値 $\sum_{i=1}^{n} \frac{1}{2}r^2 \delta\theta_i$ が、求める面積の近似値になる。

4) 角の分割を無限に細かくする極限を取って、次の積分により面積は求まる。

(6.5.3) $$\sum_{i=1}^{n} \frac{1}{2}r^2 \delta\theta_i \longrightarrow \frac{1}{2}\int_{\alpha}^{\beta} r^2\, d\theta = \frac{1}{2}\int_{\alpha}^{\beta} \{f(\theta)\}^2\, d\theta$$

次は, 極座標で表される曲線の例である.

例 6.8 (1) 螺旋 $r = a\theta$ $(a > 0, \theta \geq 0)$

(2) 3 葉線 $r = a\sin 3\theta$ $(a > 0, r \geq 0)$

$\sin 3\theta = r \geq 0$ から、 $0 \leq \theta \leq \dfrac{\pi}{3}$, $\dfrac{2\pi}{3} \leq \theta \leq \pi$, $\dfrac{4\pi}{3} \leq \theta \leq \dfrac{5\pi}{3}$

原点での接線は $y = \pm\sqrt{3}x$ および x 軸
また、y 軸および $y = \dfrac{x}{\sqrt{3}}$ を軸にして線対称である。

(3) 4 葉線 $r = a|\sin 2\theta|$ $(a > 0\,)$
原点での接線は x 軸および y 軸

(4) カーディオイド (心臓形)　　$r = a(1 + \cos\theta)$　　$(a > 0,\ r \geq 0)$
原点での接線は x 軸

(5) レムニスケート (連珠形)　　$r^2 = a^2 \cos 2\theta$　　$(a > 0,\ r \geq 0)$

$$\cos 2\theta \geq 0 \text{ から、} \quad -\frac{\pi}{4} \leq \theta \leq \frac{\pi}{4}, \quad \pi - \frac{\pi}{4} \leq \theta \leq \pi + \frac{\pi}{4}$$

原点での接線は $y = \pm x$

(6) デカルトの葉線 $x^3 + y^3 - 3xy = 0$ 極座標に直すと $r = \dfrac{3\cos\theta \sin\theta}{\cos^3\theta + \sin^3\theta}$　　$(r \geq 0)$
漸近線は $y = -x - 1$ であり、点 $(\sqrt[3]{2}, \sqrt[3]{4})$ で極大になる。
また、直線 $y = x$ を中心軸にして線対称であり、$y = x$ との交点は $\left(\dfrac{3}{2}, \dfrac{3}{2}\right)$ である。

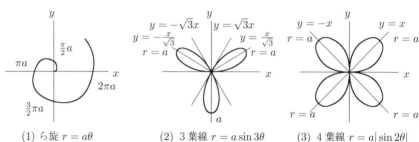

(1) ら旋 $r = a\theta$　　(2) 3葉線 $r = a\sin 3\theta$　　(3) 4葉線 $r = a|\sin 2\theta|$

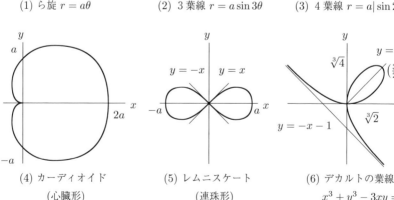

(4) カーディオイド
　　(心臓形)
　　$r = a(1 + \cos\theta)$

(5) レムニスケート
　　(連珠形)
　　$r^2 = a^2 \cos 2\theta$

(6) デカルトの葉線
　　$x^3 + y^3 - 3xy = 0$
　　$r = \dfrac{3\cos\theta \sin\theta}{\cos^3\theta + \sin^3\theta}$

図 6.5.7

問題 6.8 図 6.5.7 の (1) から (6) までの各図形の次の部分の面積を求めよ。

(1) 動線が中心角 $0 \leq \theta \leq \pi$ の範囲で動いて出来る図形

(2) 葉の 1 枚、積分範囲 $0 \leq \theta \leq \dfrac{\pi}{3}$

注) 半角の公式 (4.2.9) を使用する。

(3) 葉の 1 枚、積分範囲 $0 \leq \theta \leq \dfrac{\pi}{4}$

注) 半角の公式 (4.2.9) を使用するか、$\sin 2\theta = 2\sin\theta\cos\theta$, $\cos^2\theta = 1 - \sin^2\theta$ から (6.4.2) を使用する。

(4) この曲線で囲まれた図形、積分範囲 $0 \leq \theta \leq \pi$ の部分の 2 倍

注) 半角の公式を使うか、$1 + \cos\theta = 2\cos^2\dfrac{\theta}{2}$ を使用して $t = \dfrac{\theta}{2}$ と置換してから (6.4.2) を使用する。

(5) この曲線で囲まれた図形、積分範囲 $0 \leq \theta \leq \dfrac{\pi}{4}$ の部分の 4 倍

(6) 葉の部分、積分範囲 $0 \leq \theta \leq \dfrac{\pi}{2}$

注) $t = \tan\theta = \dfrac{\sin\theta}{\cos\theta}$ と置換すると、$\lim_{\theta \to \frac{\pi}{2}} t = \infty$ である。さらに $u = t^3 + 1$ と置換する。

6.5.3 曲線の長さ

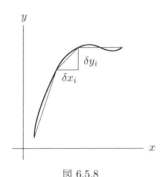

図 6.5.8

曲線 $y = f(x)$ の $x = a$ から $x = b$ までの長さを求める。定積分の定義と同様に、1) 分割 2) 近似 3) 和 4) 極限 の 4 段階を踏む。

1) $[a, b]$ を分割して $a_0 = a < a_1 < \cdots < a_n = b$ として、$\delta x_i = a_i - a_{i-1}$, $\delta y_i = f(a_i) - f(a_{i-1})$ とする。この分割に合わせて曲線も分割する。

2) 曲線の各部分を直線で近似すると、その長さは $\sqrt{(\delta x_i)^2 + (\delta y_i)^2}$ となる。図 6.5.8 参照。

3) このまま和を取り極限を求めると $\int_a^b \sqrt{dx^2 + dy^2}$ のような意味不明の式になるので、次のように変形する。

$$\sum_{i=1}^n \sqrt{(\delta x_i)^2 + (\delta y_i)^2} = \sum_{i=1}^n \sqrt{1 + \left(\frac{\delta y_i}{\delta x_i}\right)^2}\, \delta x_i$$

4) 極限を取る。

(6.5.4) 　　　　　　　曲線の長さ　　$\int_a^b \sqrt{1 + \{f'(x)\}^2}\, dx$

ここで、ラグランジュの平均値の定理 5.11 より $\dfrac{\delta y_i}{\delta x_i} = f'(x_i)$ となる $x_i \in [a_{i-1}, a_i]$ が存在するから、積分可能ならば上式の定積分に収束する。この定積分が、曲線の長さの定義である。

例 6.9 　原点を中心として半径 a の円の一部の $x = 0$ から $x = x_1$ までの円弧の長さを求める。円の方程式は $x^2 + y^2 = a^2$ であるから、$y = \sqrt{a^2 - x^2}$, $y' = -\dfrac{x}{\sqrt{a^2 - x^2}}$ である。よって、長さは、

$$\int_0^{x_1} \sqrt{1 + \frac{x^2}{a^2 - x^2}}\, dx = a\int_0^{x_1} \frac{1}{\sqrt{a^2 - x^2}}\, dx$$

特に $a = 1$ の時が θ の定義である。

曲線が媒介変数表示 $\begin{cases} x = f(t) \\ y = g(t) \end{cases}$ されている場合は、和は

$$\sqrt{(\delta x_i)^2 + (\delta y_i)^2} = \sqrt{\left(\frac{\delta x_i}{\delta t_i}\right)^2 + \left(\frac{\delta y_i}{\delta t_i}\right)^2}\, \delta t_i$$

であるから

(6.5.5) 　　　媒介変数表示での曲線の長さ　　$\int_\alpha^\beta \sqrt{\{f'(t)\}^2 + \{g'(t)\}^2}\, dt$

特に極座標表示 $r = f(\theta)$ の時は $\begin{cases} x = r\cos\theta \\ y = r\sin\theta \end{cases}$ より

$$\frac{dx}{d\theta} = \frac{dr}{d\theta}\cos\theta - r\sin\theta, \quad \frac{dy}{d\theta} = \frac{dr}{d\theta}\sin\theta + r\cos\theta$$

である。よって、$\left(\dfrac{dx}{d\theta}\right)^2 + \left(\dfrac{dy}{d\theta}\right)^2 = \left(\dfrac{dr}{d\theta}\right)^2 + r^2$ になり

(6.5.6) 極座標での曲線の長さ $\displaystyle\int_\alpha^\beta \sqrt{\left(\dfrac{dr}{d\theta}\right)^2 + r^2}\, d\theta$

例 6.10 カーディオイド $r = a(1+\cos\theta)$ の全長は、$\dfrac{dr}{d\theta} = -a\sin\theta$ より、

$$\begin{aligned}
2\int_0^\pi \sqrt{a^2\sin^2\theta + a^2(1+\cos\theta)^2}\, d\theta &= 2a\int_0^\pi \sqrt{2(1+\cos\theta)}\, d\theta \\
&= 2a\int_0^\pi \sqrt{2\cdot 2\cos^2\dfrac{\theta}{2}}\, d\theta = 4a\int_0^\pi \cos\dfrac{\theta}{2}\, d\theta \\
&= 4a\left[2\sin\dfrac{\theta}{2}\right]_0^\pi = 8a
\end{aligned}$$

注 楕円 $\dfrac{x^2}{a^2} + \dfrac{y^2}{b^2} = 1$ の一部分の長さは

$$\int_0^x \sqrt{\dfrac{a^2 - k^2 x^2}{a^2 - x^2}}\, dx \quad (k^2 = \dfrac{a^2 - b^2}{a^2})$$

レムニスケート $r^2 = a^2\cos 2\theta$ の一部分の長さは

$$a\int_0^x \dfrac{dx}{\sqrt{1-x^4}}\, dx$$

どちらの積分も初等関数により記述できない新しい関数を生ずる。これらは、**楕円積分**と呼ばれる。これらの積分の逆関数は**楕円関数**と呼ばれ、三角関数と似た性質を持ち、整数論などに応用がある。

次は、媒介変数表示される曲線の例である。

例 6.11 (1) サイクロイド $\begin{cases} x = a(\theta - \sin\theta) \\ y = a(1-\cos\theta) \end{cases}$ $(a > 0,\ 0 \leq \theta \leq 2\pi)$

これは x 軸上を転がる半径 a の円板の円周上の 1 点が描く軌跡である.

この曲線は、 $x = a\pi$ を軸として、線対称である。実際に、点 (x,y) に対称な点を (x_1, y_1) とすると、 $x_1 = 2a\pi - x, y_1 = y$ である。$\theta_1 = 2\pi - \theta$ と置くと、

$a(\theta_1 - \sin\theta_1) = a(2\pi - \theta + \sin\theta) = 2a\pi - x = x_1, a(1-\cos\theta') = a(1-\cos\theta) = y = y_1$

であるから、θ, θ' に対応する点が対称点になっている。

また、$\dfrac{dx}{d\theta} = a(1-\cos\theta), \dfrac{dy}{d\theta} = a\sin\theta$ であるから、$\dfrac{dy}{dx} = \dfrac{\sin\theta}{1-\cos\theta}$ である。よって、$\theta = \pi$ すなわち $x = a(a\pi - \sin\pi) = a\pi$ で最大値 $a(1-\cos\pi) = 2a$ を持つ。

なお、$\theta = 0$ のとき、原点での接線の傾きは、

$$\lim_{x \to 0} \dfrac{dy}{dx} = \lim_{\theta \to 0} \dfrac{\sin\theta}{1-\cos\theta} = \lim_{\theta \to 0} \dfrac{(\sin\theta)'}{(1-\cos\theta)'} = \lim_{x \to 0} \dfrac{\cos\theta}{\sin\theta} = \infty$$

(2) アステロイド (星芒形) $x^{\frac{2}{3}} + y^{\frac{2}{3}} = a^{\frac{2}{3}}$ $(a > 0)$

これは媒介変数を使うと

$$\begin{cases} x = a\cos^3\theta \\ y = a\sin^3\theta \end{cases}$$

また、$\dfrac{dx}{d\theta} = -3a\cos^2\theta \sin\theta, \dfrac{dy}{d\theta} = 3a\sin^2\theta \cos\theta$ より、$\dfrac{dy}{dx} = -\dfrac{\sin\theta}{\cos\theta} = -\tan\theta$ である。

$\theta = 0$ のときの点は $(a, 0)$ で、接線は x 軸である。$\theta = \dfrac{\pi}{2}$ のときの点は $(0, a)$ で、接線は y 軸である。$\theta = \pi$ のときの点は $(-a, 0)$ で、接線は x 軸である。$\theta = \dfrac{3}{2}\pi$ のときの点は $(0, -a)$ で、接線は y 軸である。

また、$\theta = \dfrac{\pi}{4}$ のときの点は $\left(\dfrac{\sqrt{2}}{4}a, \dfrac{\sqrt{2}}{4}a\right)$ であり、この点での接線は $y = -x + \dfrac{\sqrt{2}}{2}$ である。

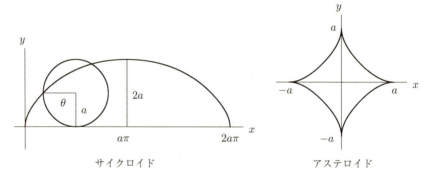

サイクロイド　　　　　　　　アステロイド

図 6.5.9　　　　　　　　　図 6.5.10

例題 6.12 サイクロイドの長さを求めよ。

(解答) $\dfrac{dx}{d\theta} = a(1-\cos\theta)$, $\quad \dfrac{dy}{d\theta} = a\sin\theta$ であるから、長さは、

$$\int_0^{2\pi} \sqrt{a^2(1-\cos\theta)^2 + a^2\sin^2\theta}\,d\theta = a\int_0^{2\pi}\sqrt{2-2\cos\theta}\,d\theta$$
$$= a\int_0^{2\pi}\sqrt{4\sin^2\dfrac{\theta}{2}}\,d\theta$$
$$= 2a\int_0^{2\pi}\sin\dfrac{\theta}{2}\,d\theta \quad (\sin\dfrac{\theta}{2}\geq 0)$$
$$= 2a\left[-2\cos\dfrac{\theta}{2}\right]_0^{2\pi} = 8a$$

6.5.4 体積

物体を x 軸に垂直な平面で切った断面積を $S(x)$ とする。区間 $[a,b]$ を分割して $a_0 = a < a_1 < \cdots < a_n = b$ とし、$\delta x_i = a_i - a_{i-1}$ とすると、体積は

(6.5.7) $$\sum_{i=1}^n S(x_i)\delta x_i \longrightarrow \int_a^b S(x)\,dx$$

になる。特に平面上の曲線 $y = f(x)$ を x 軸の周りに回転させて出来る物体の断面は半径 $y = f(x)$ の円になり、断面積は $S(x) = \pi y^2$ である。よって、体積は

(6.5.8) $$V = \pi \int_a^b y^2\,dx = \pi \int_a^b \{f(x)\}^2\,dx$$

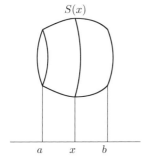

図 6.5.11

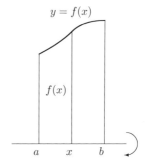

図 6.5.12

例 6.12 (1) 底面積 A 高さ h の角錐の体積を求める。x 軸を底面に垂直に取り、頂点を原点にすると、$x = h$ が底面になる。座標 x での、x 軸に垂直な平面で切った断面積を $S(x)$ とすると $S(h) = A$ であり、比例式 $S(x) : A = x^2 : h^2$ より $S(x) = \dfrac{A}{h^2} x^2$ となる。したがって、体積は

$$V = \int_0^h \frac{A}{h^2} x^2 \, dx = \left[\frac{A}{h^2} \frac{x^3}{3} \right]_0^h = \frac{Ah}{3}$$

(2) 楕円 $\dfrac{x^2}{a^2} + \dfrac{y^2}{b^2} = 1 \; (a > 0, b > 0)$ を x 軸の周りに回転させた物体の体積は

$$V = \pi \int_{-a}^a y^2 \, dx = 2\pi \int_0^a \left(b^2 - \frac{b^2}{a^2} x^2 \right) dx = 2\pi \left[b^2 x - \frac{b^2}{a^2} \frac{x^3}{3} \right]_0^a = \frac{4}{3} \pi a b^2$$

特に $a = b$ の時、半径 a の球の体積の公式 $V = \dfrac{4}{3} a^3$ が得られる。

(3) 円 $x^2 + (y - b)^2 = a^2 \; (0 < a < b)$ を x 軸の周りに回転させた物体 (トーラス) の体積は

$$\begin{aligned}
V - V' &= \pi \int_{-a}^a \left(b + \sqrt{a^2 - x^2} \right)^2 dx - \pi \int_{-a}^a \left(b - \sqrt{a^2 - x^2} \right)^2 dx \\
&= 2\pi \int_0^a 4b \sqrt{a^2 - x^2} \, dx \\
&= 8\pi b \left[\frac{1}{2} \left(x \sqrt{a^2 - x^2} + a^2 \operatorname{Sin}^{-1} \frac{x}{a} \right) \right]_0^a = 2\pi^2 a^2 b
\end{aligned}$$

問題 6.9 次の物体の体積を求めよ。

(1) 直線 $y = x$ を $1 \leq x \leq 2$ の範囲で x 軸の周りに 1 回転させた物体

(2) $y^2 = 4px \; (p > 0)$ を $0 \leq x \leq a$ の範囲で x 軸の周りに 1 回転させた物体

(3) サイクロイドを $0 \leq \theta \leq 2\pi$ の範囲で x 軸の周りに 1 回転させた物体

ヒント

$x = a(\theta - \sin \theta)$ より、x の範囲は $0 \leq x \leq 2\pi a$ であり、$0 \leq x \leq \pi a$ の範囲の体積の 2 倍になる。よって $\pi \int_0^{2\pi a} y^2 \, dx = 2\pi \int_0^{\pi a} y^2 \, dx$ を計算すればよい。この積分は、$y^2 = a^2 (1 - \cos \theta)^2$ と $\frac{dx}{d\theta}$ の式から $\theta \; (0 \leq \theta \leq \pi)$ の積分に置換積分出来る。最後の積分は、$1 - \cos \theta = 2 \sin^2 \dfrac{\theta}{2}$ と (6.4.2) から計算される。

(4) アステロイド $x^{\frac{2}{3}} + y^{\frac{2}{3}} = a^{\frac{2}{3}}$ を x 軸の周りに 1 回転させて出来る物体

ヒント

$y^2 = \left(a^{\frac{2}{3}} - x^{\frac{2}{3}} \right)^3$ である。

テスト 20

問 1. 極座標表示で、曲線 $r = a(1+\cos\theta)$ により囲まれた図形の面積を求める。

$$2\frac{1}{\boxed{A}}\int_0^\pi a^2(1+\cos\theta)^{\boxed{B}}\,d\theta = \boxed{C}a^2\int_0^\pi \cos^{\boxed{D}}\frac{\theta}{2}\,d\theta$$
$$= \boxed{E}a^2\int_0^{\frac{\pi}{2}}\cos^{\boxed{D}} t\,dt$$
$$= \frac{\boxed{F}}{\boxed{G}}a^2\pi$$

問 2 アステロイド $\begin{cases} x = a\sin^3\theta \\ y = a\cos^3\theta \end{cases}$ の長さを求める。

$$\frac{dx}{d\theta} = \boxed{A}a\sin^{\boxed{B}}\theta\cos^{\boxed{C}}\theta \qquad \frac{dy}{d\theta} = -\boxed{D}a\sin^{\boxed{E}}\theta\cos^{\boxed{F}}\theta$$

よって、長さは

$$4\int_0^{\frac{\pi}{2}}\boxed{G}a\sin^{\boxed{H}}\theta\cos^{\boxed{I}}\theta\,d\theta = \boxed{J}a\int_0^{\frac{\pi}{2}}\sin\left(\boxed{K}\theta\right)d\theta$$
$$= \boxed{L}a$$

第 7 章

偏微分法

7.1 偏導関数

7.1.1 2 変数関数

これから多変数関数の微積分を解説する。主に 2 変数の場合を論ずるが、大部分の結果は多変数の場合に容易に拡張される。極限などの基本的な定義は 1 変数の場合にならって定義される。以下の距離などの定義は、3.4.2 節の再掲である。

2 変数関数 $z = f(x,y)$ の定義域は xy 平面 $\mathbf{R}^2$ 上にある。xy 平面 $\mathbf{R}^2$ 上の 2 点 $P_1(x_1,y_1)$, $P_2(x_2,y_2)$ の間の**距離**は

$$(7.1.1) \qquad |P_1P_2| = \sqrt{(x_2-x_1)^2 + (y_2-y_1)^2}$$

により与えられる。

定義 7.1 ある実数 $\epsilon > 0$ に対し、点の集合 $U_\epsilon = \{Q | |PQ| < \epsilon\}$ を点 P の ϵ **近傍**と呼び、ある ϵ 近傍を含む部分集合を点 P の**近傍**と呼ぶ。$\mathbf{R}^2$ の部分集合 D の点 P は、その近傍で D に含まれるものがあるならば、D の**内点**と呼ばれる。D の要素が全て内点になる時 D を**開集合**と呼ぶ。D の補集合が開集合の時、D は**閉集合**と呼ばれる。D の補集合の内点を D の**外点**と呼ぶ。内点でも外点でもない点を**境界点**と呼び、境界点全ての集合を**境界**と呼ぶ。

開集合 D の任意の 2 点が連続な曲線で結ばれる時、**領域**と呼ぶ。領域に境界を全て付け加えた集合は**閉領域**と呼ばれる。

平面座標の原点を $O(0,0)$ とする。平面上の点の集合 D は、適当な実数 $K > 0$ があって、全ての点 $P(x,y) \in D$ に対し、$|OP| = \sqrt{x^2+y^2} < K$ となるならば、**有界**という。

定義 7.2 (1) 平面上の点列 $\{P_n\}$ がある点 P に**収束**するとは、

$$\forall \epsilon > 0, \exists N; n > N \Rightarrow |PP_n| < \epsilon$$

になる事である。記号で $\lim_{n\to\infty} P_n = P$ または $P_n \to P$ と書く。

(2) 2変数関数 $z = f(x,y) : U \to \mathbf{R}$ はある点 A の近傍 U で定義されているとする。ある実数 a があり、

$$\forall \epsilon > 0, \exists \delta > 0;\ |AP| < \delta \Rightarrow |f(P) - a| < \epsilon$$

となる時、$\lim_{P\to A} f(P) = a$ と書き、a を **2変数関数の極限値** と言い、$f(P)$ は a に **収束** すると言う。この定義では、P が A にどの方向から近づいても $f(P)$ が同じ値 a に近づく事を意味する。

(3) 2変数関数 $z = f(x,y)$ は、点 A で $\lim_{P\to A} f(P) = f(A)$ となる時、点 A で **連続** と言う。

注 関数 $z = \begin{cases} \frac{x^2}{x^2+y^2} & (x,y) \neq (0,0) \\ 0 & (x,y) = (0,0) \end{cases}$ は、点 P を x 軸 ($y = 0$) に沿って原点 $(0,0)$ に近づけると極限値は 1 になり、y 軸 ($x = 0$) に沿って近づけると 0 になるから、原点で連続ではない。

7.1.2 偏導関数

空間の座標を (x, y, z) とする。2変数関数 $z = f(x, y)$ が与えられた時、点 $(x, y, f(x, y))$ の集合が、関数のグラフである。関数 $z = f(x, y)$ が連続ならば曲面を表す。1変数の場合の曲線の接線に相当するのは接平面である。点 P を含み y 軸に垂直な平面 (xz 平面に平行) で、この曲面を切ると、切り口は曲線になる。その曲線の点 P での接線を x **方向の接線** と呼ぶ。同様に、点 P を含む、x 軸に垂直な平面 (yz 平面に平行) で、この曲面を切った曲線の点 P での接線を y **方向の接線** と呼ぶ。接平面は、この二つの接線により決まる平面である。

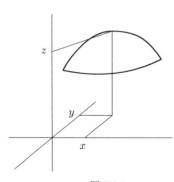
図 7.1.1

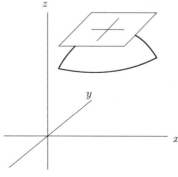
図 7.1.2

x 方向の接線の傾きは、y を一定にした関数 $z = f(x,y)$ を x の関数とみなして微分した微分係数になる。同様に、y 方向の接線の傾きは、x を一定にした関数を y で微分した微分係数である。これらを**偏微分係数**と呼び、x,y の関数とみなして偏導関数と呼ぶ。

定義 7.3 関数 $z = f(x,y)$ で変数 y を一定にした次の極限値が存在するならば $\boldsymbol{x}$ に関する**偏導関数**と言う。

$$\frac{\partial z}{\partial x} = \lim_{h \to 0} \frac{f(x+h, y) - f(x,y)}{h}$$

また、変数 x を一定にした次の極限値が存在するならば $\boldsymbol{y}$ に関する**偏導関数**と言う。

$$\frac{\partial z}{\partial y} = \lim_{h \to 0} \frac{f(x, y+h) - f(x,y)}{h}$$

偏導関数 $\dfrac{\partial z}{\partial x}, \dfrac{\partial z}{\partial y}$ が共に存在する時 $z = f(x,y)$ は**偏微分可能**であると言う。また偏導関数を求める事をそれぞれ $\boldsymbol{x}$ で**偏微分する**、$\boldsymbol{y}$ で**偏微分する**と言う。偏導関数を表す記号には次のものがある。

$$\frac{\partial f(x,y)}{\partial x}, \quad \frac{\partial f(x,y)}{\partial y}, \quad z_x, \quad z_y, \quad f_x, \quad f_y, \quad \partial_x f, \quad \partial_y f$$

偏微分した関数をさらに偏微分した関数を**第 2 次偏導関数**と呼び、偏微分する変数の順序により次の 4 種類がある。

$$\frac{\partial^2 f}{\partial x^2} = f_{xx}, \quad \frac{\partial}{\partial y} f_x = \frac{\partial^2 f}{\partial y \partial x} = f_{xy}, \quad \frac{\partial}{\partial x} f_y = \frac{\partial^2 f}{\partial x \partial y} = f_{yx}, \quad \frac{\partial^2 f}{\partial y^2} = f_{yy}$$

同様に**第 $\boldsymbol{n}$ 次導関数**は n 回の偏微分により定義され、偏微分する変数の順番により、次のような記号が使われる。

$$\frac{\partial^7 f}{\partial y \partial^2 x \partial^3 y \partial x} = f_{xyyyxxy}$$

偏微分は微分であるから、1 変数の微分の性質と公式はそのまま成り立つ。実際に偏微分する時は、微分しない変数を定数とみなして微分する。

例題 7.1 次の関数の第 2 次までの偏導関数を全て求めよ。
(1) $z = x^4 - 2x^3y^2 + 4xy^3 - 5y^4$ (2) $z = \dfrac{x}{y}$ (3) $f = e^{x^2 y}$ (4) $f = \sin(x + y^2)$

(解答) (1) $\dfrac{\partial z}{\partial x} = \partial_x(x^4) - 2\partial_x(x^3)y^2 + 4\partial_x(x)y^3 - \partial_x(5y^4) = 4x^3 - 6x^2y^2 + 4y^3$

$\dfrac{\partial z}{\partial y} = \partial_y(x^4) - 2x^3\partial_y(y^2) + 4x\partial_y(y^3) - 5\partial_y(y^4) = -4x^3y + 12xy^2 - 20y^3$

$\dfrac{\partial^2 z}{\partial x^2} = \partial_x(4x^3 - 6x^2y^2 + 4y^3) = 4\partial(x^3) - 6\partial(x^2)y^2 + \partial_x(4y^3) = 12x^2 - 12xy^2$

$$\frac{\partial^2 z}{\partial y \partial x} = \partial_y(4x^3 - 6x^2y^2 + 4y^3) = -12x^2y + 12y^2$$
$$\frac{\partial^2 z}{\partial x \partial y} = \partial_x(-4x^3y + 12xy^2 - 20y^3) = -12x^2y + 12y^2$$
$$\frac{\partial^2 z}{\partial y^2} = \partial_y(-4x^3y + 12xy^2 - 20y^3) = -4x^3 + 24xy - 60y^2$$

(2) $z_x = \dfrac{1}{y}\partial_x(x) = \dfrac{1}{y}, \quad z_y = x\partial_y\left(\dfrac{1}{y}\right) = -\dfrac{x}{y^2}$

$z_{xx} = \partial_x\left(\dfrac{1}{y}\right) = 0, \quad z_{xy} = \partial_y\left(\dfrac{1}{y}\right) = -\dfrac{1}{y^2}$

$z_{yx} = \partial_x\left(-\dfrac{x}{y^2}\right) = -\dfrac{1}{y^2}, \quad z_{yy} = \partial_y\left(-\dfrac{x}{y^2}\right) = \dfrac{2x}{y^3}$

(3) $\dfrac{\partial f}{\partial x} = e^{x^2y}\partial_x(x^2y) = 2xye^{x^2y}, \quad \dfrac{\partial f}{\partial y} = e^{x^2y}\partial_y(x^2y) = x^2e^{x^2y}$

$$\frac{\partial^2 f}{\partial x^2} = \partial_x(2xye^{x^2y}) = \partial_x(2xy)e^{x^2y} + 2xy\partial_x(e^{x^2y}) = (2y + 4x^2y^2)e^{x^2y}$$
$$\frac{\partial^2 f}{\partial y \partial x} = \partial_y(2xye^{x^2y}) = \partial_y(2xy)e^{x^2y} + 2xy\partial_y(e^{x^2y}) = (2x + 2x^3y)e^{x^2y}$$
$$\frac{\partial^2 f}{\partial x \partial y} = \partial_x(x^2e^{x^2y}) = \partial_x(x^2)e^{x^2y} + x^2\partial_x(e^{x^2y}) = (2x + 2x^3y)e^{x^2y}$$
$$\frac{\partial^2 f}{\partial y^2} = \partial_y(x^2e^{x^2y}) = x^2\partial_y(e^{x^2y}) = x^4e^{x^2y}$$

(4) $f_x = \cos(x+y^2)\cdot\partial_x(x+y^2) = \cos(x+y^2)$

$f_y = \cos(x+y^2)\cdot\partial_y(x+y^2) = 2y\cos(x+y^2)$

$f_{xx} = \partial_x\{cos(x+y^2)\} = -\sin(x+y^2)\cdot\partial_x(x+y^2) = -\sin(x+y^2)$

$f_{xy} = \partial_y\{\cos(x+y^2)\} = -\sin(x+y^2)\cdot\partial_y(x+y^2) = -2y\sin(x+y^2)$

$f_{yx} = 2y\partial_x\{\cos(x+y^2)\} = -2y\sin(x+y^2)\cdot\partial_x(x+y^2) = -2y\sin(x+y^2)$

$f_{yy} = \partial_y\{2y\cos(x+y^2)\} = \partial_y(2y)\cos(x+y^2) + 2y\partial_y\{\cos(x+y^2)\}$
$\qquad = 2\cos(x+y^2) - 4y^2\sin(x+y^2)$

上の例題の答えを見ると、全て $f_{xy} = f_{yx}$ になっている。多くの場合にこれは成り立つので、普通の場合は微分する順番にこだわらなくともよい。

定理 7.1 関数 $z = f(x,y)$ について、f_{xy}, f_{yx} が共に連続関数であるならば

$$f_{xy}(x,y) = f_{yx}(x,y)$$

(証明) $F = f(x+h, y+k) - f(x, y+k) - f(x+h, y) + f(x,y)$ とすると、

$$\begin{aligned}
f_{xy} &= \lim_{k\to 0} \frac{f_x(x,y+k) - f_x(x,y)}{k} \\
&= \lim_{k\to 0} \frac{1}{k}\left(\lim_{h\to 0} \frac{f(x+h,y+k) - f(x,y+k)}{h} - \lim_{h\to 0} \frac{f(x+h,y) - f(x,y)}{h}\right) \\
&= \lim_{k\to 0}\lim_{h\to 0} \frac{F}{hk}
\end{aligned}$$

$$\begin{aligned}
f_{yx} &= \lim_{h\to 0} \frac{f_y(x+h,y) - f_y(x,y)}{h} \\
&= \lim_{h\to 0} \frac{1}{h}\left(\lim_{k\to 0} \frac{f(x+h,y+k) - f(x+h,y)}{k} - \lim_{k\to 0} \frac{f(x,y+k) - f(x,y)}{k}\right) \\
&= \lim_{h\to 0}\lim_{k\to 0} \frac{F}{hk}
\end{aligned}$$

次に $\varphi(x,y) = f(x+h,y) - f(x,y)$, $\phi(x,y) = f(x,y+k) - f(x,y)$ と置くと、平均値の定理 5.11 によって、$0 < \theta_1, \theta_2, \theta_3, \theta_4 < 1$ があって、

$$\begin{aligned}
F &= \varphi(x, y+k) - \varphi(x,y) = k\varphi_y(x, y+\theta_1 k) \\
&= \phi(x+h, y) - \phi(x,y) = h\phi_x(x+\theta_2 h, y) \\
\varphi_y(x, y+\theta_1 k) &= f_y(x+h, y+\theta_1 k) - f_y(x, y+\theta_1 k) = hf_{yx}(x+\theta_3 h, y+\theta_1 k) \\
\phi_x(x+\theta_2 h, y) &= f_x(x+\theta_2 h, y+k) - f_x(x+\theta_2 h, y) = kf_{xy}(x+\theta_2 h, y+\theta_4 k) \\
\frac{F}{hk} &= f_{yx}(x+\theta_3 h, y+\theta_1 k) = f_{xy}(x+\theta_2 h, y+\theta_4 k)
\end{aligned}$$

f_{yx}, f_{xy} は連続であるから、$h \to 0$, $k \to 0$ より $f_{yx} = f_{xy}$ である。 □

いつも $f_{xy} = f_{yx}$ とは限らない。次の例はペアノによる。

$$f(x,y) = \begin{cases} \frac{xy(x^2-y^2)}{x^2+y^2} & (x,y) \neq (0,0) \\ 0 & (x,y) = (0,0) \end{cases}$$

すると、$(x,y) = (0,0)$ で $F = \dfrac{hk(h^2-k^2)}{h^2+k^2}$ であるから、

$$\begin{aligned}
f_{xy}(0,0) &= \lim_{k\to 0}\lim_{h\to 0} \frac{F}{hk} = \lim_{k\to 0}\lim_{h\to 0} \frac{(h^2-k^2)}{h^2+k^2} = \lim_{k\to 0} -\frac{k^2}{k^2} = -1 \\
f_{yx}(0,0) &= \lim_{h\to 0}\lim_{k\to 0} \frac{F}{hk} = \lim_{h\to 0}\lim_{k\to 0} \frac{(h^2-k^2)}{h^2+k^2} = \lim_{h\to 0} \frac{h^2}{h^2} = 1
\end{aligned}$$

レポート 9

次の関数の第 2 次までの偏導関数を全て求めよ．

(1) $z = 2x^3 - 4x^2y^3 + 3xy^4 - 2y^5$　　(2) $z = \sqrt{x^2 + xy}$　　(3) $z = \log(x^2 + y^2)$

(4) $f = x^y$　　(5) $f = \mathrm{Tan}^{-1}\dfrac{x}{y}$　　(6) $f = e^{(2x+3y)}$

テスト 21

問 1．　次の関数の 2 次までの偏微分を計算せよ．

(1) $z = x^3 + x^2y + 2xy^2 + y^3$

$$z_x = \boxed{A}x^2 + \boxed{B}xy + \boxed{C}y^2, \qquad z_y = \boxed{D}x^2 + \boxed{E}xy + \boxed{F}y^2$$

$$z_{xx} = \boxed{G}x + \boxed{H}y \qquad\qquad z_{xy} = \boxed{I}x + \boxed{J}y$$

$$z_{yx} = \boxed{K}x + \boxed{L}y \qquad\qquad z_{yy} = \boxed{M}x + \boxed{N}y$$

(2) $z = e^{3x}\sin y^2$

$$\frac{\partial z}{\partial x} = \boxed{A}e^{3x}\sin y^2, \qquad \frac{\partial z}{\partial y} = \boxed{B}ye^{3x}\cos y^2$$

$$\frac{\partial^2 z}{\partial x^2} = \boxed{C}e^{3x}\sin y^2 \qquad \frac{\partial^2 z}{\partial y\partial x} = \boxed{D}ye^{3x}\cos y^2$$

$$\frac{\partial^2 z}{\partial x\partial y} = \boxed{E}ye^{3x}\cos y^2 \qquad \frac{\partial^2 z}{\partial y^2} = \boxed{F}e^{3x}\cos y^2 - \boxed{G}y^2 e^{3x}\sin y^2$$

(3) $z = \mathrm{Sin}^{-1}\dfrac{y}{x}$

$$z_x = -\frac{\boxed{A}}{x\sqrt{x^2-y^2}}, \qquad z_y = \frac{\boxed{B}}{\sqrt{x^2-y^2}}$$

$$z_{xx} = \frac{2\boxed{C}y - \boxed{D}}{x^2\sqrt{x^2-y^2}^3} \qquad z_{xy} = -\frac{\boxed{E}}{\sqrt{x^2-y^2}^3}$$

$$z_{yx} = -\frac{\boxed{F}}{\sqrt{x^2-y^2}^3} \qquad z_{yy} = \frac{\boxed{G}}{\sqrt{x^2-y^2}^3}$$

7.2 平均値の定理と合成関数の微分

7.2.1 平均値の定理

関数 $z = f(x,y)$ が点 $A(a,b)$ を含む領域 D で定義されているとする。D の点を $P(a+h, b+k)$ とし、z の増分を $\Delta z = f(a+h, b+k) - f(a,b)$ とする。偏微分係数が x および y 方向の接線の傾きである事から、増分は次のように近似される。

(7.2.1) $$\Delta z = f(a+h, b+k) - f(a,b) = hf_x(a,b) + kf_y(a,b) + \epsilon$$

この Δz について次の平均値の定理が成り立つ。

定理 7.2（2 変数の平均値の定理） 関数 $z = f(x,y)$ が点 $A(a,b)$ を含む領域 D で偏微分可能ならば

$$\Delta z = f(a+h, b+k) - f(a,b) = hf_x(a+\theta h, b+k) + kf_y(a, b+\theta k)$$

となる $0 < \theta < 1$ が存在する。ただし、線分 $(a+ht, b+k), (a, b+kt)$ $(0 \leq t \leq 1)$ は D に含まれるとする。

(証明) $F(t) = f(a+ht, b+k) + f(a, b+kt)$ とすると、1 変数の合成関数の微分から

$$F'(t) = hf_x(a+ht, b+k) + kf_y(a, b+kt)$$

また、$F(1) = f(a+h, b+k) + f(a, b+k)$, $F(0) = f(a, b+k) + f(a,b)$ であるから、平均値の定理 5.11 より、$0 < \theta < 1$ があり

$$\Delta z = F(1) - F(0) = F'(\theta)$$

これは定理を意味する。 □

定義 7.4 近似式 (7.2.1) で $\rho = \sqrt{h^2 + k^2}$ に対し、

(7.2.2) $$\lim_{\rho \to 0} \frac{\epsilon}{\rho} = 0$$

になる時、$z = f(x,y)$ は点 $A(a,b)$ で**全微分可能**と言う。D の全ての点で全微分可能ならば D で全微分可能と言う。この時、形式的に

$$df = f_x dx + f_y dy$$

と書き、これを f の**全微分**と呼ぶ。

定理 7.3 近傍 U で偏導関数 $f_x(x,y)$, $f_y(x,y)$ が連続ならば、関数 $z = f(x,y)$ は全微分可能である。

(証明) $\epsilon_1 = f_x(a+\theta h, b+k) - f_x(a,b)$, $\epsilon_2 = f_y(a, b+\theta h) - f_y(a,b)$ と置くと、平均値の定理 7.2 から

$$\Delta z = h f_x(a,b) + h\epsilon_1 + k f_y(a,b) + k\epsilon_2$$

近似式 (7.2.1) と比べて、$\epsilon = h\epsilon_1 + k\epsilon_2$ である。f_x, f_y は連続であるから、$\rho = \sqrt{h^2 + k^2} \to 0$ ならば、$\epsilon_1 \to 0$, $\epsilon_2 \to 0$ となる。以上から

$$\lim_{\rho \to 0} \left|\frac{\epsilon}{\rho}\right| \leq \lim_{\rho \to 0} \left(\left|\frac{h}{\sqrt{h^2+k^2}}\right| |\epsilon_1| + \left|\frac{k}{\sqrt{h^2+k^2}}\right| |\epsilon_2|\right) \leq \lim_{\rho \to 0}(|\epsilon_1| + |\epsilon_2|) = 0$$

よって、全微分可能である。 □

注 $z = f(x,y)$ が偏微分可能であっても全微分可能とは限らない。

例えば、$f(x,y) = \sqrt{|xy|}$ を考える。$f(x,0) = 0$ であるから $f_x(x,0) = 0$ となり、$f_x(0,0) = 0$ である。同様に $f_y(0,0) = 0$ である。だが、$x \neq 0$ ならば、$f_x(x,y) = \dfrac{\sqrt{|y|}}{2\sqrt{|x|}}$ であるから、$f_x(x,x) = \dfrac{1}{2}$ $(x \neq 0)$ となる。$x \to 0$ を考えれば、f_x は、原点 $(0,0)$ で不連続である。同様に、f_y も原点で不連続である。つまり、定理 7.3 の条件を満たしていない。

その時、(7.2.1) より、$\epsilon = f(h,k) - f(0,0) - h f_x(0,0) - k f_y(0,0) = \sqrt{|hk|}$ であるから、$\lim\limits_{\rho \to 0} \dfrac{\epsilon}{\rho} = \lim\limits_{\rho \to 0} \dfrac{\sqrt{|hk|}}{\sqrt{h^2+k^2}}$ である。そこで、直線 $k = ah$ に沿って $(0,0)$ に近づけると

$$\lim_{\rho \to 0} \frac{\epsilon}{\rho} = \lim_{h \to 0} \sqrt{\frac{|ah^2|}{h^2 + a^2 h^2}} = \sqrt{\frac{|a|}{1+a^2}}$$

となり、一定の極限値がない。したがって、全微分可能ではない。

7.2.2 合成関数の微分

全微分の直接の応用は 2 変数の合成関数の微分である。

定理 7.4 関数 $z = f(x,y)$ が全微分可能で、$x = \varphi(t)$, $y = \phi(t)$ が共に微分可能ならば、

$$\frac{df(\varphi(t), \phi(t))}{dt} = f_x(\varphi(t), \phi(t)) \frac{d\varphi(t)}{dt} + f_y(\varphi(t), \phi(t)) \frac{d\phi(t)}{dt}$$

これを略して、次のように書く。

$$\frac{df}{dt} = f_x \frac{dx}{dt} + f_y \frac{dy}{dt}$$

(証明) $\Delta x = \varphi(t+\Delta t) - \varphi(t)$, $\Delta y = \phi(t+\Delta t) - \phi(t)$ と置くと近似式 (7.2.1) から

$$\frac{f(x+\Delta x, y+\Delta y) - f(x,y)}{\Delta t} = \frac{f_x \Delta x + f_y \Delta y + \epsilon}{\Delta t} = f_x \frac{\Delta x}{\Delta t} + f_y \frac{\Delta y}{\Delta t} + \frac{\epsilon}{\Delta t}$$

$\lim_{\Delta t \to 0} \frac{\Delta x}{\Delta t} = \varphi'(t)$, $\lim_{\Delta t \to 0} \frac{\Delta y}{\Delta t} = \phi'(t)$ であるから、$\rho = \sqrt{\Delta x^2 + \Delta y^2}$ より

$$\lim_{\Delta t \to 0} \left|\frac{\epsilon}{\Delta t}\right| = \lim_{\Delta t \to 0} \left|\frac{\epsilon}{\rho} \frac{\rho}{\Delta t}\right| = \lim_{\Delta t \to 0} \left|\frac{\epsilon}{\rho}\right| \sqrt{\left|\frac{\Delta x}{\Delta t}\right|^2 + \left|\frac{\Delta y}{\Delta t}\right|^2} = 0 \cdot \sqrt{(\varphi'(t))^2 + (\phi'(t))^2} = 0$$

よって、定理は成り立つ。 □

例題 7.2 関数 $f(x,y) = \log|x^2 + 3y|$ について、$f_x = \dfrac{2x}{x^2+3y}$, $f_y = \dfrac{3}{x^2+3y}$

$x = \sin t$, $y = e^t$ として、$\dfrac{dx}{dt} = \cos t$, $\dfrac{dy}{dt} = e^t$ であり、合成関数の微分の公式から

$$\frac{df}{dt} = \left(\log|\sin^2 t + 3e^t|\right)' = f_x \frac{dx}{dt} + f_y \frac{dy}{dt} = \frac{2x\cos t + 3e^t}{x^2 + 3y} = \frac{2\sin t \cos t + 3e^t}{\sin^2 t + 3e^t}$$

合成関数の微分は、変数変換に応用される。

定理 7.5 関数 $z = f(x,y)$ が全微分可能であり、$x = \varphi(t,s)$, $y = \phi(t,s)$ も共に全微分可能であるならば、合成関数 $z = f(\varphi(t,s), \phi(t,s))$ も全微分可能であり、

$$\frac{\partial f}{\partial t} = f_x \frac{\partial x}{\partial t} + f_y \frac{\partial y}{\partial t}$$
$$\frac{\partial f}{\partial s} = f_x \frac{\partial x}{\partial s} + f_y \frac{\partial y}{\partial s}$$

注 合成関数の微分の公式を多変数の場合に拡張する。$\mathbf{R}^m$ 上での n 個の関数 $x_i = \varphi_i(t_1, t_2, \cdots, t_m) : \mathbf{R}^m \to \mathbf{R}$ を考える。$x = (x_1, x_2, \cdots, x_n)$, $t = (t_1, t_2, \cdots, t_m)$ とすると、これらは変数変換の関数

$$x = \varphi(t) = (\varphi_1(t), \varphi_2(t), \cdots, \varphi_n(t)) : \mathbf{R}^m \to \mathbf{R}^n$$

を定義する。φ のヤコブ行列 J_φ とは、次の行列である。

(7.2.3) $$J_\varphi = \frac{\partial(x_1, \cdots, x_n)}{\partial(t_1, \cdots, t_m)} = \begin{pmatrix} \frac{\partial \varphi_1}{\partial t_1} & \frac{\partial \varphi_1}{\partial t_2} & \cdots & \frac{\partial \varphi_1}{\partial t_m} \\ \frac{\partial \varphi_2}{\partial t_1} & \frac{\partial \varphi_2}{\partial t_2} & \cdots & \frac{\partial \varphi_2}{\partial t_m} \\ & \cdots & \cdots & \\ \frac{\partial \varphi_n}{\partial t_1} & \frac{\partial \varphi_n}{\partial t_2} & \cdots & \frac{\partial \varphi_n}{\partial t_m} \end{pmatrix}$$

多変数関数 $z = f(x_1, x_2, \cdots, x_n) : \mathbf{R}^n \to \mathbf{R}$ を上の φ を使って変数変換すると、
$$z = f(\varphi_1(t_1, t_2, \cdots, t_m), \varphi_2(t_1, t_2, \cdots, t_m), \cdots, \varphi_n(t_1, t_2, \cdots, t_m)) : \mathbf{R}^m \to \mathbf{R}^n \to \mathbf{R}$$
となる。合成関数の偏微分の公式は、ベクトルと行列の積を使って次の形になる。
$$(f_{t_1}, f_{t_2}, \cdots, f_{t_m}) = (f_{x_1}, f_{x_2}, \cdots, f_{x_n}) \frac{\partial(x_1, \cdots, x_n)}{\partial(t_1, \cdots, t_n)}$$
より一般的には、多変数関数の組 $x = g(t) : \mathbf{R}^m \to \mathbf{R}^n$, $y = f(x) : \mathbf{R}^n \to \mathbf{R}^\ell$ に対して、合成関数は $y = f \circ g(t) = f(g(t)) : \mathbf{R}^m \to \mathbf{R}^n \to \mathbf{R}^\ell$ であり、その場合の合成関数の偏微分の公式は、行列の積を使うと、次の形になる。

(7.2.4)
$$\frac{\partial((f \circ g)_1, \cdots, (f \circ g)_\ell)}{\partial(t_1, \cdots, t_m)} = \frac{\partial(f_1, \cdots, f_\ell)}{\partial(x_1, \cdots, x_n)} \frac{\partial(g_1, \cdots, g_n)}{\partial(t_1, \cdots, t_m)}$$
$$= \frac{\partial(y_1, \cdots, y_\ell)}{\partial(x_1, \cdots, x_n)} \frac{\partial(x_1, \cdots, x_n)}{\partial(t_1, \cdots, t_m)}$$

$n = m$ の時、ヤコブ行列は正方行列になり、その行列式 $|J_\varphi|$ を**ヤコブ行列式**または**ヤコビアン**と呼ぶ。置換積分で $dx = \dfrac{dx}{dt} dt$ となり微分が現れるように、重積分で変数を置換すると $dx_1 \cdots dx_n = \left| \dfrac{\partial(x_1, \cdots, x_n)}{\partial(t_1, \cdots, t_n)} \right| dt_1 \cdots dt_n$ のようにヤコビアンが現れる。それで、座標変換した時の微小体積の変化率がヤコビアンである。さらに、行列式が 0 でないならば、逆行列があり全単射になる。これを使って、次を得る。

定理 7.6 $f = (f_1, \cdots, f_n) : \mathbf{R}^n \to \mathbf{R}^n$ が偏微分可能で、偏導関数が連続とする。ある点 $p \in \mathbf{R}^n$ で $\left| \dfrac{\partial(f_1, \cdots, f_n)}{\partial(x_1, \cdots, x_n)} \right| \neq 0$ ならば、p の近傍 U と $f(p)$ の近傍 V があって、$f : U \to V$ は全単射になる。

7.2.3 陰関数

2 つの変数 x, y が関係 $F(x, y) = 0$ により結び付けられている時、y を x の**陰関数**と呼ぶ。陰関数については次の定理が基本的である。

定理 7.7（陰関数定理） 関数 $z = F(x, y)$ が領域 D で各変数について連続であり、点 $(a, b) \in D$ で $F(a, b) = 0$ とする。$F_y(a, b)$ が存在し、$F_y(a, b) \neq 0$ ならば、a の近傍 $(a - \delta, a + \delta)$ で関数 $y = f(x)$ があり、次の式が成り立つ。

(7.2.5) $$F(x, f(x)) = 0, \quad b = f(a)$$

さらに、$z = F(x,y)$ が 2 変数関数として連続であり、y について強い意味で単調ならば、上の式を満たす $y = f(x)$ はただ一つであり、a の近傍で連続である。さらに点 (a,b) で全微分可能ならば、$f(x)$ は微分可能で

(7.2.6) $$f'(a) = -\frac{F_x(a,b)}{F_y(a,b)}$$

注 F_x, F_y があり、それらが連続ならば、定理 7.3 から全微分可能になる。さらに、$F(a,b) = 0$, $F_y(a,b) \neq 0$ ならば、上の条件は全て満たされ、$y = f(x)$, $y' = f'(x)$ があり上の 2 つの式は成り立つ。

問題 7.1 上の定理を証明せよ。

$y = f(x)$ の 2 階導関数を求めるには、$y' = f'(x) = -\dfrac{F_x}{F_y}$ を x について微分する。合成関数の微分 (定理 7.4) から、

$$\frac{dF_x}{dx} = F_{xx}\frac{dx}{dx} + F_{xy}\frac{dy}{dx} = F_{xx} - F_{xy}\frac{F_x}{F_y}, \quad \frac{dF_y}{dx} = F_{yx} + F_{yy}\frac{dy}{dx} = F_{yx} - F_{yy}\frac{F_x}{F_y}$$

であるから、

(7.2.7) $$f''(x) = -\frac{\frac{dF_x}{dx}F_y - F_x\frac{dF_y}{dx}}{(F_y)^2}$$
$$= -\frac{\left(F_{xx} - F_{xy}\frac{F_x}{F_y}\right)F_y - F_x\left(F_{yx} - F_{yy}\frac{F_x}{F_y}\right)}{(F_y)^2}$$
$$= -\frac{F_{xx}F_y^2 - 2F_{xy}F_xF_y + F_{yy}F_x^2}{(F_y)^3}$$

実際の計算では、$F(x,y) = 0$ を合成関数の微分により x について両辺微分して $F_x + F_yy' = 0$ を求め、それから、(7.2.6) を得る。y'' も、$F_x + F_yy' = 0$ を両辺 x について微分することで得る。

例題 7.3 $x^2 + 2xy + 3y^2 = 1$ で表される関数 $y = f(x)$ について $f'(x), f''(x)$ を求めよ。

(解答) 両辺を x で 2 回微分して

$$2x + 2y + 2xy' + 6yy' = 0$$
$$2 + 2y' + 2y' + 2xy'' + 6(y')^2 + 6yy'' = 0$$

よって

$$y' = -\frac{x+y}{x+3y}$$

$$y'' = -\frac{1+2y'+3(y')^2}{x+3y} = -\frac{1-2\frac{x+y}{x+3y}+3\frac{(x+y)^2}{(x+3y)^2}}{x+3y}$$

$$= -\frac{(x+3y)^2 - 2(x+y)(x+3y) + 3(x+y)^2}{(x+3y)^3} = -\frac{2(x^2+2xy+3y^2)}{(x+3y)^3}$$

$$= -\frac{2}{(x+3y)^3}$$

7.2.4 テイラー展開

関数 $z = f(x,y)$ に対し、記号 $D^i f$ を

$$D^0 f = f, \quad D^i f = \left(h\frac{\partial}{\partial x} + k\frac{\partial}{\partial y}\right)^i f = \sum_{j=0}^{i} {}_iC_j h^{i-j} k^j \frac{\partial^i f}{\partial x^{i-j}\partial y^j}$$

と定義する。

(7.2.8) $$D^1(D^i f) = D^{i+1} f$$

となる事が次のようにして示される。

$$D^1(D^i f) = \left(h\frac{\partial}{\partial x} + k\frac{\partial}{\partial y}\right) \sum_{j=0}^{i} {}_iC_j h^{i-j} k^j \frac{\partial^i f}{\partial x^{i-j}\partial y^j}$$

$$= \sum_{j=0}^{i} {}_iC_j h^{i-j+1} k^j \frac{\partial^{i+1} f}{\partial x^{i-j+1}\partial y^j} + \sum_{j=0}^{i} {}_iC_j h^{i-j} k^{j+1} \frac{\partial^{i+1} f}{\partial x^{i-j}\partial y^{j+1}}$$

$$= \sum_{j=0}^{i} {}_iC_j h^{i-j+1} k^j \frac{\partial^{i+1} f}{\partial x^{i-j+1}\partial y^j} + \sum_{j'=1}^{i+1} {}_iC_{j'-1} h^{i-j'+1} k^{j'} \frac{\partial^{i+1} f}{\partial x^{i-j'+1}\partial y^{j'}}$$

$$= h^{i+1}\frac{\partial^{i+1} f}{\partial x^{i+1}} + \sum_{j=1}^{i} ({}_iC_j + {}_iC_{j-1}) h^{i-j+1} k^j \frac{\partial^{i+1} f}{\partial x^{i-j+1}\partial y^j} + k^{i+1}\frac{\partial^{i+1} f}{\partial y^{i+1}}$$

$$= h^{i+1}\frac{\partial^{i+1} f}{\partial x^{i+1}} + \sum_{j=1}^{i} {}_{i+1}C_j h^{i-j+1} k^j \frac{\partial^{i+1} f}{\partial x^{i-j+1}\partial y^j} + k^{i+1}\frac{\partial^{i+1} f}{\partial y^{i+1}}$$

$$= \sum_{j=0}^{i+1} {}_{i+1}C_j h^{i-j+1} k^j \frac{\partial^{i+1} f}{\partial x^{i-j+1}\partial y^j} = D^{i+1} f$$

7.2 平均値の定理と合成関数の微分

定理 7.8（テイラー展開） 関数 $z = f(x, y)$ が点 (a, b) の近傍で連続な第 n 次偏導関数を持つならば、十分小さい h, k に対し

$$f(a+h, b+k) = \sum_{i=0}^{n-1} \frac{1}{i!} D^i f(a, b) + \frac{1}{n!} D^n f(a+\theta h, b+\theta k)$$

となる $0 < \theta < 1$ が存在する。

(証明) $F(t) = f(a+ht, b+kt)$ とすると、$|t| \leq 1$ で連続な第 n 次導関数を持つから、テイラーの定理 5.14 により

$$F(t) = \sum_{i=0}^{n-1} \frac{F^{(i)}(0)}{i!} t^i + \frac{F^{(n)}(\theta t)}{n!} t^n$$

となる $0 < \theta < 1$ がある。

一方、$F^{(i)}(t) = D^i f(a+ht, b+kt)$ となる事が、合成関数の微分と数学的帰納法により次のように示される。

$i = 0$ の時は定義から明らかである。

i の時成り立つならば、

$$\begin{aligned}
F^{(i+1)}(t) &= \frac{d}{dt} F^{(i)}(t) \\
&= \frac{\partial}{\partial x} D^i f(a+ht, b+kt) \cdot \frac{d(a+ht)}{dt} + \frac{\partial}{\partial y} D^i f(a+ht, b+kt) \cdot \frac{d(b+kt)}{dt} \\
&= h \frac{\partial}{\partial x} D^i f(a+ht, b+kt) + k \frac{\partial}{\partial y} D^i f(a+ht, b+kt) \\
&= D^1 D^i f(a+ht, b+kt) = D^{i+1} f(a+ht, b+kt)
\end{aligned}$$

より、$i+1$ でも成り立つ。

以上から、$t = 1$ での $F(t)$ のテイラー展開から定理は示される。 □

レポート 10

問 1. (1) f_x, f_y 及び $\dfrac{\partial x}{\partial u}$, $\dfrac{\partial y}{\partial u}$, $\dfrac{\partial x}{\partial v}$, $\dfrac{\partial y}{\partial v}$ を求め、合成関数の偏微分の公式により $\dfrac{\partial f}{\partial u}$, $\dfrac{\partial f}{\partial v}$ を計算せよ。

$$f = x^2 + y^2, \quad \begin{cases} x = e^{2u} \cos 3v \\ y = e^{2u} \sin 3v \end{cases}$$

(2) f_x, f_y 及び $\dfrac{\partial x}{\partial s}$, $\dfrac{\partial y}{\partial s}$, $\dfrac{\partial x}{\partial t}$, $\dfrac{\partial y}{\partial t}$ を求め、

合成関数の偏微分の公式により $\dfrac{\partial f}{\partial s}$, $\dfrac{\partial f}{\partial t}$ を計算せよ。

$$f = \dfrac{y}{x}, \quad \begin{cases} x = \sqrt[3]{s}\sqrt{t} \\ y = s\log t \end{cases}$$

問 2. 次の方程式で表される関数 $y = f(x)$ の導関数 $f'(x)$, $f''(x)$ を求めよ．

(1) $x^2 + 3xy + 2y^2 = 1$ (2) $xe^x + ye^y = 1$

テスト 22

問 1. (1) $f(x,y) = x^y$ $(x > 0,\ y > 0)$ として、$(x^n)' = nx^{n-1}$, $(a^y)' = a^y \log a$ から、
$f_x = \boxed{A}\,\boxed{B}^{\boxed{C}-1}$, $f_y = \boxed{D}\,\boxed{E} \log \boxed{F}$

さらに、$x = x$, $y = x$ として、合成関数の微分から、

$$\dfrac{d}{dx}x^x = f_{\boxed{G}}\dfrac{dx}{dx} + f_{\boxed{H}}\dfrac{d\boxed{I}}{dx} = \boxed{J}\,\boxed{K}(1 + \log \boxed{L})$$

(2) 極座標 $\begin{cases} x = r\cos\theta \\ y = r\sin\theta \end{cases}$ に対して、

$$\begin{cases} \dfrac{\partial x}{\partial \theta} = -r\,\boxed{A}\,\theta \\ \dfrac{\partial x}{\partial r} = \boxed{B}\,\theta \end{cases} \quad \begin{cases} \dfrac{\partial y}{\partial \theta} = r\,\boxed{C}\,\theta \\ \dfrac{\partial y}{\partial r} = \boxed{D}\,\theta \end{cases}$$

よって、関数 $z = f(x,y)$ を極座標変換した関数 $z = f(r\cos\theta, r\sin\theta)$ の偏微分は

$$\dfrac{\partial f}{\partial \theta} = -r\,\boxed{E}\,\theta f_x + r\,\boxed{F}\,\theta f_y$$
$$\dfrac{\partial f}{\partial r} = \boxed{G}\,\theta f_x + \boxed{H}\,\theta f_y$$

問 2. 陰関数 $x^2 + 2xy - y^2 = 1$ を x で微分すると、

$$2x + 2\boxed{A} + 2x\boxed{B} - 2y\boxed{C} = 0 \text{ であるから、}$$

1) $x + \boxed{A} + x\boxed{B} - y\boxed{C} = 0$

2) $\quad y' = \dfrac{y + \boxed{D}}{y - \boxed{E}}$

さらに、1) を x で微分すると、$1 + 2\boxed{F} + x\boxed{G} - (\boxed{H})^2 - \boxed{I} y'' = 0$
よって、
$$y'' = \dfrac{1 + 2\boxed{J} - (\boxed{K})^2}{y - \boxed{L}}$$

そこで、2) を代入して、
$$y'' = \dfrac{(y - \boxed{M})^2 + 2(\boxed{N} + x)(\boxed{O} - x) - (y + \boxed{P})^2}{(y - \boxed{L})^3}$$
$$= \dfrac{2\boxed{Q}^2 - 4x\boxed{R} - 2\boxed{S}^2}{(y - \boxed{L})^3}$$
$$= -\dfrac{2}{(y - \boxed{L})^3}$$

7.3 極値

7.3.1 極大・極小

定義 7.5 関数 $z = f(x, y)$ が点 (a, b) のある近傍において、そこでの最大値を (a, b) で取る時、点 (a, b) で**極大**になると言い、$f(a, b)$ を**極大値**と言う。同様に、(a, b) である近傍での最小値を取るならば、点 (a, b) で**極小**になると言い、$f(a, b)$ を**極小値**と言う。

(a, b) が極値ならば、1 変数関数 $f(x, b)$, $f(a, y)$ もそれぞれ $x = a$, $y = b$ で極値になるから、次の定理は明らかである。

定理 7.9 関数 $z = f(x, y)$ が点 (a, b) で極値を取るならば、
$$f_x(a, b) = 0, \quad f_y(a, b) = 0$$

この定理の逆は成り立たない。極値になるかどうかの判定には、さらに次の判別式を使う。

(7.3.1) $\quad D(x, y) = \begin{vmatrix} f_{xx} & f_{xy} \\ f_{yx} & f_{yy} \end{vmatrix} = f_{xx}(x, y) f_{yy}(x, y) - \{f_{xy}(x, y)\}^2$

ここで | | は行列式である。

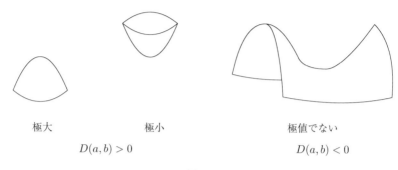

極大　　　　　極小　　　　　　　　極値でない
$D(a,b) > 0$　　　　　　　　　　　$D(a,b) < 0$

図 7.3.1

定理 7.10 関数 $z = f(x,y)$ の第 2 次までの偏導関数が連続であり、点 (a,b) で $f_x(a,b) = 0$, $f_y(a,b) = 0$ になるとする。
(1) $D(a,b) > 0$, $f_{xx}(a,b) < 0$ ならば、点 (a,b) で極大である。
(2) $D(a,b) > 0$, $f_{xx}(a,b) > 0$ ならば、点 (a,b) で極小である。
(3) $D(a,b) < 0$ ならば、点 (a,b) で極値を取らない。

(証明) $f_x = f_y = 0$ であるから、テイラー展開 (定理 7.8) の $n = 2$ の時から、次の式を満たす $0 < \theta < 1$ がある。これらの式から全微分 Δf を求める。

$$f(a+h, b+k) = D^0 f(a,b) + D^1 f(a,b) + \frac{1}{2} D^2 f(a+\theta h, b+\theta k)$$
$$D^0 f(a,b) = f(a,b), \quad D^1 f(a,b) = h f_x(a,b) + k f_y(a,b) = 0$$
$$2\Delta f = 2\{f(a+h, b+k) - f(a,b)\} = D^2 f(a+\theta h, b+\theta k)$$
$$= f_{xx}(a+\theta h, b+\theta k) h^2 + 2 f_{xy}(a+\theta h, b+\theta k) hk + f_{yy}(a+\theta h, b+\theta k) k^2$$

十分小さい全ての h, k に対して $2\Delta f$ の符号が負ならば極大、正ならば極小である。そこで、$\epsilon_1, \epsilon_2, \epsilon_3, \epsilon$ を次のように置く。

$$\epsilon_1 = f_{xx}(a+\theta h, b+\theta k) - f_{xx}(a,b), \quad \epsilon_2 = f_{xy}(a+\theta h, b+\theta k) - f_{xy}(a,b)$$
$$\epsilon_3 = f_{yy}(a+\theta h, b+\theta k) - f_{yy}(a,b), \quad \epsilon = \epsilon_1 h^2 + 2\epsilon_2 hk + \epsilon_3 k^2$$

すると、第 2 次偏導関数の連続性から、

$$\lim_{(h,k) \to (0,0)} \epsilon_1 = 0, \quad \lim_{(h,k) \to (0,0)} \epsilon_2 = 0, \quad \lim_{(h,k) \to (0,0)} \epsilon_3 = 0$$

(7.3.2)
$$\lim_{(h,k) \to (0,0)} \left| \frac{\epsilon}{h^2 + k^2} \right| \leq \lim_{(h,k) \to (0,0)} \left(\left| \frac{h^2}{h^2+k^2} \epsilon_1 \right| + \left| \frac{2hk}{h^2+k^2} \epsilon_2 \right| + \left| \frac{k^2}{h^2+k^2} \epsilon_3 \right| \right)$$
$$\leq \lim_{(h,k) \to (0,0)} (|\epsilon_1| + |\epsilon_2| + |\epsilon_3|) = 0$$

そして、
$$2\Delta f = (f_{xx}(a,b) + \epsilon_1)h^2 + 2(f_{xy}(a,b) + \epsilon_2)hk + (f_{yy}(a,b) + \epsilon_3)k^2$$
$$= f_{xx}(a,b)h^2 + 2f_{xy}(a,b)hk + f_{yy}(a,b)k^2 + \epsilon$$
$$2f_{xx}(a,b)\Delta f = \{f_{xx}(a,b)h + f_{xy}(a,b)k\}^2 - \{f_{xy}(a,b)k\}^2$$
$$+ f_{xx}(a,b)f_{yy}(a,b)k^2 + f_{xx}(a,b)\epsilon$$
$$= \{f_{xx}(a,b)h + f_{xy}(a,b)k\}^2 + D(a,b)k^2 + f_{xx}(a,b)\epsilon$$

したがって、$k \neq 0$ ならば (7.3.2) より、h, k を十分小さく取れば

$$\left|\frac{D(a,b)}{f_{xx}(a,b)}\right| > \left|\frac{\epsilon}{k^2}\right| \quad \text{すなわち } |D(a,b)k^2| > |f_{xx}(a,b)\epsilon| \geq -f_{xx}(a,b)\epsilon$$

と出来る。これは、$D(a,b) > 0$ ならば $D(a,b)k^2 + f_{xx}(a,b)\epsilon > 0$ となる事を意味し、$2f_{xx}(a,b)\Delta f \geq D(a,b)k^2 + f_{xx}(a,b)\epsilon > 0$ となる。

同様に (7.3.2) より、$k = 0$ ならば、十分小さい h を取れば

$$\{f_{xx}(a,b)\}^2 > \left|f_{xx}(a,b)\frac{\epsilon}{h^2}\right| \geq -f_{xx}(a,b)\frac{\epsilon}{h^2}$$

と出来るから、$2f_{xx}(a,b)\Delta f = \{f_{xx}(a,b)h\}^2 + f_{xx}(a,b)\epsilon > 0$ と出来る。

以上から、$D(a,b) > 0$ ならば、h, k を十分小さく取れば $2f_{xx}(a,b)\Delta f > 0$ となるから、$f_{xx}(a,b)$ の符合により極大極小になる。

次に $D(a,b) < 0$ の時を考える。$k = 0$ とすると h を十分小さくすると上で述べたように
$$2f_{xx}(a,b)\Delta f > 0$$

一方 $h = -\dfrac{f_{xy}}{f_{xx}}k$ とすると、(7.3.2) より、k を十分小さく取れば

$$-D(a,b) > \left|f_{xx}(a,b)\frac{\epsilon}{k^2}\right| \geq f_{xx}(a,b)\frac{\epsilon}{k^2}$$

と出来る。それで、$2f_{xx}(a,b)\Delta f = D(a,b)k^2 + f_{xx}(a,b)\epsilon < 0$ である。これらは (a,b) が極値でない事を意味する。 □

例題 7.4 関数 $z = x^3 - 3axy + y^3 \quad (a > 0)$ の極値を求めよ。

(解答) $f(x,y) = x^3 - 3axy + y^3$ とすると、
$$f_x = 3x^2 - 3ay, \quad f_y = -3ax + 3y^2$$
$$f_{xx} = 6x, \quad f_{xy} = f_{yx} = -3a, \quad f_{yy} = 6y$$
$$D(x,y) = f_{xx}f_{yy} - \{f_{xy}\}^2 = 36xy - 9a^2$$

次に、連立方程式 $f_x = 0$, $f_y = 0$ を解く。$y = \dfrac{x^2}{a}$ を $y^2 - ax = 0$ に代入して $x^4 - a^3 x = 0$, $x(x^3 - a^3) = 0$ である。よって、$x = 0, a$ になり、解は $(x, y) = (0, 0)$, (a, a) になる。

以上から、
$(x, y) = (0, 0)$ ならば $D(0, 0) = -9a^2 < 0$ より極値でない。
$(x, y) = (a, a)$ ならば $D(a, a) = 27a^2 > 0$, $f_{xx}(a, a) = 6a > 0$ より極小。

以上より、点 (a, a) で極小値 $f(a, a) = -a^3$

問題 7.2 次の関数の極値を求めよ。

(1) $z = x^2 + 3xy + 2y^2 - 4x - 5y$ 　　　(2) $f = x(x^2 + y^2 - 3)$
(3) $z = e^{-(x^2+y^2)}(x^2 + 2y^2)$

7.3.2 条件付き極値

関数 $z = f(x, y)$ の極値を、条件 $g(x, y) = 0$ ($g_y \neq 0$) の元で求める問題を**条件付き極値**と言う、条件 $g(x, y) = 0$ から定まる陰関数 $y = \varphi(x)$ を使うと、$z = f(x, \varphi(x))$ の極値を求める問題である。$\varphi'(x) = -\dfrac{g_x}{g_y}$ であるから、合成関数の微分を使用して、極値では、
$$\frac{dz}{dx} = f_x + f_y y' = f_x - f_y \frac{g_x}{g_y} = 0$$
そこで、$\lambda = -\dfrac{f_y}{g_y}$ と置く事により、次の定理を得る。この λ を**ラグランジュの乗数**と呼ぶ。または、**未定係数法**とも言う。

定理 7.11（ラグランジュの乗数法） 関数 $z = f(x, y)$ の、条件 $g(x, y) = 0$ での極値は
$$f_x + \lambda g_x = 0, \quad f_y + \lambda g_y = 0$$
の解の中にある。

注 実際の計算では、$F = f + \lambda g$ とし、連立方程式 $F_x = 0$, $F_y = 0$ から λ を消去し、x, y だけの方程式を求める。それと $g(x, y) = 0$ との連立方程式を解く。

例題 7.5 条件 $xy = 1$ のもとで $f = x^2 + y^2$ の極値を求めよ。

(解答) $F = (x^2 + y^2) + \lambda(xy - 1)$ と置くと
$$F_x = 2x + \lambda y = 0, \quad F_y = 2y + \lambda x = 0$$

λ を消去して、$x^2 - y^2 = 0$ であるから、$y = \pm x$ である。$xy = 1$ に代入すると、$\pm x^2 = 1$ となる。以上から $x = y = 1$, $x = y = -1$ である。いずれの場合も $f = 2$ である。

$xy = 1$ より、$f = (x-y)^2 + 2xy = (x-y)^2 + 2 \geq 2$ であるから、$f = 2$ は最小値。以上から、$x = y = \pm 1$ で最小値 $f = 2$ になる。

問題 7.3 次の条件のもとで、与えられた関数の最大値および最小値を求めよ。
(1) 条件 $x^2 + y^2 = 2$ の時の関数 $f = xy$
(2) 条件 $x^2 + y^2 = 4$ の時の関数 $f = 3x^2 + 4xy + 3y^2$
(3) 条件 $x^2 - 2y^2 = 1$ の時の関数 $f = y - x$

テスト 23

問 1． 関数 $z = 2x^2 - 2x^2y + y^2$ の極値を計算する。

$$z_x = \boxed{A}x - \boxed{B}xy$$
$$z_y = -\boxed{C}x^2 + \boxed{D}y$$
$$D(x,y) = \boxed{E} - \boxed{F}y - \boxed{G}\boxed{H}x^2$$

よって、$\begin{cases} x = \boxed{I} \\ y = \boxed{J} \end{cases}$ で極小値 $z = \boxed{K}$,

$\begin{cases} x = \boxed{L} \\ y = \boxed{M} \end{cases}$, $\begin{cases} x = -\boxed{N} \\ y = \boxed{O} \end{cases}$ では極値にならない。

問 2． 条件 $xe^y = e$ の元での、関数 $z = xy^2$ の極値をラグランジュの乗数法により計算する。

$$f(x,y) = xy^2, \quad g(x,y) = xe^y - e, \quad F(x,y) = xy^2 + \lambda(xe^y - e)$$

とすると
$$f_x = \boxed{A}, \ f_y = 2\boxed{B}, \ g_x = e^{\boxed{C}}, \ g_y = \boxed{D}e^{\boxed{E}}$$

よって、連立方程式
$$\begin{cases} F_x = f_x + \lambda g_x = 0 \\ F_y = f_y + \lambda g_y = 0 \end{cases}$$

を解くと, $x = \boxed{F}$, $y = 0$, $y = \boxed{G}$

$x = \boxed{F}$ のとき、条件 $xe^y = e$ に合わない。

よって、極値は

極小値 $\begin{cases} y &= 0 \\ x &= \boxed{H} \end{cases}$ のとき $f = \boxed{I}$

極大値 $\begin{cases} y &= \boxed{G} \\ x &= \frac{1}{\boxed{J}} \end{cases}$ のとき $f = \dfrac{4}{\boxed{K}}$

第 8 章

重積分法

8.1 重積分

8.1.1 重積分の定義

2 変数関数 $z = f(x,y)$ が閉領域 D で定義されているとする。D 上の重積分（体積）を、定積分の定義と同様に、1) 分割 2) 近似 3) 和 4) 極限 の 4 段階で定義する。D を含む長方形 $E = \{(x,y)|\, a \leq x \leq b,\ c \leq y \leq d\}$ を考え、D 以外の E の点 (x,y) では $f(x,y) = 0$ とする事で、この関数の定義域を E に広げる。

1) 分割： x の区間 $[a,b]$ と y の区間 $[c,d]$ を小区間に分割する。

$$\Delta : a_0 = a < a_1 < \cdots < a_n = b, \quad c_0 = c < c_1 < \cdots < c_m = d,$$

$$\Delta x_i = a_i - a_{i-1},\ \Delta y_j = c_j - c_{j-1}$$

各小区間から任意の点 $a_{i-1} \leq x_i \leq a_i,\ c_{j-1} \leq y_j \leq c_j$ を取る。

E を小長方形 $E_{ij} = \{(x,y)|\, x \in [a_{i-1}, a_i], y \in [c_{i-1}, c_i]\}$ に分割する。

2) 近似：$(x_i, y_j) \in E_{ij}$ であり、E_{ij} の面積は $\Delta S_{ij} = (a_i - a_{i-1})(c_j - c_{j-1}) = \Delta x_i \Delta y_j$ であるから、E_{ij} 上の高さ $f(x_i, y_j)$ の直方体の体積は、$f(x_i, y_j)\Delta S_{ij}$ になる。

3) 和：

$$(8.1.1) \quad \sum_{i=1}^{n}\sum_{j=1}^{m} f(x_i, y_j)\, \Delta S_{ij} = \sum_{i=1}^{n}\sum_{j=1}^{m} f(x_i, y_j)\, \Delta y_j \Delta x_i = \sum_{j=1}^{m}\sum_{i=1}^{n} f(x_i, y_j)\, \Delta x_i \Delta y_j$$

4) 極限：分割 Δ を限りなく細かくしていった時、この和が、一定の値に収束するならば、$z = f(x,y)$ は D で**重積分可能**と言い、その値を**重積分**と呼び、次のように書く。

$$(8.1.2) \quad \iint_D f(x,y)\, dS = \iint_D f(x,y)\, dxdy$$

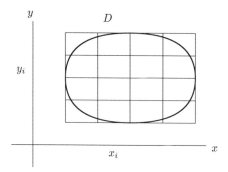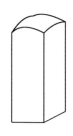

図 8.1.1

次の諸定理の証明は、1 変数関数の定積分の場合と同様であるので、省略する。

定理 8.1 閉領域 D で有界な連続関数 $z = f(x, y)$ は D で積分可能である。

定理 8.2（平均値の定理） 関数 $z = f(x, y)$ が有界閉領域 D で連続ならば、D の内部に 1 点 (a, b) があって、D の面積 S_D に対し、

$$\iint_D f(x, y)\, dS = f(a, b) S_D$$

定理 8.3 D を有界閉領域とする。

(1) $\displaystyle\iint_D \{af(x, y) + bg(x, y)\}\, dS = a \iint_D f(x, y)\, dS + b \iint_D g(x, y)\, dS$

(2) $f(x, y) \geq g(x, y) \quad ((x, y) \in D)$ ならば $\displaystyle\iint_D f(x, y)\, dS \geq \iint_D g(x, y)\, dS$

(3) $\displaystyle\left| \iint_D f(x, y)\, dS \right| \leq \iint_D |f(x, y)|\, dS$

(4) D が二つの領域 D_1, D_2 に分けられるならば、$D = D_1 \cup D_2$, $D_1 \cap D_2 = \emptyset$

$$\iint_D f(x, y)\, dS = \iint_{D_1} f(x, y)\, dS + \iint_{D_2} f(x, y)\, dS$$

8.1.2 累次積分

関数 $y = \varphi_1(x)$ $y = \varphi_2(x)$ が区間 $[a, b]$ で連続であり、$\varphi_1(x) < \varphi_2(x)$ となるとする。閉領域 D が直線 $x = a$, $x = b$, $y = \varphi_1(x)$, $y = \varphi_2(x)$ で囲まれている時、和 (8.1.1) の 2 番の式の内側の和の極限は

$$\sum_{j=1}^{m} f(x_i, y_j)\, \Delta y_j \longrightarrow \int_{\varphi_1(x_i)}^{\varphi_2(x_i)} f(x_i, y)\, dy$$

さらに外側の和の極限は

$$\sum_{i=1}^{n} \left\{ \int_{\varphi_1(x_i)}^{\varphi_2(x_i)} f(x_i, y)\, dy \right\} \Delta x_i \longrightarrow \int_{a}^{b} \left\{ \int_{\varphi_1(x)}^{\varphi_2(x)} f(x, y)\, dy \right\} dx$$

になる。この2回の定積分を**累次積分**と呼ぶ。同様に、$\phi_1(y) \leq \phi_2(y)$ で D が $y = c$, $y = d$, $x = \phi_1(y)$, $x = \phi_2(y)$ で囲まれている時、和 (8.1.1) の3番目の式から、最初に x で次に y で積分した累次積分が定義される。これらの累次積分は互いに他からの**積分順序の交換**と言い、記号としては次のようなものが使われる。

(8.1.3)
$$\int_{a}^{b} \left\{ \int_{\varphi_1(x)}^{\varphi_2(x)} f(x, y)\, dy \right\} dx = \int_{a}^{b} dx \int_{\varphi_1(x)}^{\varphi_2(x)} f(x, y)\, dy$$
$$\int_{c}^{d} \left\{ \int_{\phi_1(y)}^{\phi_2(y)} f(x, y)\, dx \right\} dy = \int_{c}^{d} dy \int_{\phi_1(y)}^{\phi_2(y)} f(x, y)\, dx$$

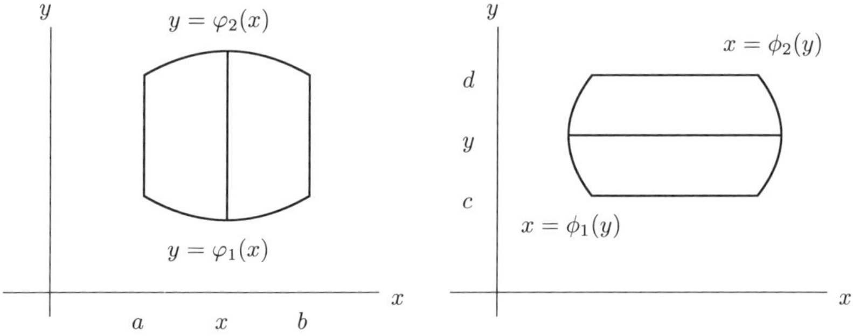

図 8.1.2

重積分はこの累次積分により計算される.

定理 8.4 関数 $z = f(x, y)$ が閉領域 D で連続ならば

$$\iint_D f(x, y)\, dS = \int_{a}^{b} \left\{ \int_{\varphi_1(x)}^{\varphi_2(x)} f(x, y)\, dy \right\} dx = \int_{c}^{d} \left\{ \int_{\phi_1(y)}^{\phi_2(y)} f(x, y)\, dx \right\} dy$$

注 内側の定積分は、偏微分の逆として計算する。すなわち、積分しない変数は定数とみ

なして不定積分する。例えば $\dfrac{\partial}{\partial y}F(x,y) = f(x,y)$ ならば

$$\int_a^b \left\{ \int_{\varphi_1(x)}^{\varphi_2(x)} f(x,y)\,dy \right\} dx = \int_a^b [F(x,y)]_{\varphi_1(x)}^{\varphi_2(x)}\,dx$$
$$= \int_a^b \{F(x,\varphi_2(x)) - F(x,\varphi_1(x))\}\,dx$$

例題 8.1 次の重積分を求めよ。
(1) $D : x \geq 0,\ y \geq 0,\ x^2 + y^2 \leq a^2$ として $\iint_D xy\,dS$
(2) $D : 0 \leq x \leq 1,\ x^2 \leq y \leq 1$ として $\iint_D xy^2\,dxdy$

(解答) (1) i) D の図を書くと $0 \leq x \leq a$ の範囲で $y = 0$, $y = \sqrt{a^2 - x^2}$ に挟まれた図形である。よって、

$$\iint_D xy\,dS = \int_0^a \left\{ \int_0^{\sqrt{a^2-x^2}} xy\,dy \right\} dx = \int_0^a \left[\dfrac{1}{2}xy^2\right]_0^{\sqrt{a^2-x^2}} dx$$
$$= \dfrac{1}{2}\int_0^a x(a^2 - x^2)\,dx = \dfrac{1}{2}\left[\dfrac{1}{2}a^2 x^2 - \dfrac{1}{4}x^4\right]_0^a = \dfrac{a^4}{8}$$

ii) 積分順序の交換をすると、D は $0 \leq y \leq a$ の範囲で $x = 0$, $x = \sqrt{a^2 - y^2}$ に挟まれた図形。

$$\iint_D xy\,dS = \int_0^a \left\{ \int_0^{\sqrt{a^2-y^2}} xy\,dx \right\} dy = \int_0^a \left[\dfrac{1}{2}x^2 y\right]_0^{\sqrt{a^2-y^2}} dy$$
$$= \dfrac{1}{2}\int_0^a (a^2 - y^2)y\,dy = \dfrac{1}{2}\left[\dfrac{1}{2}a^2 y^2 - \dfrac{1}{4}y^4\right]_0^a = \dfrac{a^4}{8}$$

(2) i) D を図にすると $0 \leq x \leq 1$ の範囲で $y = x^2$, $y = 1$ に挟まれた図形。

$$\iint_D xy^2\,dxdy = \int_0^1 \left\{ \int_{x^2}^1 xy^2\,dy \right\} dx = \int_0^1 \left[\dfrac{1}{3}xy^3\right]_{x^2}^1 dx$$
$$= \dfrac{1}{3}\int_0^1 (x - x^7)\,dx = \dfrac{1}{3}\left[\dfrac{1}{2}x^2 - \dfrac{1}{8}x^8\right]_0^1 = \dfrac{1}{8}$$

ii) D の図は $0 \leq y \leq 1$ の範囲で $x = 0$, $x = \sqrt{y}$ に挟まれた図。

$$\iint_D xy^2\,dxdy = \int_0^1 \left\{ \int_0^{\sqrt{y}} xy^2\,dx \right\} dy = \int_0^1 \left[\dfrac{1}{2}x^2 y^2\right]_0^{\sqrt{y}} dy$$
$$= \dfrac{1}{2}\int_0^1 y^3\,dy = \dfrac{1}{2}\left[\dfrac{1}{4}y^4\right]_0^1 = \dfrac{1}{8}$$

問題 8.1　次の積分領域を図示し、積分の順序を変更せよ。
(1) $\int_0^1 \left\{ \int_0^{2x} f(x,y) dy \right\} dx$
(2) $\int_0^1 \left\{ \int_{2x}^{3x} f(x,y) dy \right\} dx$　ヒント $0 \leq y \leq 2,\ 2 \leq y \leq 3$ に分ける。
(3) $\int_0^1 \left\{ \int_y^{\sqrt{2-y^2}} f(x,y) dx \right\} dy$　ヒント $0 \leq x \leq 1,\ 1 \leq x \leq \sqrt{2}$ に分ける。

8.1.3　多重積分

重積分と同様の定義により、多変数関数の**多重積分**

$$(8.1.4) \quad \int \cdots \int_V f(x_1, \cdots, x_n)\, dV = \int \cdots \int_V f(x_1, \cdots, x_n)\, dx_1 \cdots dx_n$$

が定義される。ここで V は $\mathbf{R}^n$ の閉領域である。この積分も累次積分により計算される。例えば 3 重積分の場合の累次積分の例は次の式である。

$$(8.1.5) \quad \iiint_V f(x,y,z)\, dV = \int_a^b \int_{\phi_1(x)}^{\phi_2(x)} \int_{\varphi_1(x,y)}^{\varphi_2(x,y)} f(x,y,z)\, dz\, dy\, dx$$

レポート 11

問　次の重積分を求めよ．
(1) $D: 1 \leq x \leq 2,\ -1 \leq y \leq 2$ として $\iint_D x^2 y^3\, dS$
(2) $D: 0 \leq x \leq 1,\ 0 \leq y \leq x^2$ として $\iint_D xy\, dxdy$
(3) $D: 0 \leq x \leq 1,\ 0 \leq y \leq x$ として $\iint_D \sqrt{x^2 - y^2}\, dxdy$
(4) $D: y^2 \leq x \leq y+2$ として $\iint_D y\, dS$　ヒント $\int_{-1}^2 dy \int_{y^2}^{y+2} y\, dx$
(5) $D: x+y \leq 1,\ 0 \leq x,\ 0 \leq y$ として $\iint_D (x^2 + y^2)\, dS$
(6) $D: 0 \leq x \leq \frac{\pi}{2},\ 0 \leq y \leq x$ として $\iint_D \cos(x+2y)\, dxdy$
(7) $D: x^2 + y^2 \leq 1,\ 1 \leq x+y$ として $\iint_D x\, dS$

テスト 24

問 次の重積分を計算せよ。

(1) D は $y=x, y=x^2$ に囲まれた領域である。

$$\iint_D xy\,dxdy$$
$$= \int_{\boxed{A}}^{\boxed{B}} \left\{ \int_{x}^{x\boxed{D}}_{\boxed{C}} xy\,dy \right\} dx$$
$$= \int_{\boxed{A}}^{\boxed{B}} \left[\frac{1}{2} x^{\boxed{E}} y^{\boxed{F}} \right]_{x\boxed{C}}^{x\boxed{D}} dx$$
$$= \int_{\boxed{A}}^{\boxed{B}} \frac{1}{2}\left(x^{\boxed{G}} - x^{\boxed{H}} \right) dx$$
$$= \left[\frac{x^{\boxed{I}}}{\boxed{J}} - \frac{x^{\boxed{K}}}{\boxed{L}\boxed{M}} \right]_{\boxed{A}}^{\boxed{B}}$$
$$= \frac{\boxed{N}}{\boxed{O}\boxed{P}}$$

(2) D は $y=\sqrt{3}, x=0, x=y^2$ に囲まれた領域である。

$$\iint_D \frac{1}{(x-y^2-9)^2}\,dxdy$$
$$= \int_0^{\sqrt{3}} \left\{ \int_0^{\boxed{A}} \frac{1}{(x-y^2-9)^2}\,dx \right\} dy$$
$$= \int_0^{\sqrt{3}} \left[-\frac{\boxed{B}}{(\boxed{C}-y^2-9)^{\boxed{D}}} \right]_0^{\boxed{A}} dy$$
$$= \int_0^{\sqrt{3}} \frac{1}{9} - \frac{1}{\boxed{E}+9}\,dy$$
$$= \frac{\boxed{F}\sqrt{3}-\boxed{G}\pi}{18}$$

8.2 極座標表示、体積、重心

8.2.1 極座標

重積分の積分領域 D が、6.5 節で述べた極座標により表示されている場合を考えよう。D が $\alpha \leq \theta \leq \beta$ の範囲で曲線 $r = \varphi_1(\theta)$, $r = \varphi_2(\theta)$ に挟まれた図形とする。D を含む領域 $E = \{(\theta, r) : \alpha \leq \theta \leq \beta,\ c \leq r \leq d\}$ を考え、D 以外の点では $f(x, y) = 0$ とする事で関数 $z = f(x, y) = f(r\cos\theta, r\cos\theta)$ を E に拡張する。

1) 分割: この領域を次のように分割する。

$$\Delta: \alpha_0 = \alpha < \alpha_1 < \cdots < \alpha_i < \cdots < \alpha_n = \beta,$$
$$c_0 = c < c_1 < \cdots < c_j < \cdots < c_m = d$$
$$\Delta\theta_i = \alpha_i - \alpha_{i-1}, \quad \Delta r_j = c_j - c_{j-1}$$

2) 近似: 6.5 節で述べた事から、各小領域
$E_{ij} = \{(\theta, r) | \alpha_{i-1} \leq \theta \leq \alpha_i,\ c_{j-1} \leq r \leq c_j\}$ の面積は

$$\Delta E_{ij} = \frac{1}{2}c_j^2 \Delta\theta_i - \frac{1}{2}c_{j-1}^2 \Delta\theta_i = \frac{1}{2}(c_j + c_{j-1})(c_j - c_{j-1})\Delta\theta_i = \frac{1}{2}(c_j + c_{j-1})\Delta r_j \Delta\theta_i$$

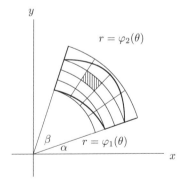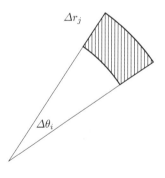

図 8.1.3

平均値の定理 8.2 から、各 E_{ij} に点 (θ_i, r_j) があって、

$$\iint_{E_{ij}} f(x,y)\,dS = f(r_j \cos\theta_i, r_j \sin\theta_i)\Delta E_{ij}$$
$$= f(r_j \cos\theta_i, r_j \sin\theta_i)\frac{1}{2}(c_j + c_{j-1})\Delta r_j \Delta \theta_i$$

3) 和: $\displaystyle\sum_{i=1}^{n}\sum_{j=1}^{m}\iint_{E_{ij}} f(x,y)dS = \sum_{i=1}^{n}\sum_{j=1}^{m} f(r_j \cos\theta_i, r_j \sin\theta_i)\frac{1}{2}(c_j + c_{j-1})\Delta r_j \Delta \theta_i$

4) 極限: $c_{j-1} \leq r_j \leq c_j$ から、分割を細かくすると、$\dfrac{c_j + c_{j-1}}{2} \to r_j$ となる。

$$\iint_D f(x,y)\,dS = \sum_{i=1}^{n}\sum_{j=1}^{m}\iint_{E_{ij}} f(x,y)dS$$
$$= \sum_{i=1}^{n}\left\{\sum_{j=1}^{m} f(r_j \cos\theta_i, r_j \sin\theta_i)\frac{1}{2}(c_j + c_{j-1})\Delta r_j\right\}\Delta \theta_i$$
$$\longrightarrow \sum_{i=1}^{n}\left\{\int_{\varphi_1(\theta_i)}^{\varphi_2(\theta_i)} f(r\cos\theta_i, r\sin\theta_i)r\,dr\right\}\Delta \theta_i$$
$$\longrightarrow \int_{\alpha}^{\beta}\left\{\int_{\varphi_1(\theta)}^{\varphi_2(\theta)} f(r\cos\theta, r\sin\theta)r\,dr\right\}d\theta$$

定理 8.5 積分領域 D が極座標表示されている時、

$$\iint_D f(x,y)\,dS = \int_{\alpha}^{\beta}\left\{\int_{\varphi_1(\theta)}^{\varphi_2(\theta)} f(r\cos\theta, r\sin\theta)r\,dr\right\}d\theta$$

例題 8.2 $\displaystyle\iint_D x\,dS, \quad D = \{(\theta, r)\,|\, 0 \leq r \leq \sqrt[3]{\theta},\ 0 \leq \theta \leq \frac{\pi}{2}\}$

（解答）

$$\iint_D x\,dS = \int_0^{\frac{\pi}{2}}\left\{\int_0^{\sqrt[3]{\theta}} r^2 \cos\theta\,dr\right\}d\theta = \int_0^{\frac{\pi}{2}}\left[\frac{1}{3}r^3 \cos\theta\right]_0^{\sqrt[3]{\theta}}d\theta$$
$$= \int_0^{\frac{\pi}{2}}\frac{1}{3}\theta(\sin\theta)'\,d\theta = \left[\frac{1}{3}\theta\sin\theta\right]_0^{\frac{\pi}{2}} - \int_0^{\frac{\pi}{2}}\frac{1}{3}(\theta)'\sin\theta\,d\theta$$
$$= \frac{\pi}{6} - \left[-\frac{1}{3}\cos\theta\right]_0^{\frac{\pi}{2}} = \frac{\pi}{6} - \frac{1}{3}$$

問題 8.2 極座標表示を使う事により、次の重積分を求めよ。

(1) $\displaystyle\iint_D (x^2 + y^2)\,dS, \quad D = \{(x,y)\,|\, x^2 + y^2 \leq 1,\ 0 \leq x,\ 0 \leq y\}$

(2) $\iint_D y^2 \, dS$, $D = \{(x,y) | x^2 + y^2 \leq 4, \ 0 \leq x\}$

(3) $\iint_D \operatorname{Tan}^{-1} \dfrac{y}{x} \, dS$, $D = \{(x,y) | x^2 + y^2 \leq a^2, \ 0 \leq x, 0 \leq y\}$

(4) $\iint_D \sqrt{1 - x^2 - y^2} \, dS$, $D = \{(x,y) | x^2 + y^2 \leq 1\}$

8.2.2 体積

閉領域 D で $f(x,y) \geq 0$ ならば、D を底面とした直柱を上面 $z = f(x,y)$ で切った柱体の体積は次の重積分で与えられる。

$$(8.2.1) \qquad \iint_D f(x,y) \, dS$$

さらに、D で $g(x,y) \leq f(x,y)$ ならば、D 上の直柱を 2 曲面 $z = g(x,y)$, $z = f(x,y)$ で切って出来る物体の体積は次のようになる。

$$(8.2.2) \qquad \iint_D \{f(x,y) - g(x,y)\} \, dS$$

例題 8.3 次の立体の体積を求めよ。

(1) 円柱面 $x^2 + y^2 = a^2 \ (a > 0)$, 2 平面 $z = 0$, $z = x$ で囲まれた立体

(2) 半径 $a > 0$ の球

(解答) (1) $D = \{(x,y) | x^2 + y^2 \leq a^2, \ 0 \leq x\}$ とすると、求める体積は

$$\iint_D (x - 0) \, dS = \int_{-a}^{a} \left\{ \int_0^{\sqrt{a^2 - y^2}} x \, dx \right\} dy = \int_{-a}^{a} \left[\frac{1}{2} x^2 \right]_0^{\sqrt{a^2 - y^2}} dy$$

$$= \frac{1}{2} \int_{-a}^{a} (a^2 - y^2) \, dy = \frac{1}{2} \left[a^2 y - \frac{1}{3} y^3 \right]_{-a}^{a}$$

$$= \frac{1}{2} \left(a^3 - \frac{1}{3} a^3 - \left(-a^3 + \frac{1}{3} a^3 \right) \right) = \frac{2}{3} a^3$$

または $\displaystyle \int_{-\frac{\pi}{2}}^{\frac{\pi}{2}} \left\{ \int_0^a r^2 \cos \theta \, dr \right\} d\theta = \int_{-\frac{\pi}{2}}^{\frac{\pi}{2}} \frac{a^3}{3} \cos \theta \, d\theta = \frac{2}{3} a^3$

(2) $D = \{(x,y) | x^2 + y^2 \leq a^2\}$ とし、球の方程式 $x^2 + y^2 + z^2 = a^2$ を使うと、$z = 0$ より上の部分は球の体積の半分であるから、極座標表示を使い、$t = a^2 - r^2$ と置いて、

$$\begin{aligned}
2\iint_D \sqrt{a^2-x^2-y^2}\,dS &= 2\int_0^{2\pi}\left\{\int_0^a \sqrt{a^2-r^2}\,r\,dr\right\}d\theta \\
&= 2\int_0^{2\pi}\left\{\int_{a^2}^0 \sqrt{t}\,r\left(-\frac{1}{2r}\right)dt\right\}d\theta \\
&= -\int_0^{2\pi}\left\{\int_{a^2}^0 t^{\frac{1}{2}}\,dt\right\}d\theta = -\int_0^{2\pi}\left[\frac{2}{3}\sqrt{t^3}\right]_{a^2}^0 d\theta \\
&= \frac{2}{3}a^3 \int_0^{2\pi} 1\,d\theta = \frac{4}{3}\pi a^3
\end{aligned}$$

問題 8.3 次の立体の体積を求めよ。

(1) 4 平面 $\dfrac{x}{a}+\dfrac{y}{b}+\dfrac{z}{c}=1$, $x=0$, $y=0$, $z=0$ で囲まれた 4 面体 (3 角錐)

ヒント 上面の平面は 3 点 $(a,0,0)$, $(0,b,0)$, $(0,0,c)$ を通る平面であり、底面は $D=\left\{(x,y)\left|\dfrac{x}{a}+\dfrac{y}{b}\leq 1,\ 0\leq x,\ 0\leq y\right.\right\}$

(2) 曲面 $z=x^2+y^2$ と平面 $z=1$ で囲まれた立体

ヒント D は 2 曲面の交わる曲線 $x^2+y^2=1$ の内部である。計算は極座標表示を使う。

(3) 二つの円柱面 $x^2+y^2=a^2$, $y^2+z^2=a^2$ で囲まれた立体

ヒント 平面 $z=0$ で半分に切ると、断面は円板 $x^2+y^2\leq a^2$ になり、上面は $z=\sqrt{a^2-y^2}$ になる。
さらに 4 分の 1 の円を $D=\{(x,y)|x^2+y^2\leq a^2,\ 0\leq x,\ 0\leq y\}$ とすると、求める体積は $8\iint_D \sqrt{a^2-y^2}\,dS$

注 以下の事実は、証明無しで、結果のみ記述する。

1) 曲面 $z=f(x,y)$ の D 上の面積は

(8.2.3) $$\iint_D \sqrt{1+f_x^2+f_y^2}\,dS = \iint_D \sqrt{r^2+\{rf_r\}^2+\{f_\theta\}^2}\,dr\,d\theta$$

2) 曲線 $z=f(x)$ $(a\leq x\leq b)$ を z 軸の周りに回転して出来る曲面の面積は

(8.2.4) $$2\pi\int_a^b x\sqrt{1+\{f'(x)\}^2}\,dx$$

8.2.3 重心

平面図形 D に質量が分布している時の重心を計算する。各点 $\mathrm{P}(x,y)$ での**密度** $\rho(x,y)$ とは、その点の周辺での単位面積当たりの質量である。これは、D の質量 G が、重積分 $\iint_D \rho(x,y)dS$ により与えられる関数である。詳しく言うと、点 P を中心とし

た半径 r の円板を考える。その面積は $\Delta S_r = \pi r^2$ であり、質量を ΔG_r とすると、$\rho(x,y) = \lim_{r \to 0} \dfrac{\Delta G_r}{\Delta S_r}$ で定義される。そのとき、点 P の周りの微小な図形の面積を ΔS とすると、その質量 ΔG は、ほぼ $\rho(x,y)\Delta S$ である。全質量 G は、以下のように重積分により求まる。

1) 分割: 重積分の定義の時のように D を格子状に分割する。
以下 8.1.1 節と同じ記号を使う。
2) 近似: 各微小部分 E_{ij} の質量の近似値は $\rho(x_i, y_j)\Delta S_{ij}$ である。
3) 和: $\sum_{i=1}^{n}\sum_{j=1}^{m} \rho(x_i, y_j)\Delta S_{ij}$
4) 極限: $G = \iint_D \rho(x,y)dS$

点 $(\overline{x}, \overline{y})$ は、そこで D の質量がつりあっていれば、**重心**と呼ばれる。重さの無い長さ ℓ の棒を考える。その右端を固定し、左端に質量 m があるならば、この棒には回転力が働く。それは、ℓ, m に比例する。そこで、**モーメント**を ℓm で定義する。これが回転力を表す。次に、重さの無い棒の左端に質量 m、右端に質量 M がある場合を考える。重心が、左から ℓ、右から L の距離にあるとする。モーメントがつりあっているから、重心の条件は次の式である。

(8.2.5) $$\ell m = LM$$

平面図形 D の重心を $(\overline{x}, \overline{y})$ とし、重心より左半分を $D_- = \{(x,y) \in D|\ x \le \overline{x}\}$、右半分を $D_+ = \{(x,y) \in D|\ \overline{x} \le x\}$ とする。上の D の質量を求める時の記号を使うと、微小な部分 E_{ij} の質量はほぼ $\rho(x_i, y_j)\Delta S_{ij}$ であり、左半分にあるならば、重心からの x 軸方向の距離は $(\overline{x} - x_i)$ であるから、$\overline{x}$ から左の図形 D_- の全モーメントは、

$$\sum_{i=1}^{n}\sum_{j=1}^{m}(\overline{x} - x_i)\rho(x_i, y_j)\Delta S_{ij} \longrightarrow \iint_{D_-}(\overline{x} - x)\rho(x,y)\,dS$$

であり、同様に、$\overline{x}$ から右の図形 D_+ の全モーメントは

$$\sum_{i=1}^{n}\sum_{j=1}^{m}(x_i - \overline{x})\rho(x_i, y_j)\Delta S_{ij} \longrightarrow \iint_{D_+}(x - \overline{x})\rho(x,y)\,dS$$

である。この二つのモーメントが等しいから、

$$\iint_{D_-}(\overline{x} - x)\rho(x,y)\,dS = \iint_{D_+}(x - \overline{x})\rho(x,y)\,dS$$

$$\overline{x}\iint_{D_-}\rho(x,y)\,dS + \overline{x}\iint_{D_+}\rho(x,y)\,dS = \iint_{D_-}x\rho(x,y)\,dS + \iint_{D_+}x\rho(x,y)\,dS$$

$$\overline{x}\iint_{D}\rho(x,y)\,dS = \iint_{D}x\rho(x,y)\,dS$$

これは
$$\bar{x} = \frac{1}{G} \iint_D x\rho(x,y)\,dS, \quad G = \iint_D \rho(x,y)\,dS$$
を意味する。G は D の全質量である。$\bar{y}$ についても同様の事が成り立ち、重心を求める公式が得られる。

(8.2.6) $\quad \bar{x} = \dfrac{1}{G} \iint_D x\rho(x,y)\,dS, \quad \bar{y} = \dfrac{1}{G} \iint_D y\rho(x,y)\,dS, \quad G = \iint_D \rho(x,y)\,dS$

特に $\rho(x,y) = 1$ の場合は、A を D の面積とすると、$G = A$ になり、

(8.2.7) $\quad \bar{x} = \dfrac{1}{A} \iint_D x\,dS, \quad \bar{y} = \dfrac{1}{A} \iint_D y\,dS, \quad A = \iint_D 1\,dS$

まったく同じ議論で、D が立体の時にも、重心 $(\bar{x}, \bar{y}, \bar{z})$ を与える次の公式が成り立つ。

(8.2.8) $\quad \bar{x} = \dfrac{1}{G} \iiint_D x\rho\,dxdydz, \quad \bar{y} = \dfrac{1}{G} \iiint_D y\rho\,dxdydz,$
$\qquad\qquad \bar{z} = \dfrac{1}{G} \iiint_D z\rho\,dxdydz, \quad G = \iiint_D \rho\,dxdydz$

例題 8.4 密度 $\rho = 1$ の時、次の図形の重心 $(\bar{x}, \bar{y})$ を求めよ。
(1) x 軸、$y = x$, $x = 1$ で囲まれた三角形
(2) 半径 1 の半円板 $D : x^2 + y^2 \leq a^2$, $y \geq 0$

(解答) (1) $A = \iint_D 1\,dS = \displaystyle\int_0^1 \left\{ \int_0^x 1\,dy \right\} dx = \int_0^1 x\,dx = \left[\frac{1}{2}x\right]_0^1 = \frac{1}{2}$

(注) 三角形の面積であるから、積分しなくともこの結果は明らかである。

$$\iint_D x\,dS = \int_0^1 \left\{ \int_0^x x\,dy \right\} dx = \int_0^1 [xy]_0^x\,dx$$
$$= \int_0^1 x^2\,dx = \left[\frac{1}{3}x^3\right]_0^1 = \frac{1}{3}$$
$$\iint_D y\,dS = \int_0^1 \left\{ \int_0^x y\,dy \right\} dx = \int_0^1 \left[\frac{1}{2}y^2\right]_0^x dx$$
$$= \int_0^1 \frac{1}{2}x^2\,dx = \left[\frac{1}{6}x^3\right]_0^1 = \frac{1}{6}$$

以上から、$(\bar{x}, \bar{y}) = \left(\dfrac{\frac{1}{3}}{\frac{1}{2}}, \dfrac{\frac{1}{6}}{\frac{1}{2}}\right) = \left(\dfrac{2}{3}, \dfrac{1}{3}\right)$

(2) D の極座標表示から、
$$A = \iint_D 1\,dS = \int_0^\pi \left\{\int_0^1 1r\,dr\right\}d\theta = \int_0^\pi \frac{1}{2}d\theta = \left[\frac{1}{2}\theta\right]_0^\pi = \frac{1}{2}\pi$$

（注）半径 1 の半円であるから、積分をしなくともこの結果は明らか。

$$\iint_D x\,dS = \int_0^\pi \left\{\int_0^1 r^2\cos\theta\,dr\right\}d\theta = \int_0^\pi \left[\frac{1}{3}r^3\cos\theta\right]_0^1 d\theta$$
$$= \int_0^\pi \frac{1}{3}\cos\theta\,d\theta = \left[\frac{1}{3}\sin\theta\right]_0^\pi = 0$$
$$\iint_D y\,dS = \int_0^\pi \left\{\int_0^1 r^2\sin\theta\,dr\right\}d\theta = \int_0^1 \left[\frac{1}{3}r^3\sin\theta\right]_0^1 d\theta$$
$$= \int_0^\pi \frac{1}{3}\sin\theta\,d\theta = \left[-\frac{1}{3}\cos\theta\right]_0^\pi = \frac{2}{3}$$

以上から、$(\overline{x},\overline{y}) = \left(\dfrac{1}{\frac{1}{2}\pi}0, \dfrac{1}{\frac{1}{2}\pi}\dfrac{2}{3}\right) = \left(0, \dfrac{4}{3\pi}\right)$

問題 8.4 密度 $\rho = 1$ の時、次の図形の重心 $(\overline{x},\overline{y})$ を求めよ。
(1) 半径 a の 4 半分の円板 $D : x^2 + y^2 \leq a^2,\ x \geq 0\ y \geq 0$
(2) $y = x^2$ と $y = x$ とで囲まれた図形

テスト 25

問 1. 極座標表示で、図形 $D = \{0 \leq \theta \leq \frac{\pi}{6},\ 0 \leq r \leq \sin\theta\}$ が与えられている時、次の重積分を計算する。

$$\iint_D x\,dxdy = \int_0^{\frac{\pi}{6}} \boxed{A} \left\{\int_0^{\boxed{B}\theta} r\boxed{C}\boxed{D}\theta\,dr\right\}d\theta$$
$$= \int_0^{\frac{\pi}{6}} \boxed{A} \frac{\boxed{E}\boxed{F}\theta\boxed{G}\theta}{\boxed{H}}d\theta$$
$$= \frac{1}{\boxed{I}\boxed{J}\boxed{K}}$$

問 2. 図形 $D = \{y \leq 1 - x^2,\ x \geq 0,\ y \geq 0\}$ の密度が $\rho = 1$ のとき、重心を計算する。

面積は $S = \iint_D 1\,dxdy = \dfrac{\boxed{A}}{\boxed{B}}$

さらに $\iint_D x\,dxdy = \dfrac{\boxed{C}}{\boxed{D}}$, $\quad \iint_D y\,dxdy = \dfrac{\boxed{E}}{\boxed{F}\,\boxed{G}}$

よって、重心は $(\overline{x},\overline{y}) = \left(\dfrac{\boxed{H}}{\boxed{I}},\dfrac{\boxed{J}}{\boxed{K}}\right)$

8.3 正規分布

極座標表示を利用して、正規分布曲線に関係した次の定理を得る。

定理 8.6
$$\int_0^\infty e^{-x^2}\,dx = \dfrac{\sqrt{\pi}}{2}$$

(証明) テスト 26 問 1 である。$I(a) = \displaystyle\int_0^a e^{-x^2}\,dx$ と置く。半径 a の円板の 4 分の 1 を $D(a) = \{(x,y)\,|\,x^2+y^2 \leq a^2,\,0\leq x,\,0\leq y\}$ とし、辺の長さ a の正方形を $E(a) = \{(x,y)\,|\,0\leq x\leq a,\,0\leq y\leq a\}$ とする。領域の間の包含関係 $D(a) \subset E(a) \subset D(\sqrt{2}a)$ と $e^{-(x^2+y^2)} > 0$ から、

$$\iint_{D(a)} e^{-(x^2+y^2)}\,dS \leq \iint_{E(a)} e^{-(x^2+y^2)}\,dS \leq \iint_{D(\sqrt{2}a)} e^{-(x^2+y^2)}\,dS$$

$D(a)$ 上の重積分は極座標表示により求まり、$E(a)$ 上の重積分は累次積分により $I(a)^2$ になる。$a\to\infty$ により、定理の積分が求まる。　□

実験や調査などにより、n 個のデータ $x_1,\cdots,x_n$ が得られたら、必ず次の値を求める。

$$\text{平均 } \mu = \dfrac{1}{n}\sum_{i=1}^n x_i, \quad \text{分散 } V = \dfrac{1}{n}\sum_{i=1}^n (x_i - \mu)^2, \quad \text{標準偏差}\sigma = \sqrt{V}$$

ここで、分散と標準偏差は、データが平均からどのくらいバラツキがあるかを表す量である。

x をデータの値、y をその値のデータの数とし、度数をグラフにした**ヒストグラム**が $y = Ae^{-\frac{(x-\mu)^2}{2\sigma^2}}$ となるものを**正規分布**に従うと言う。ある物を測定したときの誤差、試験の点数など、多くの統計が正規分布になる事が知られている。また、中心極限定理により、どんな確率分布でも、同じ物をたくさん集めて平均を取ると正規分布に近づく。

さて、正規分布に従うグラフでは、平均値 $x = \mu$ で最大値 A であり、$x = \mu \pm \sigma$ は変曲点になる。また、x 軸とこのグラフで囲まれた部分の面積 $\displaystyle\int_{-\infty}^\infty Ae^{-\frac{(x-\mu)^2}{2\sigma^2}}\,dx$ は全データの数 n である。

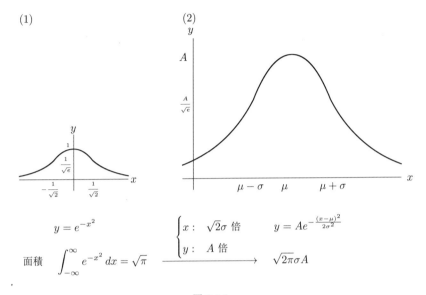

$$y = e^{-x^2}$$

面積 $\int_{-\infty}^{\infty} e^{-x^2}\,dx = \sqrt{\pi}$

$\begin{cases} x: & \sqrt{2}\sigma \text{ 倍} \\ y: & A \text{ 倍} \end{cases}$

$y = Ae^{-\frac{(x-\mu)^2}{2\sigma^2}}$

$\sqrt{2\pi}\sigma A$

図 8.3.1

特に、面積が 1 になる曲線を**正規分布曲線**と言い、その分布を $N(\mu, \sigma^2)$ で表す。$\mu = 0, \sigma = 1$ の時、**標準正規分布** $N(0,1)$ と言う。上図から、$\sqrt{2\pi}\sigma A = 1$ であるから、$A = \dfrac{1}{\sqrt{2\pi}\sigma}$ となり、正規分布曲線の式は、

(8.3.1) $\quad N(\mu, \sigma^2): y = \dfrac{1}{\sqrt{2\pi}\sigma} e^{-\frac{(x-\mu)^2}{2\sigma^2}}, \quad N(0,1): y = \dfrac{1}{\sqrt{2\pi}} e^{-\frac{x^2}{2}}$

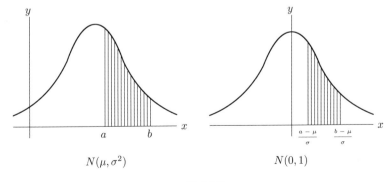

図 8.3.2

元のデータの度数分布グラフ (2) では、区間 $[a,b]$ にデータの値 x が入っている個数は $[a,b]$ 上の面積であるから、x が $[a,b]$ に入る確率は、

$$\frac{[a,b] \text{ のデータ数}}{\text{全データ数}} = \frac{[a,b] \text{ 上の面積}}{\text{全面積}}$$

になる。しかも、この比率は、正規分布 $N(\mu, \sigma^2)$ でも変わらない。正規分布で全面積は 1 であるから、正規分布での区間 $[a,b]$ 上の面積は、x がその区間 $[a,b]$ に入る確率になる。さらに、(8.3.1) より、正規分布 $N(\mu, \sigma^2)$ から標準正規分布 $N(0,1)$ への変換は $x' = \dfrac{x - \mu}{\sigma}$ である。よって、

定理 8.7 確率変数 x が正規分布のとき、x の値が区間 $[a,b]$ に入る確率は、標準正規分布 $N(0,1)$ の区間 $\left[\dfrac{a-\mu}{\sigma}, \dfrac{b-\mu}{\sigma}\right]$ 上の面積である。

この定理を実際に応用する為には、標準正規分布表が必要である。これは、
$$S(a) = \frac{1}{\sqrt{2\pi}} \int_0^a e^{-\frac{x^2}{2}} \, dx$$
を表にしたもので、例えば、以下のようなものである。

$S(1) = 0.34, \quad S(1.65) = 0.45, \quad S(2) = 0.48 \quad S(3) = 0.499$

例 8.1 ある国の 20 歳男子の身長が正規分布に従い、平均身長 $\mu = 170$ cm、標準偏差 $\sigma = 10$ である。ここで、標準正規分布は y 軸について対称である事に注意する。

ある 20 歳男子が 170 cm から 180 cm までの間の身長である確率は、
$$\frac{170 - 170}{10} = 0, \quad \frac{180 - 170}{10} = 1 \text{ より、標準正規分布 } N(0,1) \text{ から、}$$

$$\frac{1}{\sqrt{2\pi}} \int_0^1 e^{-\frac{x^2}{2}} \, dx = S(1) = 0.34$$

186.5 cm 以上の身長である確率は、$\dfrac{186.5 - 170}{10} = 1.65$ と $S(\infty) = 0.5$ より、

$$\frac{1}{\sqrt{2\pi}} \int_{1.65}^{\infty} e^{-\frac{x^2}{2}} \, dx = \frac{1}{\sqrt{2\pi}} \int_0^{\infty} e^{-\frac{x^2}{2}} \, dx - \frac{1}{\sqrt{2\pi}} \int_0^{1.65} e^{-\frac{x^2}{2}} \, dx$$
$$= S(\infty) - S(1.65) = 0.5 - 0.45 = 0.05$$

140 cm から 180 cm までの確率は、$\dfrac{50 - 80}{10} = -3, \quad \dfrac{90 - 80}{10} = 1$ より

$$\frac{1}{\sqrt{2\pi}}\int_{-3}^{1} e^{-\frac{x^2}{2}}\,dx = \frac{1}{\sqrt{2\pi}}\int_{-3}^{0} e^{-\frac{x^2}{2}}\,dx + \frac{1}{\sqrt{2\pi}}\int_{0}^{1} e^{-\frac{x^2}{2}}\,dx$$
$$= S(3) + S(1) = 0.499 + 0.34 = 0.839$$

テスト 26

問1. $\displaystyle\int_0^\infty e^{-x^2}\,dx = \frac{\sqrt{\pi}}{2}$

(証明) $I(a) = \displaystyle\int_0^a e^{-x^2}\,dx$ とする。

関数 $f(x,y) = e^{-(x^2+y^2)}$ と領域

$D(a) = \{(\theta, r) \mid 0 \leq \theta \leq \dfrac{\pi}{2} \wedge 0 \leq r \leq a\}, \quad E(a) = \{(x,y) \mid 0 \leq x \leq a \wedge 0 \leq y \leq a\}$

を考える。すると、

$$\iint_{D(a)} f(x,y)\,dS = \int_0^{\frac{\pi}{2}}\left\{\int_0^{\boxed{A}} e^{-\boxed{B}}\boxed{C}\,dr\right\}d\theta = \frac{1}{2}\int_0^{\frac{\pi}{2}}\left(\boxed{D} - e^{-\boxed{E}}\right)d\theta$$
$$= \frac{\pi}{\boxed{F}}\left(\boxed{D} - e^{-\boxed{E}}\right)$$

一方
$$\iint_{E(a)} f(x,y)\,dS = \int_0^a \int_0^{\boxed{G}} e^{-x^2} e^{-y^2}\,dy\,dx = (I(a))^{\boxed{H}}$$

さらに、$f(x,y) > 0$ と $D(a) \subset E(a) \subset D(\sqrt{2}a)$ より、

$$\iint_{D(a)} f(x,y)\,dS = \frac{\pi}{\boxed{F}}\left(\boxed{D} - e^{-\boxed{E}}\right) < I(a)^{\boxed{I}}$$
$$< \iint_{D(\boxed{J}a)} f(x,y)\,dS = \frac{\pi}{\boxed{K}}\left(\boxed{L} - e^{-2\boxed{M}}\right)$$

以上より、$a \to \infty$ にすると、$\displaystyle\lim_{a\to\infty} I(a)^{\boxed{I}} = \frac{\pi}{\boxed{N}}$

よって
$$\lim_{a\to\infty} I(a) = \int_0^\infty e^{-x^2}\,dx = \frac{\sqrt{\pi}}{2} \quad \square$$

問2. 例 8.1 で、20 歳男子の身長が、160 cm から 190 cm までの間の確率は、標準正規分布に直して、$S(-\boxed{A}) + S(\boxed{B}) = 0.\boxed{C}\boxed{D}$

第 9 章

微分方程式

9.1 微分方程式とその解

9.1.1 解の種類

独立変数 x、未知の関数 $y = f(x)$ および y の第 n 次までの導関数 $y', y'', \cdots, y^{(n)}$ を含む方程式

$$(9.1.1) \qquad F(x, y, y', \cdots, y^{(n)}) = 0$$

を **n 階微分方程式**と言う。より詳しくは、独立変数 x が一つの場合を**常微分方程式**と言い、独立変数が複数で偏導関数を含む方程式を**偏微分方程式**と呼ぶ。本書では常微分方程式のみを扱うので、微分方程式と言えば常微分方程式を指す。

ある関数 $y = f(x)$ が、微分方程式 (9.1.1) を満たす時、$y = f(x)$ を微分方程式 (9.1.1) の**解**と言う。n 階微分方程式は n 回不定積分する事で解くから、解は n 個の任意定数 (**積分定数**) を含む。n 個の任意定数を含み、$n-1$ 個以下の任意定数を含む形に帰着されない解を**一般解**と呼び、一般解で表せない解を**特異解**と呼ぶ。一般解の任意定数に具体的な値を代入した解を**特殊解**と呼ぶ。特殊解を求めるには、他の条件が必要になる。n 階微分方程式に対し、ある x の値における $y, y', \cdots, y^{(n-1)}$ の値 (**初期値**) が与えられているならば、それを**初期条件**と言う。x が時間の場合は、初期 $x = 0$ での値を与えることが多いので、この名前が付いている。初期条件と一般解が与えられているならば、n 個の連立方程式が得られるから、それを解いて、n 個の積分定数の具体的な値を求めて、特殊解を得る。

例 9.1 (1) 1 階微分方程式 $y' = 2x$ の一般解は、不定積分により $y = \int 2x\, dx = x^2 + C$ である。特異解は無い。初期条件 $x = 0, y = -2$ が与えられているならば、代入して、$-2 = 0^2 + C, C = -2$ より、特殊解 $y = x^2 - 2$ を得る。

(2) 2 階微分方程式 $y'' + y = 0$ の一般解は、$y = C_1 \sin x + C_2 \cos x$ である。C_1, C_2 は積分定数である。特異解は無い。初期条件を $x = 0$, $y = 2$, $y' = 3$ とする。$y' = C_1 \cos x - C_2 \sin x$ であるから、$y = C_1 \sin 0 + C_2 \cos 0 = 2$, $y' = C_1 \cos 0 - C_2 \sin 0 = 3$ である。よって、$C_2 = 2$, $C_1 = 3$ であるから、特殊解は $y = 3 \sin x + 2 \cos x$ である。

(3) 1 階微分方程式 $y = y'x - (y')^2$ の一般解は、$y = Cx - C^2$ である。C は積分定数である。この方程式には、一般解以外に特異解 $y = \dfrac{1}{4}x^2$ がある。初期条件 $x = 2$, $y = 1$ とする。一般解に代入して、$1 = 2C - C^2$, $C^2 - 2C + 1 = (C-1)^2 = 0$ から $C = 1$ だから、特殊解は、$y = x - 1$ である。また、特異解 $y = \dfrac{1}{4}x^2$ も初期条件を満たす。以上から解は二つあり、$y = x - 1$ と $y = \dfrac{1}{4}x^2$.

9.1.2 変数分離形

微分方程式は、解けない場合が多いが、次の**変数分離形**は、解法のある微分方程式の典型である。

(9.1.2) $$\dfrac{dy}{dx} = f(x)g(y)$$

解法: $g(y) \neq 0$ ならば、両辺を割った式 $\dfrac{1}{g(y)} \dfrac{dy}{dx} = f(x)$ を x について積分する。置換積分の公式を使って、

(9.1.3) $$\int \dfrac{1}{g(y)} \dfrac{dy}{dx} dx = \int f(x) dx$$
$$\int \dfrac{1}{g(y)} dy = \int f(x) dx$$

両辺の積分をそれぞれの変数について積分し、その結果から y を x の式で表せば、一般解が求まる。

注 1) $g(a) = 0$ ならば、$y = a$ も微分方程式 (9.1.2) の特異解になる。多くの場合、この解 $y = a$ は上で求めた一般解の特殊解と見なせる。

2) 上の解法を見直す。$\dfrac{dy}{dx}$ は分数でないが、あえて分数とみなし、元の方程式を積と商により変形して $\dfrac{1}{g(y)} dy = f(x) dx$ の形にする。これは、右辺を x のみの式に、左辺を y のみの式にする変数分離の変形である。この式に $\int$ を付け加えれば、(9.1.3) を得る。これは、厳密には正しくない変形であるが、簡易計算としては便利である。

例題 9.1 次の微分方程式を解け。

(1) $y' = y$ (2) $\dfrac{dy}{dx} = (y^2 - 1)x$

(3) $(1 - 2x)y' = 1 + y$,   初期条件 $x = 1$ で $y = 3$

(解答) (1) 変数を分離すると、

$$\dfrac{dy}{dx} = y$$
$$\int \dfrac{1}{y}\,dy = \int 1\,dx$$
$$\log|y| = x + C$$
$$|y| = e^{x+C} = e^C e^x$$
$$y = \pm e^C e^x$$

ここで C は任意定数であるから、$A = \pm e^C$ と置くと、$A \ne 0$ も任意定数になり、$y = Ae^x$ が一般解である。

一方、$y = 0$ も解になるが、これは上の一般解で、$A = 0$ とした場合になる。従って、厳密には $y = 0$ は特異解であるが、区別せず、$A = 0$ も含めて一般解とする。

$$\text{答え 一般解 } y = Ae^x$$

(2) 同様に変数を分離すると、

$$\int \dfrac{1}{y^2 - 1}\,dy = \int x\,dx$$
$$\dfrac{1}{2}\log\left|\dfrac{y-1}{y+1}\right| = \dfrac{x^2}{2} + C$$
$$\left|\dfrac{y-1}{y+1}\right| = e^{2C} e^{x^2}$$
$$\dfrac{y-1}{y+1} = Ae^{x^2} \quad (A = \pm e^{2C},\ A \ne 0)$$
$$y - 1 = Ae^{x^2} y + Ae^{x^2}$$
$$y = \dfrac{1 + Ae^{x^2}}{1 - Ae^{x^2}}$$

一方、$y^2 - 1 = 0$ を解いて、$y = \pm 1$ である。これらも解である。$y = 1$ は、上の一般解で $A = 0$ の場合の特殊解と見なせるが、$y = -1$ は特異解になる。これは、$A \to \infty$ とした時の一般解の極限になっている。

$$\text{答え 一般解 } y = \dfrac{1 + Ae^{x^2}}{1 - Ae^{x^2}},\ \text{特異解 } y = -1$$

(3) 変数分離して、

$$\int \frac{1}{y+1} \, dy = \int \frac{1}{1-2x} \, dx = -\frac{1}{2} \int \frac{1}{x-\frac{1}{2}} \, dx$$

$$\log|y+1| = -\frac{1}{2} \log\left|x-\frac{1}{2}\right| + C$$

$$\log|y+1| + \frac{1}{2}\log\left|x-\frac{1}{2}\right| = C$$

$$\log\left|(y+1)\sqrt{\left|x-\frac{1}{2}\right|}\right| = C$$

$$\left|(y+1)\sqrt{\left|x-\frac{1}{2}\right|}\right| = e^C$$

$$y+1 = \frac{\pm e^C}{\sqrt{\left|x-\frac{1}{2}\right|}} = \frac{\pm e^C \sqrt{2}}{\sqrt{|2x-1|}}$$

$$y = \frac{A}{\sqrt{|2x-1|}} - 1, \quad (A = \pm e^C \sqrt{2})$$

$y+1 = 0$ を解くと、$y = -1$ であり、$A = 0$ の場合の特殊解と見なせる。
次に $x = 1, y = 3$ を代入すると、$3 = \dfrac{A}{\sqrt{1}} - 1$ より、$A = 4$ である。

$$\text{答え } y = \frac{4}{\sqrt{|2x-1|}} - 1$$

注 この解法で、$\int \frac{1}{1-2x} \, dx = -\frac{1}{2}\log|1-2x| + C$ と計算しても、答えは同じである。

9.1.3 応用

　自然科学の基本的な方法の一つは、自然現象を微分方程式で表す事である。それを解く事で、自然現象を解析する。現代の社会科学でも、このような数理的手法は非常に重要な手法になっている。そのような、社会科学での数理的手法の嚆矢は、マルサス (1766 – 1834) の「人口論」(1798) である。当時のイギリスでは産業革命の進行による労働者階級の貧困が深刻な問題になり、社会改革思想が唱えられ始めていた。それに対し、牧師補であったマルサスは、これから解説するように、人口は指数関数的に増えるが食料などの資源は平方（面積）に比例する程度にしか増えないと指摘した。だから、労働者階級の貧困は自然法則であり、貧民救済策は無意味であると主張した。彼の経済理論は上の人口論にみられように数学的手法に基づいており、ケインズが高く評価したように「科学的経済学を展開した最初の人」である。一方、彼の主張、貧困層の救済放棄などは冷酷であり、現在の視点からは到底受け入れることの出来ないものである。マルクスは「俗流経済学に門戸を開いた科学的反動」と呼んだ。

マルサスの「人口論」では微分方程式は使用されず、言葉で説明しているので難解であるが、微分方程式で解釈すると極めて簡単になる。

例 9.2（マルサスの人口論） x 年の人口を y 人とする。人口の増加は死亡と子供の出産によるから、1 年当たりの人口の増加はその年の人口 y に比例すると考えられる。よって、わずかな期間 Δx の人口の増加量 Δy は、比例定数を k として、

$$\Delta y = ky\Delta x, \quad \frac{\Delta y}{\Delta x} = ky$$

と近似される。Δx を 0 に近づけることで、次のような変数分離形の微分方程式を得る。

(9.1.4) $$\frac{dy}{dx} = ky, \quad y' = ky$$

解くと、

$$\int \frac{1}{y} dy = \int k\,dx, \quad \log|y| = kx + C, \quad y = Ae^{kx}$$

グラフは、下の図 9.1.1 (1) である。これが、人口は指数関数的に増えるというマルサスの結論である。例題 5.4 (2) から分かるように、e^{kx} は多項式に比べ爆発的に増加する。この指数関数は、第 2 次世界大戦後、産業革命後、農業の始まり後などの人口の増加に制約がない場合を、よく説明している。なお、A は時間 $x = 0$ での人口を表す。

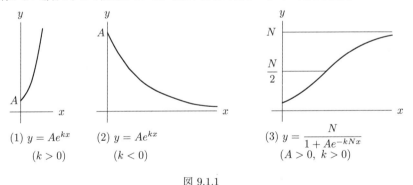

(1) $y = Ae^{kx}$
　　$(k > 0)$

(2) $y = Ae^{kx}$
　　$(k < 0)$

(3) $y = \dfrac{N}{1 + Ae^{-kNx}}$
　　$(A > 0,\ k > 0)$

図 9.1.1

数学は論理なので、式自体には現実上の意味はない。その為、同じ式でもまったく別の意味を持つ事がしばしばある。人口の方程式とその解も、別の意味がある。

例 9.3（放射能） 放射性同位体は、放射線を出して別の原子に変化し、その放射性同位体の原子数は減っていく。時間 x での原子数を y とすると、y の減少率 Δy は y に比例する。よって、人口の方程式と同じ方程式 $\dfrac{dy}{dx} = -ky$ を得、同じく解は $y = Ae^{-kx}$ で

ある。ただし、増加ではなく減少であるから、$-k$ を使用している。グラフは図 9.1.1 (2) である。

放射能を表す数値に半減期 t がある。ある時点での原子数 $y = Ae^{-kx}$ が半分になるまでの時間である。

$$Ae^{-k(x+t)} = \frac{1}{2}Ae^{-kx}, \quad e^{-kt} = \frac{1}{2}, \quad e^{kt} = 2, \quad t = \frac{1}{k}\log 2$$

この値は、k にのみ（その物質にのみ）依存する。セシウム 136 は半減期 13 日、セシウム 137 は 30 年、ウラン 238 は 45 億年である。

さて、人口が急増した歴史上の時代は、生産力急激に上昇した時期でもあり、マルサスの仮定がそのまま当てはまる時期であった。しかし、現代の先進国では人口の伸びが止まっている。産業革命以前の中世の人口も停滞している。我が国でも、江戸時代を通じて人口は殆ど一定であったと考えられている。現代日本の人口も戦後の急増現象は終わり、停滞から減少の時代に入っている。次の例はこの現象を説明する。

例 9.4 人口と無関係に生産力が一定ならば、その生産力により養える人口 y には上限 N がある筈である。生産力が低いならば、1 年当たりの人口の増加 Δy は、上限までの差 $(N - y)$ に比例する。

$$\Delta y = k(N - y)\Delta x, \quad \frac{\Delta y}{\Delta x} = k(N - y)$$

極限をとって、次の微分方程式を得る。

(9.1.5) $$\frac{dy}{dx} = k(N - y)$$

これを解いて、

$$\int \frac{1}{y - N} = -\int k\,dx, \quad \log|y - N| = -kx + C, \quad y - N = \pm e^C e^{-kx}$$

$A = \mp e^C$ とおくことにより、

(9.1.6) $$y = N - Ae^{-kx}$$

$y \leq N$ であるから、$A \geq 0$ である。x を大きくすると、人口は増加し、N に収束する。

上の例の微分方程式も、まったく別の現象を表現する事がある。その1例が、ニュートンの冷却法則である。

例 9.5（ニュートンの冷却法則） 気温 N の場所に、高温の物質を放置する。物質の温度 y はだんだん下がり N に近くなる。この場合も、y の減少量 Δy は温度の差 $y - N$ に

比例するから、$\Delta y = -k(y-N)\Delta x$ であり、これは、上の例 9.4 と同じ式である。解も同じで、$y = N + Ae^{-kx}$ である。ただし、例 9.4 では $y \leq N$ であったが、この例では、$y \geq N$ である。最初の温度を N_0 とすると、$A = N_0 - N$ であり、

(9.1.7) $$y = N + (N_0 - N)e^{-kx}$$

となる。これが、ニュートンの冷却法則である。

マルサスの人口論は爆発的な人口の増加を説明し、例 9.4 は人口停滞を説明する。フェアフルストは、両方を統合した次のロジステック曲線を考案した。

例 9.6（ロジステック曲線） 1 年当たりの人口の変化 Δy はその時点での人口 y と上限までの差 $(N-y)$ の両方に比例すると考える。

$$\Delta y = ky(N-y)\Delta x$$

よって微分方程式は

(9.1.8) $$\frac{dy}{dx} = -ky(y-N)$$

部分分数分解を使って、この方程式を解く。

$$\int \frac{1}{y(y-N)}\,dy = -\int k\,dx, \quad \int \frac{1}{N}\left(\frac{1}{y-N} - \frac{1}{y}\right)dx = -\int k\,dx$$

$$\frac{1}{N}(\log|y-N| - \log|y|) = -kx + C, \quad \frac{1}{N}\log\left|\frac{y-N}{y}\right| = -kx + C$$

$$\left|\frac{y-N}{y}\right| = e^{-kNx + NC} = e^{NC}e^{-kNx}, \quad \frac{y-N}{y} = \pm e^{NC}e^{-kNx} = -Ae^{kNx}$$

ここで $A = \mp e^{NC}$ である。$y \leq N$ であるから、$A \geq 0$ である。y について解くと、

(9.1.9) $$y = \frac{ANe^{kNx}}{1 + Ae^{kNx}} = \frac{N}{1 + Ae^{-kNx}}$$

この関数のグラフは図 9.1.1 (3) で、ロジスティック曲線または成長曲線と呼ばれている。最初は、爆発的に増加するが、時が経つと増加が鈍化し、N に近づく。

このグラフは様々な場面で現われる。例えば、人口 N の町での噂の伝播がそうである。

例 9.7（噂の伝播） 噂を聞いた人数を y とすると、噂を知る人の増加 Δy は、噂を広める人たち y と、まだ噂を知らない人たち $(N-y)$（噂の受け取り手）に比例する。したがって同じ微分方程式が得られ、ロジスティック曲線は噂の伝播を表現している。

ロジスティック曲線の元になった微分方程式

(9.1.10) $$y' = ky(N-y) = kNy - ky^2$$

に戻る。微分方程式を解かなくても、この方程式自体から様々結論が引き出せる。例えば、これをもう一回微分すると、合成関数の微分により

$$y'' = kNy' - 2kyy' = ky'(N-2y)$$

グラフの変曲点では、$y'' = 0$ である。上の式から、$y' = 0$, $y = \dfrac{N}{2}$ で変曲点になる。人口が増減している最中ならば、$y' \neq 0$ であるから、変曲点では $y = \dfrac{N}{2}$ である。これにより、変曲点での人口の 2 倍が将来の人口の上限 (N) になる事が分かる。

微分方程式 (9.1.10) を見ると、人口 y は正であるから、人口が N 以上ならば $N-y < 0$ になり、$y' < 0$ となる。これは人口が減少する事を意味する。逆に人口が N 以下ならば、$y' > 0$ となり、人口は増加する。さらに $y = N$ では $y' = 0$ であるから、人口の増減は無い。以上から、時間が経てば、人口はある一定数 N に近づきそこで安定する。

問題 9.1 日本の明治時代以後の人口のグラフから、将来の日本人口について考察せよ。

レポート 12

次の微分方程式を解け.
(1) $y' = xy$ (2) $yy' + x^2 = 0$ (3) $x^2 y' + y = 0$ (4) $y' = y^2 x$
(5) $(1+x)y' = 1 + y$ 初期条件 $x = 0$ で $y = 1$
(6) $y^2 - x^3 y' = 0$ 初期条件 $x = 1$ で $y = -1$
(7) $xy' + y = 0$ 初期条件 $x = 1$ で $y = 1$
(8) $y' = (y^2 + 4)x$ 初期条件 $x = 0$ で $y = 2$

テスト 27

問 1. 次の変数分離形の微分方程式を解け。

(1) $y' = y \cos x$, $\log \left| \boxed{A} \right| = \boxed{B} + C$, $y = A \boxed{C}^{\boxed{D}}$

(2) $xy^2 y' = 1$, 初期条件 $x = 1$ のとき $y = 2$

$$\boxed{A}y' = \frac{1}{\boxed{B}}, \qquad y = \boxed{C}\sqrt{3\boxed{D}+C}$$

初期条件より、$C = \boxed{E}$

(3) $y' = 2xy^2 + 2xy$, 初期条件 $x=0$ のとき $y=-2$

$$\left(\frac{\boxed{A}}{y} - \frac{\boxed{B}}{y+1}\right)y' = 2\boxed{C}, \qquad \log\left|\frac{\boxed{D}}{\boxed{D}+1}\right| = \boxed{E} + C,$$

$$\frac{\boxed{D}}{\boxed{D}+1} = A\boxed{F}^{\boxed{G}}, \qquad y = \frac{A\boxed{F}^{\boxed{G}}}{\boxed{H} - A\boxed{I}^{\boxed{J}}},$$

初期条件より、$A = \boxed{K}$

9.2 線形微分方程式

9.2.1 重ね合わせの原理

$P_i(x), R(x)$ を x の関数とする。微分作用素を形式的に $D = \sum_{i=0}^{n} P_i(x)\dfrac{d^i}{dx^i}$ と定義する。n 階微分方程式 $Dy = R(x)$、丁寧に書くと

(9.2.1) $$\sum_{i=0}^{n} P_i(x)y^{(i)} = y^{(n)} + P_{n-1}(x)y^{(n-1)} + \cdots + P_1(x)y' + P_0(x)y = R(x)$$

を**線形微分方程式**と言う。$R(x)$ を**非同次項**と呼び、恒等的に $R(x)=0$ の時、線形微分方程式 (9.2.1) を**同次形線形微分方程式**と言う。それ以外 $R(x) \neq 0$ の時、**非同次形線形微分方程式**と言う。また、$P_i(x)$ が全て定数ならば**定数係数線形微分方程式**と言う。

線形の用語は、次の式を意味する。

(9.2.2) $$D(af+bg) = aD(f) + bD(g)$$

ここで、a,b は定数である。線形の用語はベクトルに由来する。ベクトル $\vec{u}, \vec{v}$ に対し、$a\vec{u}+b\vec{v}$ もまたベクトルになる事が線形の語源である。行列 A はベクトルに作用し、(9.2.2) が成り立つ。連立方程式は、係数行列 A により、$A\vec{x}=\boldsymbol{b}$ と表現され、線形性により、線形微分方程式は連立方程式と同じように扱える。

さて n 個の関数 $f_1(x)$, $f_2(x)$, $\cdots$, $f_n(x)$ は、恒等的に

$$\sum_{i=1}^{n} c_i f_i(x) = c_1 f_1(x) + c_2 f_2(x) + \cdots + c_n f_n(x) = 0$$

となるのが $c_1 = c_2 = \cdots = c_n = 0$ の時のみであるならば、**1 次独立**と呼ばれる。同次線形微分方程式

(9.2.3) $\qquad Dy = y^{(n)} + P_{n-1}(x) y^{(n-1)} + \cdots + P_1(x) y' + P_0(x) y = 0$

が、解 $y = f(x), y = g(x)$ を持つならば、$y = af(x) + bg(x)$ $\quad$ (a, b は実定数) も解になる事は (9.2.2) より明らかである。したがって、次の定理を得る。

定理 9.1（重ね合せの原理） (1) $y = f(x)$, $y = g(x)$ が同次形線形微分方程式 (9.2.3) の解ならば、$y = af(x) + bg(x)$ も解である。
$\quad$ (2) n 個の 1 次独立な関数

$$y = f_1(x),\ y = f_2(x), \cdots\cdots,\ y = f_n(x)$$

が n 階同次形線形微分方程式 (9.2.3) の解ならば、この方程式の一般解は

(9.2.4) $\qquad y = \sum_{i=1}^{n} C_i f_i(x) = C_1 f_1(x) + C_2 f_2(x) + \cdots + C_n f_n(x)$

ここで $C_1, C_2, \cdots, C_n$ は任意定数である。
$\quad$ (3) 非同次形線形微分方程式 (9.2.1) の特殊解を $y = g(x)$ とし、同次項を 0 とした同次線形微分方程式 (9.2.3) の一般解を

$$y = C_1 f_1(x) + C_2 f_2(x) + \cdots + C_n f_n(x)$$

とすると、非同次形線形微分方程式 (9.2.1) の一般解は

(9.2.5) $\qquad y = C_1 f_1(x) + C_2 f_2(x) + \cdots + C_n f_n(x) + g(x)$

この定理から, n 階線形微分方程式の解法は次の 3 段階に分かれる.
(1) $R(x) = 0$ と置いた同次線形微分方程式の 1 次独立な n 個の解

$$y = f_1(x),\ y = f_2(x), \cdots\cdots,\ y = f_n(x)$$

を求める。
$\quad$ (2) 特殊解 $y = g(x)$ を求める。
$\quad$ (3) 一般解は $y = \sum_{i=1}^{n} C_i f_i(x) + g(x)$ で与えられる.

9.2 線形微分方程式

上の (2) の特殊解の求め方は、非同次項 $R(x)$ により様々である。普通に使われるのは次のような方法であり、これらを組み合わせて求める。

1) (定数変化法) 同次方程式の一般解の任意定数 C_i を x の関数とみなして

$$y = \sum_{i=1}^{n} C_i(x) f_i(x)$$

を方程式に代入して、$C_i(x)$ を求める。

2) $R(x)$ が m 次多項式ならば、y を m 次多項式 $y = \sum_{i=0}^{m} a_i x^i$ とみなして、元の方程式に代入して、a_i を求める。

3) $R(x)$ が e^{kx} の式ならば、$y = \left(\sum_{i=0}^{n} a_i x^i\right) e^{kx}$ として、元の方程式に代入し、方程式が成り立つように a_i を求める。

4) $R(x)$ が $\sin kx, \cos kx$ の式ならば、$y = A \sin kx + B \cos kx$ と置いて、A, B を求める。

5) 定数係数線形微分方程式の場合は、テスト 19 問 3 で導入されたラプラス変換を利用して解く。

9.2.2　1 階線形微分方程式

1 階線形微分方程式

(9.2.6) $$y' + P(x) y = R(x)$$

を解く。$R(x) = 0$ とした同次方程式は変数分離形であるから、一般解は

$$\int \frac{1}{y} dy = -\int P(x)\, dx$$
$$\log |y| = -\int P(x)\, dx$$
$$y = A e^{-\int P(x)\, dx}$$

ここで $\int P(x)\, dx$ は積分定数を含まないある一つの原始関数を表している。次に (9.2.6) の特殊解を求めるために、定数変化法を適用する。

$$y = A(x) e^{-\int P(x)\, dx}$$

と置く。すると、

$$y' = A'(x) e^{-\int P(x)\, dx} + A(x) e^{-\int P(x)\, dx} \{-P(x)\} = A'(x) e^{-\int P(x)\, dx} - y P(x)$$

であるから、(9.2.6) に代入し、

$$A'(x)e^{-\int P(x)\,dx} - yP(x) + P(x)y = R(x)$$
$$A'(x) = R(x)e^{\int P(x)\,dx}$$
$$A(x) = \int R(x)e^{\int P(x)\,dx}\,dx$$

以上から、

$$y = e^{-\int P(x)\,dx}\int R(x)e^{\int P(x)\,dx}\,dx$$

は特殊解になる。定理 9.1 から次の一般解を得る．

定理 9.2 1 階線形微分方程式 $y' + P(x)y = R(x)$ の一般解は

$$y = Ae^{-\int P(x)\,dx} + e^{-\int P(x)\,dx}\int R(x)e^{\int P(x)\,dx}\,dx$$
$$= e^{-\int P(x)\,dx}\left(\int R(x)e^{\int P(x)\,dx}\,dx + A\right)$$

具体的な微分方程式では、上の定理の結果ではなく、直接、定数変化法により解く．

例題 9.2 微分方程式 $(x^2+1)y' = xy + x^3$ を解け．

(解答) 非同次項は x^3 であるから、対応する同次方程式は、$(x^2+1)y' = xy$ である。一般解を求めると、

$$\int\frac{1}{y}\,dy = \int\frac{x}{x^2+1}\,dx, \qquad \log|y| = \frac{1}{2}\log|x^2+1| + C,$$

$$\log|y| - \log\sqrt{x^2+1} = C, \qquad \frac{|y|}{\sqrt{x^2+1}} = e^C, \qquad y = A\sqrt{x^2+1}$$

A を x の関数と見なすと、$y' = A'\sqrt{x^2+1} + A\dfrac{x}{\sqrt{x^2+1}}$ であり、元の方程式に代入して、

$$A'(x^2+1)\sqrt{x^2+1} + (x^2+1)A\frac{x}{\sqrt{x^2+1}} = xA\sqrt{(x^2+1)} + x^3, \qquad A' = \frac{x^3}{(x^2+1)^{\frac{3}{2}}}$$

よって、$A = \displaystyle\int\frac{x^3}{(x^2+1)^{\frac{3}{2}}}\,dx$ である。この積分は、置換積分 $t = x^2+1$ により解ける。$x^2 = t-1,\ dx = \dfrac{1}{2x}\,dt$ に注意して、

$$A = \frac{1}{2}\int\frac{t-1}{t^{\frac{3}{2}}}\,dt = \frac{1}{2}\int\left(t^{-\frac{1}{2}} - t^{-\frac{3}{2}}\right)dt = \sqrt{t} + \frac{1}{\sqrt{t}} + C = \frac{x^2+2}{\sqrt{x^2+1}} + C$$

y の式に代入して、
$$y = A\sqrt{x^2+1} = x^2 + 2 + C\sqrt{x^2+1}$$

(別解) 与えられた微分方程式を書き換えると、$y' - \dfrac{x}{x^2+1}y = \dfrac{x^3}{x^2+1}$ である。よって (9.2.6) で
$$P(x) = -\frac{x}{x^2+1}, \quad R(x) = \frac{x^3}{x^2+1}$$
したがって、
$$\int P(x)\,dx = -\int \frac{x}{x^2+1}\,dx = -\int \frac{x}{t}\frac{1}{2x}\,dt \quad (t = x^2+1)$$
$$= -\frac{1}{2}\log|t| + C = -\log\sqrt{|x^2+1|} + C$$

以上から、
$$e^{-\int P(x)\,dx} = \sqrt{x^2+1}$$
$$\int R(x)e^{\int P(x)\,dx}\,dx = \int \frac{x^3}{x^2+1}\frac{1}{\sqrt{x^2+1}}\,dx = \int \frac{(x^2+1-1)x}{(x^2+1)^{\frac{3}{2}}}\,dx$$
$$= \int \frac{(t-1)x}{t^{\frac{3}{2}}}\frac{1}{2x}\,dt \quad (t = x^2+1)$$
$$= \frac{1}{2}\int \left(t^{-\frac{1}{2}} - t^{-\frac{3}{2}}\right)dt = t^{\frac{1}{2}} + t^{-\frac{1}{2}} + C$$
$$= \sqrt{x^2+1} + \frac{1}{\sqrt{x^2+1}} + C$$

公式から、一般解は
$$y = \sqrt{x^2+1}\left(\sqrt{x^2+1} + \frac{1}{\sqrt{x^2+1}} + C\right) = x^2 + 2 + C\sqrt{x^2+1}$$

問題 9.2 次の微分方程式を解け。

(1) $xy' - ny = x^{n+1}\cos x$ 　　(2) $(x+1)y' - y = x^3(x+1)^2$ 　　(3) $y' + 2y\tan x = \sin x$

テスト 28

問 次の 1 階線形微分方程式を解け。

(1) $y' + xy = x$

同次方程式 $y' + xy = 0$ は変数分離形であるから、解は

$$y = Ae^{-\frac{\boxed{A}}{\boxed{B}}}$$

A を x の関数とみなすと、

$$y' = A'e^{-\frac{\boxed{A}}{\boxed{B}}} - A\boxed{C}e^{-\frac{\boxed{A}}{\boxed{B}}}$$

与えられた方程式に代入して

$$A' = \boxed{D}e^{\frac{\boxed{A}}{\boxed{B}}}$$

よって

$$A = \boxed{E}e^{\frac{\boxed{F}}{\boxed{G}}} + C$$

以上から

$$y = Ae^{-\frac{\boxed{A}}{\boxed{B}}} = \boxed{H} + Ce^{-\frac{\boxed{I}}{\boxed{J}}}$$

(2) $(x^3+x)y' + (x^2+1)y = 1$, 初期条件 $x=1, y=\frac{\pi}{2}$

同次方程式 $(x^3+x)y' + (x^2+1)y = \boxed{A}$ は変数分離形であるから、解は

$$y = \frac{A}{\boxed{B}}$$

A を x の関数とみなすと、

$$y' = \frac{A'}{\boxed{B}} - \frac{A}{\boxed{C}}$$

与えられた方程式に代入して

$$A' = \frac{1}{\boxed{D}+1}$$

よって

$$A = \boxed{E} + C$$

以上から

$$y = \frac{A}{\boxed{B}} = \frac{\boxed{E}+C}{\boxed{B}}$$

初期条件より、$C = \frac{\pi}{\boxed{F}}$

9.3 定数係数線形微分方程式

9.3.1 ラプラス変換

ラプラス変換表

$f(x)$	$F(t)$	$f(x)$	$F(t)$
$f(x) \longrightarrow$	$F(t) = \int_0^\infty e^{-tx} f(x)\,dx$	$a \longrightarrow$	$\dfrac{a}{t}$
$f'(x) \longrightarrow$	$tF(t) - f(0)$	$x^n \longrightarrow$	$\dfrac{n!}{t^{n+1}}$
$f''(x) \longrightarrow$	$t^2 F(t) - f(0)t - f'(0)$	$e^{ax} \longrightarrow$	$\dfrac{1}{t-a}$
$f^{(n)}(x) \longrightarrow$	$t^n F(t) - \sum_{i=0}^{n-1} f^i(0) t^{n-i-1}$	$\sin ax \longrightarrow$	$\dfrac{a}{t^2 + a^2}$
$e^{bx} f(x) \longrightarrow$	$F(t-b)$	$e^{bx} \sin ax \longrightarrow$	$\dfrac{a}{(t-b)^2 + a^2}$
$xe^{ax} \longrightarrow$	$\dfrac{1}{(t-a)^2}$	$\cos ax \longrightarrow$	$\dfrac{t}{t^2 + a^2}$
		$e^{bx} \cos ax \longrightarrow$	$\dfrac{t-b}{(t-b)^2 + a^2}$

214　第 9 章　微分方程式

定数係数の線形微分方程式

(9.3.1) $$\sum_{i=0}^{n} a_i y^{(i)} = y^{(n)} + a_{n-1} y^{(n-1)} + \cdots + a_1 y' + a_0 y = R(x)$$

は、テスト 19 問 3 で導入されたラプラス変換により解ける場合がある。x の関数 $f(x)$ に対し、ラプラス変換 $L(f)$ は、変数 t の関数 $F(t) = \int_0^\infty e^{-tx} f(x)\,dx$ である。前頁の表は、テスト 19 問 3 の結果を含むラプラス変換の表である。

問題 9.3 ラプラス変換の表の結果を証明せよ。

例題 9.3 次の微分方程式の解 $y = f(x)$ を求めよ。

(1) $y' + 3y = e^{2x},\quad f(0) = 1$ 　　(2) $y'' - 2y' + y = 2,\quad f(0) = 4,\ f'(0) = 5$

(解答) (1) ラプラス変換を $F(t) = L(f)$ とし、方程式をラプラス変換すると、

$$tF(t) - 1 + 3F(t) = \frac{1}{t-2}, \qquad F(t) = \frac{(t-1)}{(t-2)(t+3)} = \frac{A}{(t-2)} + \frac{B}{(t+3)}$$

最後の式は部分分数分解である。よって、

$$A = \left.\frac{(t-1)}{(t-2)(t+3)}(t-2)\right|_{t=2} = \frac{1}{5}, \qquad B = \left.\frac{(t-1)}{(t-2)(t+3)}(t+3)\right|_{t=-3} = \frac{4}{5}$$

逆ラプラス変換により、

$$y = \frac{1}{5} e^{2x} + \frac{4}{5} e^{-3x}$$

(2) $F(t) = L(f)$ とすると、ラプラス変換により、

$$t^2 F(t) - 4t - 5 - 2(tF(t) - 4) + F(t) = \frac{2}{t}, \qquad (t-1)^2 F(t) = \frac{4t^2 - 3t + 2}{t}$$

部分分数分解により、

$$F(t) = \frac{(4t^2 - 3t + 2)}{(t-1)^2 t} = \frac{A_1}{(t-1)} + \frac{A_2}{(t-1)^2} + \frac{B}{t}$$

$$B = \left.\frac{(4t^2 - 3t + 2)}{(t-1)^2 t} t\right|_{t=0} = 2, \qquad A_2 = \left.\frac{(4t^2 - 3t + 2)}{(t-1)^2 t}(t-1)^2\right|_{t=1} = 3,$$

$$A_1 = \frac{1}{1!} \frac{d}{dx} \left.\left(\frac{(4t^2 - 3t + 2)}{(t-1)^2 t}(t-1)^2\right)\right|_{t=1}$$

$$= \left.\left(\frac{(4t^2 - 3t + 2)' t - (4t^2 - 3t + 2)(t)'}{t^2}\right)\right|_{t=1} = \left.\frac{4t^2 - 2}{t^2}\right|_{t=1} = 2$$

以上から、逆ラプラス変換により
$$y = 2e^x + 3xe^x + 2$$

テスト 29

問　$y = f(x)$ の 2 階線形微分方程式 $y'' + y' - 2y = 4e^{-x}$ を
初期条件 $f(0) = 0$, $f'(0) = -5$ の元で、ラプラス変換により解く。
$f(x)$ のラプラス変換を $L(f) = F(t)$ とし、この方程式をラプラス変換すると、

$$t^2 F(t) + \boxed{A} tF(t) - \boxed{B} F(t) + \boxed{C} = \frac{\boxed{D}}{t + \boxed{E}}$$

よって、

$$F(t) = \frac{-\boxed{F} t - \boxed{G}}{(t + \boxed{H})(t - \boxed{I})(t + \boxed{I})} = \frac{\boxed{J}}{t + \boxed{H}} - \frac{\boxed{K}}{t - \boxed{I}} - \frac{\boxed{L}}{t + \boxed{I}}$$

ラプラス逆変換すると

$$y = \boxed{M} e^{-2x} - \boxed{N} e^{\boxed{O} x} - \boxed{P} e^{-\boxed{Q} x}$$

9.3.2 定数係数 2 階線形微分方程式

微分方程式

(9.3.2) $\qquad y'' + ay' + by = 0 \quad (a, b \text{ は定数})$

をラプラス変換により解く。解を $y = f(x)$ とし、そのラプラス変換を $F(t) = L(f)$ とする。

$$t^2 F(t) - tf(0) - f'(0) + aF(t) - af(0) + bF(t) = 0,$$

(9.3.3) $\qquad F(t) = \dfrac{tf(0) + f'(0) + af(0)}{t^2 + at + b}$

ここで、次の 2 次方程式をこの微分方程式の**補助方程式**と言う。

(9.3.4) $\qquad t^2 + at + b = 0$

この方程式の解により、(9.3.3) の逆ラプラス変換は変化する。

(1) $D = a^2 - 4b > 0$ ならば、実数解 $t = \alpha, \beta$ を持ち、$t^2 + at + b = (t-\alpha)(t-\beta)$ であるから、部分分数分解により

$$F(t) = \frac{(tf(0) + f'(0) + af(0))}{(t-\alpha)(t-\beta)} = \frac{A}{(t-\alpha)} + \frac{B}{(t-\beta)}$$

ここで、$f(0), f'(0)$ は未定だから、A, B も未定であり、これらが積分定数である。逆変換して、

$$y = Ae^{\alpha x} + Be^{\beta x}$$

(2) $D = a^2 - 4b = 0$ ならば、重解 $t = \alpha$ を持ち、$t^2 + at + b = (t-\alpha)^2$ であるから、部分分数分解により

$$F(t) = \frac{(tf(0) + f'(0) + af(0))}{(t-\alpha)^2} = \frac{A}{(t-\alpha)} + \frac{B}{(t-\alpha)^2}$$

A, B が積分定数になる。逆ラプラス変換して

$$y = Ae^{\alpha x} + Bxe^{\alpha x}$$

(3) $D = a^2 - 4b < 0$ ならば、複素数解 $t = \lambda \pm \mu\sqrt{-1}$ を持ち、$t^2 + at + b = (t-\lambda)^2 + \mu^2$ であるから、

$$F(t) = \frac{(tf(0) + f'(0) + af(0))}{(t-\lambda)^2 + \mu^2} = A\frac{(t-\lambda)}{(t-\lambda)^2 + \mu^2} + B\frac{\mu}{(t-\lambda)^2 + \mu^2}$$

ここで、$A = f(0)$, $B = \dfrac{f'(0) + af(0) + f(0)\lambda}{\mu}$ である。$f(0), f'(0)$ が未定であるから、A, B は不定定数であり、これらが積分定数である。逆ラプラス変換して、

$$y = Ae^{\lambda x}\cos\mu x + Be^{\lambda x}\sin\mu x$$

以上をまとめて、次の定理を得る。

定理 9.3 定数係数 2 階同次線形微分方程式 $y'' + ay' + by = 0$ の一般解は、補助方程式 $t^2 + at + b = 0$ の解により次のようになる。A, B は任意定数である。

(1) 補助方程式が異なる実数解 α, β を持つならば、一般解は

$$y = Ae^{\alpha x} + Be^{\beta x}$$

(2) 補助方程式が重解 α を持つならば、一般解は

$$y = (Ax + B)e^{\alpha x}$$

(3) 補助方程式が異なる複素数解 $\lambda \pm \mu i$ を持つならば、一般解は

$$y = e^{\lambda x}(A\cos\mu x + B\sin\mu x)$$

(別証) 補助方程式の解を $t = \alpha$ として、$y = ze^{\alpha x}$ と置く。α が複素数 $\lambda + i\mu$ の時は、オイラーの公式 (5.4.3) を使って $e^{\alpha x} = e^{\lambda x}e^{\mu x i} = e^{\lambda x}(\cos \mu x + i \sin \mu x)$ と定義する。さて

$$y' = z'e^{\alpha x} + ze^{\alpha x}\alpha = z'e^{\alpha x} + \alpha y$$
$$y'' = z''e^{\alpha x} + \alpha z'e^{\alpha x} + \alpha y' = z''e^{\alpha x} + 2\alpha z'e^{\alpha x} + \alpha^2 y$$

であるから、(9.3.2) に代入して

$$\{z'' + (a + 2\alpha)z'\}e^{\alpha x} + (\alpha^2 + a\alpha + b)y = 0$$

α は補助方程式 (9.3.4) の解であるから、$\alpha^2 + a\alpha + b = 0$ である。そこで、$u = z'$ とすると、上の式は

$$u' + (a + 2\alpha)u = 0$$

これは変数分離形の方程式であるから、

$$u = Ce^{-(a+2\alpha)x}$$

$u = z'$ より、A, B を任意定数として,

$$z = Be^{-(a+2\alpha)x} + A \quad (a + 2\alpha \neq 0), \quad z = Ax + B \quad (a + 2\alpha = 0)$$

ここで、補助方程式のもう一つの解を β とすると、解と係数の関係から

$$\beta = -a - \alpha$$

であり、$a + 2\alpha \neq 0$ の時、

$$y = ze^{\alpha x} = Be^{(-a-\alpha)x} + Ae^{\alpha x} = Ae^{\alpha x} + Be^{\beta x}$$

また $a = -(\alpha + \beta)$ より $a + 2\alpha = \alpha - \beta$ であるから、$a + 2\alpha = 0$ となるのは、重解 $\alpha = \beta$ の時のみであり、

$$y = (Ax + B)e^{\alpha x}$$

さらに、α, β が複素数の解 $\lambda \pm \mu i$ $(\mu \neq 0)$ である時は、

$$y = Ae^{\lambda x + \mu x i} + Be^{\lambda x - \mu x i} = e^{\lambda x}\{(A + B)\cos \mu x + i(A - B)\sin \mu x\}$$

任意定数 $A' = A + B$, $B' = -(A - B)i$ を取ると、

$$y = e^{\lambda x}(A' \cos \mu x + B' \sin \mu x)$$

y は実数値関数であるから A', B' を実数値任意定数とみなす。 □

例題 9.4 次の微分方程式を解け。

(1) $y'' - y - 2 = 0$ (2) $y'' + y' + y = 0$ (3) $y'' + 2y' + y = 0$

(解答) (1) 補助方程式の解は $-1, 2$ であるから、一般解 $y = Ae^{-x} + Be^{2x}$

(2) 補助方程式の解は $\dfrac{-1 \pm \sqrt{3}i}{2}$ であるから、

一般解 $y = e^{-\frac{x}{2}}\left(A\cos\dfrac{\sqrt{3}}{2}x + B\sin\dfrac{\sqrt{3}}{2}x\right)$

(3) 補助方程式の解は重解 -1 であるから、一般解 $y = (Ax + B)e^{-x}$.

問題 9.4 次の微分方程式を解け．

(1) $y'' - 5y' + 6y = 0$ (2) $y'' + 4y' + 13y = 0$ (3) $y'' + 4y' + 4y = 0$
(4) $y'' + 9y = 0$ (5) $y'' - 2y' = 0$ (6) $y'' - 6y' + 9y = 0$

非同次定数係数 2 階線形微分方程式

(9.3.5) $$y'' + ay' + by = F(x)$$

の解法は、定理 9.1 による。具体的には、$F(x) = 0$ とした同次方程式を定理 9.3 を使って解き、その一般解と特殊解の和がこの方程式の一般解になる。特殊解の求め方は $F(x)$ により様々であるが、次のようなものが代表的である。

(1) $F(x)$ が n 次多項式

y を n 次多項式 $y = a_0 + a_1 x + \cdots + a_n x^n$ として、方程式に代入し、等式が成り立つような a_i を求める。

(2) $F(x) = De^{\omega x}$ (D, ω は定数)

次のように置いて元の方程式に代入し c の値を求める。ただし補助方程式の解を α, β とする。

$\omega \neq \alpha, \beta$ の時 $y = ce^{\omega x}$
$\omega = \alpha, \omega \neq \beta$ の時 $y = cxe^{\omega x}$
$\omega = \alpha = \beta$ の時 $y = cx^2 e^{\omega x}$

(3) $F(x) = D_1 \cos \omega x + D_2 \sin \omega x$ (D_1, D_2, ω は定数)

次のように置いて元の方程式に代入し c_1, c_2 の値を求める。
ωi が補助方程式の解でない時 $y = c_1 \cos \omega x + c_2 \sin \omega x$
ωi が補助方程式の解の時 $y = x(c_1 \cos \omega x + c_2 \sin \omega x)$

例題 9.5 次の微分方程式を解け．

(1) $y'' - 3y' + 2y = x$ (2) $y'' - 2y' + 5y = 4e^{3x}$ (3) $y'' + 4y = 3\sin 2x$

(解答) (1) 補助方程式の解は $t = 1, 2$ であるから，同次方程式の一般解は $Ae^x + Be^{2x}$ である。

特殊解を $y = ax + b$ とし、方程式に代入すると $2ax + (2b - 3a) = x$ だから、$a = \dfrac{1}{2}$, $b = \dfrac{3}{4}$ とすればよい。以上から、一般解 $y = Ae^x + Be^{2x} + \dfrac{1}{2}x + \dfrac{3}{4}$.

(2) 補助方程式の解は $t = 1 \pm 2i$ であるから、同次方程式の一般解は
$$e^x(A \sin 2x + B \cos 2x)$$

特殊解を $y = ce^{3x}$ とし、方程式に代入すると $8ce^{3x} = 4e^{3x}$ だから、$c = \dfrac{1}{2}$ とすればよい。以上から、一般解 $y = e^x(A \sin 2x + B \cos 2x) + \dfrac{1}{2}e^{3x}$

(3) 補助方程式の解は $t = \pm 2i$ であるから、同次方程式の一般解は $A \sin 2x + B \cos 2x$
特殊解を $y = x(c_1 \cos 2x + c_2 \sin 2x)$ とし、方程式に代入すると
$$-4c_1 \sin 2x + 4c_2 \cos 2x = 3 \sin 2x$$
よって、$c_1 = -\dfrac{3}{4}$, $c_2 = 0$ とすれば特殊解になる。以上から

一般解 $y = A \sin 2x + B \cos 2x - \dfrac{3}{4}x \cos 2x$

問題 9.5 次の微分方程式を解け．

(1) $y'' - y' + y = x^2$ (2) $y'' - 2y' - 3y = e^{2x}$ (3) $y'' + 2y' - 3y = e^x$
(4) $y'' - 4y' + 4y = e^{2x}$ (5) $y'' - 4y' + 5y = \cos x$ (6) $y'' + 9y = 2\sin 3x - \cos 3x$

9.3.3 交流回路

発電機と電動モーターは、同じ原理（電磁誘導）を基にしている。電磁誘導とは、磁場を変化させると、その中のコイルに電流が流れる現象である。磁場の中でコイルを回転させる事で、電流を得るのが発電機であり、コイルに電流を流すことで回転させるのが、電動モーターである。さて、回転するコイルから得られる電流は、回転により三角関数で表される変動をする。それを**交流**という。交流では、電圧や電流は三角関数で表されるが、$i = \sqrt{-1}$ として、オイラーの公式 $e^{xi} = \cos x + i \sin x$ から、複素数を使用するのが便利である。

さて、交流を回路に流す事を考える。電流 I は、負の電気を持った電子の流れである。よって、水流のように、流れを生じさせる電圧 V がある。回路の電荷量 q は電子の数に

より決まり、電流 I は流れの速度であるから電荷量 q の時間微分である。

(9.3.6) $$I = \frac{dq}{dt}$$ (t は時間)

以下、電気回路を構成する素子（電子部品）の内、抵抗、インダクタ（コイル）、キャパシタ（コンデンサ）について解説する。

1．抵抗器 R：電気を流れにくくする電子部品である。オームの法則により、電圧と電流は比例する。比例定数を R で表し、**抵抗値**と言う。

$$V = RI = R\frac{dq}{dt}$$

2．インダクタ L：電線を何重にも巻いたコイルである。電磁誘導により、電流の変化に比例する電圧を生じる。比例定数を**インダクタンス**と言い、L で表す。

$$V = L\frac{dI}{dt} = L\frac{d^2q}{dt^2}$$

3．キャパシタ C：2枚の金属板で絶縁体を挟んだコンデンサである。金属板の間に電荷を蓄える機能がある。蓄える電荷量 q は、電圧に比例する。比例定数を**電気容量**と言い、C で表す。

$$q = CV, \quad V = \frac{1}{C}q$$

これらの素子を配置した電気回路を流れる電流を解析するには、上の式から得られる定数係数微分方程式を解く必要がある。例えば、上の素子を一つずつ直列に繋ぐと、各素子の電圧の和が、全体の電圧 V になるから、次の微分方程式になる。

$$L\frac{d^2q}{dt} + R\frac{dq}{dt} + \frac{1}{C}q = V$$

この方程式の補助方程式の判別式が負になる時、複素数が自然に現れることに注意する。

注 このような微分方程式を解くには、ラプラス変換による方法が簡便である。ラプラス変換による解法は、ヘビサイドの演算子法が始まりである。

ヘビサイド (1850-1925) は独学で電磁気学と数学を学んだ人であり、電気関係でずば抜けた業績を挙げた。複素数を電気学の計算に導入したのも彼である。電磁気学の基本方程式であるマクスウェルの方程式は、その当時で２０個ほどの煩雑な方程式であったが、彼により現在の美しい４個の方程式に纏められた。この４個の方程式から、アインシュタインの特殊相対性理論、量子力学、ゲージ理論などの現代物理学が発展した。また、纏める過程で、ベクトル値関数の微分の記法を適用し、ベクトル解析とベクトル演算の創始者の一人になった。

また、交流回路に表われる上のような微分方程式と解く方法として、演算子法を考案した。これは、微分を関数に作用する演算子と捕らえ、代数的に微分方程式を解こうとする

物である。ただ、数学的な厳密性に欠けていた。ラプラス変換による解釈は後年の事である。演算子法の副産物が、6.3.1 節で述べた部分分数分解の公式である。これは、いわゆるヘビサイドの展開公式である。

最後にマックスウェルの方程式を記す。t を時間、$\boldsymbol{x} = (x, y, z) \in \mathbf{R}^3$ を空間の点する。$\boldsymbol{\nabla} = \left(\dfrac{\partial}{\partial x}, \dfrac{\partial}{\partial y}, \dfrac{\partial}{\partial z} \right)$ とし、ベクトル値関数との内積を div $= \boldsymbol{\nabla} \cdot$、外積を rot $= \boldsymbol{\nabla} \times$ で表す。$\boldsymbol{B}(t, \boldsymbol{x})$ は磁束密度、$\boldsymbol{D}(t, \boldsymbol{x})$ は電束密度、$\boldsymbol{H}(t, \boldsymbol{x})$ は磁場、$\boldsymbol{E}(t, \boldsymbol{x})$ は電場とする。さらに、$\rho(t, \boldsymbol{x})$ を電荷密度、$i(t, \boldsymbol{x})$ を電流とする。

$$(9.3.7) \qquad \operatorname{div} \boldsymbol{B} = 0, \qquad\qquad \operatorname{div} \boldsymbol{D} = \rho$$
$$\operatorname{rot} \boldsymbol{E} = -\dfrac{\partial \boldsymbol{B}}{\partial t}, \qquad \operatorname{rot} \boldsymbol{H} = \dfrac{\partial \boldsymbol{D}}{\partial t} + i$$

テスト 30

問 次の 2 階線形微分方程式を解け。

(1) $y'' - y' - 6y = 0$
解は $y = A\boxed{A}^{(-\boxed{B}x)} + B\boxed{C}^{(\boxed{D}x)}$

(2) $y'' - 4y' + 4y = 0$
解は $y = A\boxed{A}\boxed{B}^{(\boxed{C}x)} + B\boxed{D}^{(\boxed{E}x)}$

(3) $y'' - 2y' + 5y = 0$
解は $y = \boxed{A}^{(\boxed{B}x)} \left(A\cos(\boxed{C}x) + B\boxed{D}(\boxed{E}x) \right)$

(4) $y'' - 3y' + 2y = 2x^3 - 5x^2 - 5$
同次方程式 $y'' - 3y' + 2y = 0$ の解は $y = A\boxed{A}^{(\boxed{B}x)} + B\boxed{C}^{(\boxed{D}x)}$
次に特殊解を見つけるために、$y = ax^3 + bx^2 + cx + d$ と置き、問の方程式に代入すると
$$a = \boxed{E}, \ b = \boxed{F}, \ c = \boxed{G}, \ d = \boxed{H},$$
よって、解は
$$y = A\boxed{A}^{(\boxed{B}x)} + B\boxed{C}^{(\boxed{D}x)} + \boxed{E}x^3 + \boxed{F}x^2 + \boxed{G}x + \boxed{H}$$

9.4 解の存在と一意性

9.4.1 正規形連立微分方程式とリプシッツの条件

この節では、n 階常微分方程式
$$\frac{d^n y}{dx^n} = f(x, y, y', \cdots, y^{(n-1)})$$
の解 $y(x)$ の存在と一意性を証明する。さらに、線形微分方程式の重ね合わせの原理（定理 9.1）を証明する。その為に、n 個の関数 $y_i(x)$ を導入する。

(9.4.1) $\quad y_1(x) = y(x),\ y_2(x) = y'(x),\ \cdots,\ y_r(x) = y^{(r-1)}(x),\ \cdots,\ y_n(x) = y^{(n-1)}(x)$

これらを使用すると、n 階微分方程式は次の連立 1 階微分方程式に書き換えられる。
$$\frac{dy_r}{dx} = y_{r+1}\ (r = 1, 2, \cdots, n-1), \quad \frac{dy_n}{dx} = f(x, y_1, y_2, \cdots, y_n)$$

一般に、連立 1 階微分方程式
$$\begin{cases} \frac{dy_1}{dx} = f_1(x, y_1, y_2, \cdots, y_n) \\ \quad \cdots \\ \frac{dy_n}{dx} = f_n(x, y_1, y_2, \cdots, y_n) \end{cases}$$

を**正規形微分方程式**と言う。ベクトル
$$\boldsymbol{y} = \vec{y} = (y_1, y_2, \cdots, y_n), \quad \boldsymbol{f}(x, \boldsymbol{y}) = \vec{f}(x, \vec{y}) = (f_1(x, \boldsymbol{y}), f_2(x, \boldsymbol{y}), \cdots, f_n(x, \boldsymbol{y}))$$

を使用すると、次のように表現される。なお、この分野では、伝統的にベクトルを太字（ボールド体）で表すのが慣習である。

(9.4.2) $\qquad\qquad \dfrac{d\boldsymbol{y}}{dx} = \boldsymbol{f}(x, \boldsymbol{y}), \quad$ 初期条件 $\boldsymbol{y}(a) = \boldsymbol{b}$

積分方程式の形にすると

(9.4.3) $\qquad\qquad \boldsymbol{y}(x) = \boldsymbol{b} + \displaystyle\int_a^x \boldsymbol{f}(t, \boldsymbol{y}(t))\, dt$

ここで、ベクトル値関数 $\boldsymbol{f}(x, \boldsymbol{y})$ は $x \in [a, b]$ と $\mathbf{R}^n$ の $\boldsymbol{b}$ を含む領域 $D \subset \mathbf{R}^n$ で定義されている。$\boldsymbol{y} = (y_1, y_2, \cdots, y_n) \in D$ に対し、長さは $|\boldsymbol{y}| = \sqrt{\displaystyle\sum_{i=1}^n y_i^2}$ で定義される。以下、次のリプシッツの条件を仮定する。

定義 9.1 定数 $L > 0$ があり、定義域で $|f(x,y) - f(x,z)| \leq L|y - z|$ となるとき、$f(x,y)$ はリプシッツの条件を満たすと言う。

リプシッツの条件を満たすならば、変数 $f(x,y)$ は変数 f に関して明らかに一様連続である。また、$f(x,y)$ が変数 y について偏微分可能でその偏導関数が連続ならば、平均値の定理からリプシッツの条件は満たされる。

$y(x)$ の最大値ノルムを $||y(x)|| = \max_{a \leq x \leq b} |y(x)|$ で定義する。リプシッツの条件を満たす時、作用素

$$T(y(x)) = b + \int_a^x f(t, y(t))\, dt$$

は、b が a の近くであれば、最大値ノルムに関して縮小作用素である。

定理 9.4 $f(x,y)$ がリプシッツの条件を満たし、$b - a$ が十分小さいならば、適当な定数 $0 < K < 1$ があって、$[a,b]$ 上の任意の連続関数 $y(x)$, $z(x)$ に対して

$$||T(y(x)) - T(z(x))|| \leq K\, ||y(x) - z(x)||$$

(証明) リプシッツの条件から

$$\begin{aligned}
|T(y(x)) - T(z(x))| &= \left| \int_a^x \{f(t,y(t)) - f(t,z(t))\}\, dt \right| \\
&\leq \int_a^x |f(t,y(t)) - f(t,z(t))|\, dt \\
&\leq \int_a^x L\, |y(t) - z(t)|\, dt \\
&\leq L\, ||y(x) - z(x)|| \int_a^x 1\, dt \\
&\leq L\, ||y(x) - z(x)||(b - a)
\end{aligned}$$

よって、$(b - a) < \dfrac{1}{L}$ となるように $b - a$ を十分小さくすると、$K = L(b - a) < 1$ であり、定理の不等式が得られる。 □

この定理から、解の一意性が得られる。

定理 9.5（解の一意性） $f(a, y)$ が $[a, b]$ でリプシッツの条件を満たし、$b - a$ が十分小さいならば、正規形微分方程式 (9.4.2) の解は唯一つである。

(証明) 定理 9.4 から、T を縮小作用素になるとしていい。そこで、適当な定数 $0 < K < 1$ があって、$||T(y(x)) - T(z(x))|| \leq K||y(x) - z(x)||$ となる。$y(x)$, $z(x)$ を二つの解とする。積分方程式 (9.4.3) から、

$$||y(x) - z(x)|| = ||T(y(x)) - T(z(x))|| \leq K||y(x) - z(x)||$$

$0 < K < 1$ から、この不等式が成り立つのは $\|y(x) - z(x)\| = 0$ の時のみであり、それは $y(x) = z(x)$ を意味する。　□

9.4.2　解の存在

以下、ピカールの逐次近似法により、解を構成する。$f(x, y)$ はリプシッツの条件を満たすとする。

$$y_0(x) = b, \quad y_1(x) = b + \int_a^x f(t, y_0(t))\, dx$$

と置いて、順番に

$$y_{n+1}(x) = T(y_n(x)) = b + \int_a^x f(t, y_n(t))\, dt$$

と定義する。十分小さい $\delta > 0$ と定数 M を、$|x - a| < \delta$ ならば $|f(x, b)| \leq M$ となるように取る。すると、$a \leq x < a + \delta$ ならば

$$|y_1(x) - y_0(x)| = \left|\int_a^x f(t, b)\, dt\right| \leq \int_a^x M\, dt = M(x - a)$$

定理 9.6　$a \leq x < a + \delta$ ならば

$$|y_{n+1}(x) - y_n(x)| \leq ML^n \frac{(x-a)^{n+1}}{(n+1)!} < \frac{M}{L}\frac{(L\delta)^{n+1}}{(n+1)!}$$

（証明）数学的帰納法により示す。$n = 0$ の場合はすでに示した。$n - 1$ で成り立つならば、

$$\begin{aligned}|y_{n+1}(x) - y_n(x)| &\leq \int_a^x |f(t, y_n(t)) - f(t, y_{n-1}(t))|\, dt \\ &\leq \int_a^x L|y_n(t) - y_{n-1}(t)|\, dt \\ &\leq L\int_a^x ML^{n-1}\frac{(t-a)^n}{n!}\, dt \\ &= ML^n\frac{(x-a)^{n+1}}{(n+1)!} \quad □\end{aligned}$$

さて、指数関数のマクローリン展開（例 5.2 (1)）から、$\sum_{n=0}^{\infty} \frac{M}{L}\frac{(L\delta)^{n+1}}{(n+1)!}$ は収束する。定理 3.22（ワイエルシュトラスの M 判定法）により、$y_{n+1}(x) = y_0(x) + \sum_{i=0}^{n}(y_{i+1}(x) - y_i(x))$ は $y(x)$ に一様収束する。項別積分定理 3.18 より、$y(x)$ は積分方程式 (9.4.3) を満たし、方程式の解になる。定理 9.5 （解の一意性）と合わせて、次の定理を得る。

定理 9.7（コーシー-リプシッツ）　正規形微分方程式
$$\frac{d\boldsymbol{y}}{dx} = \boldsymbol{f}(x, \boldsymbol{y}), \quad 初期条件\ \boldsymbol{y}(a) = \boldsymbol{b}$$
は、$\boldsymbol{f}(x, \boldsymbol{y})$ がリプシッツの条件を満たすならば、適当な $\delta > 0$ があって、$[a, a+\delta]$ で唯一つの解を持つ。

具体的に解を構成してみよう。

例 9.8　最も簡単な正規形は、変数分離形の $\dfrac{dy}{dx} = ky$, 　初期条件 $y(a) = A$ である。すると、
$$y_0(x) = A,\ y_1(x) = A + \int_a^x kA\,dx = A + kA(x-a)$$
数学的帰納法により次の式を示す。
$$y_n(x) = A \sum_{r=0}^{n} \frac{\{k(x-a)\}^r}{r!}$$
$n = 0, 1$ の場合はは既に示した。n で成り立つと仮定すると、
$$\begin{aligned}
y_{n+1}(x) &= A + \int_a^x k y_n(t)\,dt \\
&= A + k \int_a^x A \sum_{r=0}^{n} \frac{\{k(t-a)\}^r}{r!}\,dt \\
&= A + A \sum_{r=0}^{n} k^{r+1} \int_a^x \frac{(t-a)^r}{r!}\,dt \\
&= A + A \sum_{r=0}^{n} k^{r+1} \frac{(x-a)^{r+1}}{(r+1)!} \\
&= A \sum_{r=0}^{n+1} \frac{\{k(x-a)\}^r}{r!}
\end{aligned}$$
よって、数学的帰納法により示された。指数関数のマクローリン展開から、解は
$$y(x) = \lim_{n \to \infty} A \sum_{r=0}^{n} \frac{\{k(x-a)\}^r}{r!} = Ae^{k(x-a)}$$
これは、変数分離法により解いた結果と同じである。

9.4.3 正規形線形微分方程式

$P(x) = (p_{ij}(x))$ は関数を成分とする n 次正方行列で、$d(x) = \begin{pmatrix} d_1(x) \\ \vdots \\ d_n(x) \end{pmatrix}$ は関数を成分とするベクトルとする。正規形微分方程式

(9.4.4) $$\frac{d\boldsymbol{y}(x)}{dx} = P(x)\boldsymbol{y}(x) + \boldsymbol{d}(x)$$

を**正規形線形微分方程式**と呼び、$d(x) = 0$ ならば**同次形**と呼ぶ。n 階線形微分方程式 (9.2.1) は、変換 (9.4.1) により正規形微分方程式に変換される。同次形線形微分方程式では、定理 9.1 （重ね合わせの原理）の (1), (3) が成り立つ事は明らかである。この節では、この定理の (2) を示す。まず、前節の定理 9.7 は、次の定理に拡張される。

定理 9.8 行列 $P(x)$ とベクトル $d(x)$ は開区間 (b, c) で連続とする。その時、任意の $a \in (b, c)$, $\boldsymbol{b} \in \mathbf{R}^n$ に対して、初期条件 $\boldsymbol{y}(a) = \boldsymbol{b}$ を満たす正規形線形微分方程式 (9.4.4) の解 $\boldsymbol{y}(x)$ は、(b, c) 上に唯一つ存在する。

行列 $P(x)$ は (b, c) で連続とし、同次形線形微分方程式 $\dfrac{d\boldsymbol{y}(x)}{dx} = P(x)\boldsymbol{y}(x)$ の解の集合を V とする。

定理 9.9 (1) $k \in \mathbf{R}, \boldsymbol{y}(x) \in V$ ならば $k\boldsymbol{y}(x) \in V$ である。また、$\boldsymbol{y}(x) \in V$, $\boldsymbol{z}(x) \in V$ ならば $\boldsymbol{y}(x) + \boldsymbol{z}(x) \in V$ である。

(2) V の m 個の要素（解）$\boldsymbol{y}_1(x), \boldsymbol{y}_2(x), \cdots, \boldsymbol{y}_m(x)$ が、ある点 $x = a \in (b, c)$ で 1 次独立ならば、全ての点 $x \in (b, c)$ で 1 次独立である。

（証明）(1) 微分と行列の線形性から明らかである。

(2) 対偶を取り、ある点 $x = a$ で 1 次従属ならば、全ての点 x で 1 次従属になることを示す。この時、全ては 0 でない定数 $k_1, k_2, \cdots, k_m$ があり、$\displaystyle\sum_{i=1}^{m} k_i \boldsymbol{y}_i(a) = \boldsymbol{0}$ である。ここで、$\boldsymbol{0} = (0, \cdots, 0)$ である。$\boldsymbol{y}(x) = \displaystyle\sum_{i=1}^{m} k_i \boldsymbol{y}_i(x)$ とすると、(1) から解になるが、初期条件 $\boldsymbol{y}(a) = \boldsymbol{0}$ であり、$\boldsymbol{0}$ もこの初期条件を満たす解である。上の定理 9.8 から、$\boldsymbol{y}(x) = \boldsymbol{0}$ であり、全ての $x \in (b, c)$ で 1 次従属になる。 □

$\mathbf{R}^n$ は n 次元であるから、基底 $\boldsymbol{b}_1, \boldsymbol{b}_2, \cdots, \boldsymbol{b}_n$ がある。$a \in (b, d)$ を一つ選ぶ。定理 9.8 から、初期条件 $\boldsymbol{y}_i(a) = \boldsymbol{b}_i$ を満たす解 $\boldsymbol{y}_i(x)$ が唯一つある。これらの、$\boldsymbol{y}_1(x), \boldsymbol{y}_2(x), \cdots, \boldsymbol{y}_n(x)$ は上の定理 (2) から 1 次独立である。さらに、任意の解 $\boldsymbol{y}(x) \in V$ は、$x = a$ で $\boldsymbol{b}_i$ の 1 次結合になり、定理 9.8 から、$\boldsymbol{y}_i(x)$ の 1 次結合になる。よって基

底である。V の基底を**基本解**と言う。

また、$\dfrac{d\boldsymbol{y}(x)}{dx} = P(x)\boldsymbol{y}(x) + \boldsymbol{d}(x)$ の一般解を $\boldsymbol{y}(x)$ とし、特殊解を $\boldsymbol{y}_0(x)$ とすると、$\dfrac{d(\boldsymbol{y}(x) - \boldsymbol{y}_0(x))}{dx} = P(x)(\boldsymbol{y}(x) - \boldsymbol{y}_0(x))$ となるから、同次形線型方程式の一般解を $\boldsymbol{z}(x)$ とすると、$\boldsymbol{y}(x) = \boldsymbol{y}_0(x) + \boldsymbol{z}(x)$ である。以上より次の重ね合わせの原理を得る。

定理 9.10（重ね合せの原理） 関数の行列 $P(x)$ とベクトル値関数 $\boldsymbol{d}(x)$ は開区間 (b, c) で連続とする。

(1) 同次形線形方程式 $\dfrac{d\boldsymbol{y}(x)}{dx} = P(x)\boldsymbol{y}(x)$ の解の集合 V は n 次元線形空間である。よって、基本解 $\boldsymbol{y}_1(x), \boldsymbol{y}_2(x), \cdots, \boldsymbol{y}_n(x)$ がある。

(2) 非同次形線形微分方程式 $\dfrac{d\boldsymbol{y}(x)}{dx} = P(x)\boldsymbol{y}(x) + \boldsymbol{d}(x)$ の特殊解を $\boldsymbol{y}_0(x)$ とすると、一般解は
$$\boldsymbol{y}(x) = \boldsymbol{y}_0(x) + \boldsymbol{z}(x), \ \boldsymbol{z}(x) = \sum_{i=1}^{n} k_i \boldsymbol{y}_i(x) \in V$$
である。

同次形線形方程式の n 個の解 $\boldsymbol{y}_1(x), \boldsymbol{y}_2(x), \cdots, \boldsymbol{y}_n(x)$ に対して、列ベクトルを並べた n 次行列式 $|W(x)|$ を**ロンスキー行列式**または**ロンスキアン**と言う。これは、n 個の解の組が 1 次独立かどうかを判定する量である。
$$|W(x)| = |\boldsymbol{y}_1(x), \boldsymbol{y}_2(x), \cdots, \boldsymbol{y}_n(x)|$$

n 階線形微分方程式の場合は、変換 (9.4.1) から、n 個の解 $y_1(x), y_2(x), \cdots, y_n(x)$ に対して
$$|W(x)| = \begin{vmatrix} y_1(x) & y_2(x) & \cdots & y_n(x) \\ y_1'(x) & y_2'(x) & \cdots & y_n'(x) \\ \cdots & \cdots & & \\ y_1^{(n-1)}(x) & y_2^{(n-1)}(x) & \cdots & y_n^{(n-1)}(x) \end{vmatrix}$$

定理 9.9 (2) から次を得る。

定理 9.11 ある点 $a \in (b, c)$ で $|W(a)| \neq 0$ ならば、全ての点 $x \in (b, c)$ で $|W(x)| \neq 0$ である。その時、$\boldsymbol{y}_1(x), \boldsymbol{y}_2(x), \cdots, \boldsymbol{y}_n(x)$ は 1 次独立である。

付録 A

記号表

ギリシア文字表

大文字	小文字	読み方	大文字	小文字	読み方
A	α	アルファ	N	ν	ニュー
B	β	ベータ	Ξ	ξ	クシー
Γ	γ	ガンマ	O	o	オミクロン
$\Delta, \varDelta$	δ	デルタ	Π	π, ϖ	パイ
E	ϵ, ε	エプシロン	P	ρ, ϱ	ロー
Z	ζ	ゼータ	Σ	σ, ς	シグマ
H	η	エータ	T	τ	タウ
Θ	θ, ϑ	シータ	Υ	υ	ユプシロン
I	ι	イオタ	Φ	ϕ, φ	ファイ
K	κ	カッパ	X	χ	カイ
Λ	λ	ラムダ	Ψ	ψ	プサイ
M	μ	ミュー	Ω	ω	オメガ

各章の記号

1章の記号

集合 $\{a, b, \cdots\}$ 1
　　　$\{a|\,条件\,\}$ 1
空集合 $\emptyset$ 1
含まれる $\in$ 1
含まれない $\notin$ 1
部分集合 $\subset$ 2
和集合 $\cup$ 2
共通集合 $\cap$ 2
補集合 $\overline{A}, A^c$ 2
自然数の集合 $\mathbf{N}$ 3
整数の集合 $\mathbf{Z}$ 3
有理数の集合 $\mathbf{Q}$ 3
実数の集合 $\mathbf{R}$ 3
複素数の集合 $\mathbf{C}$ 3
n 次元空間 $\mathbf{R}^n$ 3
閉区間 $[a, b]$ 3
開区間 (a, b) 3
半区間 $(a, b], [a, b)$ 3
関数 (写像) $y = f(x)$ 4
　　　　　$f : x \mapsto y$ 4
　　　　　$f : X \to Y$ 4
　　　　　$X \xrightarrow{f} Y$ 4
恒等関数 $I_X : X \to X$ 4
逆関数 f^{-1} 4
合成関数 $g \circ f$ 4
かつ $\wedge$ 7
または $\vee$ 7
任意の $\forall$ 8
適当な $\exists$ 8
ならば $\Rightarrow$ 6
同値 $\Leftrightarrow$ 7
否定 $\overline{\mathrm{P}}$ 7

2章の記号

極限値 $\displaystyle\lim_{n\to\infty} a_n$ 16
無限大 ∞ 16
(負の) 無限大に発散する
　　$\displaystyle\lim_{n\to\infty} a_n = \pm\infty$ 16
絶対値 $|x|$ 20
最大値 (最小値) $\max (\min)$ 26
上限 $\sup$ 26
下限 $\inf$ 26
自然対数の底 e 28
和の記号 $\displaystyle\sum_{i=n}^{m} a_i$ 35

3章の記号

極限値 $\displaystyle\lim_{x \to a} f(x)$ 46
片側極限値 $\displaystyle\lim_{x \to a \pm 0} f(x)$ 46

4章の記号

n 乗根 $\sqrt[n]{x}$ 59
指数関数 a^x 74
対数関数 $\log_a x$ 76
自然対数 $\log x$ 76
コサイン $\cos x$ 80
サイン $\sin x$ 80
タンジェント $\tan x$ 80
アークサイン $\mathrm{Sin}^{-1} x$ 84
アークコサイン $\mathrm{Cos}^{-1} x$ 84
アークタンジェント $\mathrm{Tan}^{-1} x$ 84

5章の記号

増分 Δx 86
微分係数 $f'(a), \left.\dfrac{dy}{dx}\right|_{x=a}$ 86

導関数 $y', \frac{dy}{dx}$ 86
$f'(x), \frac{d}{dx}f(x)$
$\dot{y}, \dot{f}(x)$
第 2 次導関数 $y'', \frac{d^2x}{dx^2}$ 86
第 n 次導関数 $y^{(n)}, \frac{d^n y}{dx^n}$ 86
$f^{(n)}(x), \left(\frac{d}{dx}\right)^n f(x)$
代入 $\frac{dy}{dx}\Big|_{x=a}$ 86

6 章の記号
不定積分 $\int f(x)\,dx$ 117
定積分 $\int_a^b f(x)\,dx$ 122
定積分の計算 $[F(x)]_a^b$ 127
過剰積分 $\overline{\int} f(x)\,dx$ 125
不足積分 $\underline{\int} f(x)\,dx$ 125
無限積分 $\int_a^\infty f(x)\,dx$ 130
$\int_{-\infty}^b f(x)\,dx$ 130
ガンマ関数 $\Gamma(s)$ 147
ラプラス変換 $L(f)$ 147

7 章の記号
近傍 $U_\epsilon(\mathrm{A})$ 161
極限 $\lim_{n\to\infty} \mathrm{P}_n$ 162
$\lim_{\mathrm{P}\to\mathrm{A}} f(\mathrm{P})$ 162
偏導関数 $\frac{\partial f}{\partial x}, z_x, f_x, \partial_x f$ 163
第 2 次偏導関数 $\frac{\partial^2 f}{\partial x^2}, f_{xx}, \frac{\partial^2 f}{\partial y \partial x}$ ... 163
全微分 $df = f_x dx + f_y dy$ 167

微分作用素 $D^i f$ 172
極値の判定 $D(x,y)$ 175

8 章の記号
重積分 $\iint_D f(x,y)\,dS$ 181
$\iint_D f(x,y)\,dxdy$ 181
累次積分 $\int_a^b dx \int_{\varphi_1(x)}^{\varphi_2(x)} f(x,y)\,dy$ .. 183
密度 $\rho(x,y)$ 190
重心 $(\overline{x}, \overline{y})$ 191
平均 μ 194
分散 $V = \sigma^2$ 194
標準偏差 σ 194
正規分布 $N(\mu, \sigma^2)$ 195

付録 B

略解

1 章の問題

問題 1.1　略,

問題 1.2 (1) (証明) 数学的帰納法により証明する。
$n = 1$ の時、証明すべき式は $(a+b)^1 = a+b$ となり、成り立つ。
n で成り立つとする。$(a+b)^n = \sum_{i=0}^{n} {}_nC_i a^{n-i} b^i$ であるから、

$$
\begin{aligned}
(a+b)^{n+1} &= (a+b)(a+b)^n = (a+b)\sum_{i=0}^{n} {}_nC_i a^{n-i} b^i \\
&= \sum_{i=0}^{n} {}_nC_i a^{n-i+1} b^i + \sum_{i=0}^{n} {}_nC_i a^{n-i} b^{i+1} \\
&= a^{n+1} b^0 + \sum_{i=1}^{n} {}_nC_i a^{n-i+1} b^i + \sum_{j=1}^{n} {}_nC_{j-1} a^{n-j+1} b^j + a^0 b^{n+1} \\
&= a^{n+1} b^0 + \sum_{i=1}^{n} \{{}_nC_i + {}_nC_{i-1}\} a^{n+1-i} b^i + a^0 b^{n+1} \\
&= \sum_{i=0}^{n+1} {}_{n+1}C_i a^{n+1-i} b^i
\end{aligned}
$$

ここで、3 行目で $j = i+1$ と置いている。よって、$i = j-1$ である。また、3 行目の 2 番目の和の j を、4 行目では新たに i と置いている。以上から、$n+1$ で証明すべき式が得られた。数学的証明法によりこの式は証明された。　□

(2) (証明) 数学的帰納法により証明する。
$n = 1$ では、$(1+a)^1 = 1+a$ である。
$n = 2$ では、$(1+a)^2 = 1+2a+a^2 > 1+2a$ より、成立。

$n \geq 2$ で成立、つまり $(1+a)^n > 1+na$ と仮定する。$0 < 1+a$ に注意して、
$$(1+a)^{n+1} = (1+a)(1+a)^n > (1+a)(1+na) = 1+(n+1)a+na^2 > 1+(n+1)a$$
よって、$n+1$ でもこの不等式は成立するから、数学的帰納法により証明された。 □

問題 1.3 略

2 章の問題

問題 2.1 （証明）　$((1) \Rightarrow (2)$ の証明）$\exists K, \forall n \in \mathbf{N}; |a_n| \leq K$ であるから、$-K \leq a_n \leq K$ となる。よって、$A = -K, B = K, N = 1$ とすれば、(2) が成立する。

$((2) \Rightarrow (1)$ の証明）$a_1, a_2, \cdots, a_N, A$ の中で最小のものを A' とし、$a_1, a_2, \cdots, a_N, B$ の中で最大のものを B' とする。すると、$\forall n \in \mathbf{N}; A' \leq a_n \leq B'$ である。$-A', B'$ で大きい方を K とすると、全ての自然数 n に対し、$-K \leq A' \leq a_n \leq B' \leq K$, $|a_n| \leq K$ となる。

問題 2.2 P を命題とし、「$n > N \Rightarrow P$」は「$\forall n > N; P$」と同じ意味で、これ否定すると、「$\exists n > N; \overline{P}$」となる事に注意する。

(1) (証明) 矛盾法による。a に収束すると仮定し、極限の定義の否定が成立する事を示す。すなわち、$\exists \epsilon > 0$ があり、どんな自然数 N をとっても、$\exists n > N$ で $|(-1)^n - a| \geq \epsilon$ となるものがある事を示す。これは矛盾であるから、仮定の収束が間違っていて、発散する。

$a = 1$ のとき、$0 < \epsilon < 2$ となる ϵ をとり、$n = 2N+1 > N$ とすると、$|(-1)^n - a| = |-1-1| = 2 > \epsilon$ となるから、収束しない。

$a \neq 1$ のとき、$|1-a| > 0$ であり、$0 < \epsilon < |1-a|$ となる ϵ がある。このとき、$\forall N \in \mathbf{N}$ に対し、$n = 2N > N$ とすると、$|(-1)^n - a| = |1-a| > \epsilon$ となるから、収束しない。 □

(2) (証明) $r > 0$ であるから、定理 2.4 (2) の証明より、任意の実数 $K > 0$ に対し $\exists N \in \mathbf{N}; n > N \Rightarrow r^n > K$ となる。これは ∞ に発散する事を意味する。 □

(3) (証明) 定義 2.1 (2) の「∞ に発散する」の定義を否定すると、「$\exists K > 0, \forall N, \exists n > N; a_n < K$」となる。そこで、$K = 1$ とすると、$r < 0$ から、$\forall N, n = 2N+1 > N; r^n < 0 < K$ となる。これは、∞ に発散しない事を意味する。

$-\infty$ に発散しない事も、同様に $K = -1, n = 2N$ とする事で示される。 □

問題 2.3 （証明） $|a|^2 = a^2$, $|a| - a = \begin{cases} 0 & (a \geq 0) \\ -a - a = 2|a| > 0 & (a < 0) \end{cases}$ に注意すると、

$(|x| + |y|)^2 - (|x+y|)^2 = |x|^2 + 2|xy| + |y|^2 - (x^2 + 2xy + y^2) = 2(|xy| - xy) \geq 0$
$(|x| + |y|) \geq 0$, $|x+y| \geq 0$ であるから、
$|x| + |y| \geq |x+y|$ (等号は $xy \geq 0$ のとき) □

問題 2.4 (1) （証明）定理 2.5 (1) より $\lim_{n \to \infty}(-b_n) = -\lim_{n \to \infty} b_n = -b > 0$ だから、

$\lim_{n \to \infty} \dfrac{a_n}{b_n} = \lim_{n \to \infty} \dfrac{(-a_n)}{(-b_n)} = \dfrac{(-a)}{(-b)} = \dfrac{a}{b}$ □

(2) 結論 $a > 0$ を否定すると、$a \leq 0$ となり、$a = 0$ のとき $0 < \epsilon < -a$ となる ϵ がとれない。

問題 2.5 （証明）a が X の下界ならば、$\forall x \in X; -a \geq -x$ であるから、$-a$ は $Y = \{-x | x \in X\}$ の上界になる。また、b が Y の上界ならば、$-b$ は X の下界になる。

上の事から、Y は上に有界になり、完全性公理から、上限 $\sup Y$ がある。さらに、$\sup Y$ は、Y の上界 b の最小値であるから、$-\sup Y$ は、X の下界 $-b$ の最大値である。よって、下限 $\inf X = -\sup Y$ であり、X の下限は存在する。   □

問題 2.6 （証明）下限 a は下界の中で最大のものであるから、$a + \epsilon > a$ より、$a + \epsilon$ は下界でない。下界の定義の否定から $a + \epsilon > x$ となる $x \in X$ がある。a は X の下界であるから、$x \geq a$ となる。   □

問題 2.7 （証明）定理 2.10 (2) で $\epsilon = \dfrac{1}{n}$ する事により、適当な $x \in X$ があり、$a \leq x < a + \dfrac{1}{n}$

よって $a_n = x$ と置くと、$\forall n \in \mathbf{N} : a \leq a_n < a + \dfrac{1}{n}$

そのとき、$\forall \epsilon > 0$ にたいして、$\dfrac{1}{\epsilon} < N$ となる $N \in \mathbf{N}$ をとると、

$N < n$ ならば、$|a_n - a| = a_n - a < \dfrac{1}{n} < \dfrac{1}{N} < \epsilon$

これは $\lim_{n \to \infty} a_n = a$ を意味する。   □

（注）定理 2.5 (6) はさみうちの原理から、$a \leq a_n < a + \dfrac{1}{n}$ より、$\lim_{n \to \infty} a_n = a$ は明らか。

問題 2.8 (証明) 絶対収束より、$\sum_{n=1}^{\infty} |a_n|$ は収束する。定理 2.15 より、

$$\forall \epsilon > 0, \exists N; n > N, m > N \Rightarrow \sum_{i=n+1}^{m} |a_i| < \epsilon$$

である。三角不等式から、$\left|\sum_{i=n+1}^{m} a_i\right| < \sum_{i=n+1}^{m} |a_i| < \epsilon$ であるから、コーシーの収束条件の定理 2.15 より、収束する。 □

問題 2.9 (証明) 定理 2.21 より、部分和 $s_n = \sum_{i=1}^{n} a_i$ が上に有界であれば良い。$A = \sum_{i=1}^{N} a_i$ と置けば、$n \leq N$ で、$s_n \leq A \leq A + K$ であり、$n > N$ で $s_n = \sum_{i=1}^{N} a_i + \sum_{i=N+1}^{n} a_i \leq A + K$ である。よって、$A + K$ が上界になり、s_n は有界である。 □

問題 2.10, 2.11 略

問題 2.12 (1) $R = \infty$ (2) $R = 1$ (3) $R = \infty$ (4) $R = \infty$
(5) $R = 1$ (6) $R = \frac{1}{2}$ (7) $R = 1$

3 章の問題

問題 3.1 $\lim_{x \to \infty} f(x) = \infty$ は「$\forall K > 0, \exists M > 0; x > M \Rightarrow f(x) > K$」
$\lim_{x \to \infty} f(x) = -\infty$ は「$\forall K > 0, \exists M > 0; x > M \Rightarrow f(x) < -K$」
$\lim_{x \to -\infty} f(x) = \infty$ は「$\forall K > 0, \exists M > 0; x < -M \Rightarrow f(x) > K$」
$\lim_{x \to -\infty} f(x) = -\infty$ は「$\forall K > 0, \exists M > 0; x < -M \Rightarrow f(x) < -K$」

問題 3.2 次のように δ を置く事で示す。(1) $\delta = \sqrt{\epsilon + 9} - 3$ (2) $\delta = \frac{\epsilon}{2}$ (3) $\delta = \frac{\sqrt{4\epsilon + 9} + 3}{2}$

問題 3.3 (2) (証明) $\epsilon > 0$ を任意の実数として、$\epsilon' = \sqrt{\epsilon + \frac{(|\alpha| + |\beta|)^2}{4}} - \frac{|\alpha| + |\beta|}{2}$ とする。すると
$\epsilon' > \sqrt{\frac{(|\alpha| + |\beta|)^2}{4}} - \frac{|\alpha| + |\beta|}{2} = 0$ であり、$\epsilon'^2 + (|\alpha| + |\beta|)\epsilon' = \epsilon$ となる。そこで、

この ϵ' に対し、定理 3.1 の注の δ を取る。$|x-a| < \delta$ ならば

$$|f(x)g(x) - \alpha\beta| = |\{f(x) - \alpha\}\{g(x) - \beta\} + \alpha\{g(x) - \beta\} + \beta\{f(x) - \alpha\}|$$
$$\leq |f(x) - \alpha||g(x) - \beta| + |\alpha||g(x) - \beta| + |\beta||f(x) - \alpha|$$
$$< \epsilon'^2 + (|\alpha| + |\beta|)\epsilon' = \epsilon$$

よって、定義より証明された。　□

(3)　(証明) $\beta < 0$ ならば、$-g(x)$ と $\dfrac{-f(x)}{-g(x)} = \dfrac{f(x)}{g(x)}$ を考える事で、$\beta > 0$ の場合に還元できる。そこで、$\beta > 0$ としていい。$\beta \neq 0$ より、$0 < c < \beta$ となる実数 c がある。c に対して、ある実数 δ_c があり、$0 < |x-a| < \delta_c$ ならば $|g(x) - \beta| < c$ となる。その時、$-c < g(x) - \beta < c$ より $0 < \beta - c < g(x)$ となる。

さて、任意の実数 $\epsilon > 0$ に対し、$\epsilon' = \dfrac{\beta(\beta - c)}{\beta + |\alpha|}\epsilon$ 　($\beta + |\alpha| \geq \beta > 0$) とし、対応する定理 3.1 の δ を取る。そこで、$\delta' = \min\{\delta, \delta_c\}$ とすると、$|x-a| < \delta'$ ならば

$$\left|\frac{f(x)}{g(x)} - \frac{\alpha}{\beta}\right| = \frac{|\beta f(x) - \alpha g(x)|}{|\beta g(x)|}$$
$$= \frac{|\beta\{f(x) - \alpha\} - \alpha\{g(x) - \beta\}|}{\beta|g(x)|}$$
$$\leq \frac{\beta|f(x) - \alpha| + |\alpha||g(x) - \beta|}{\beta|g(x)|}$$
$$< \frac{\beta\epsilon' + |\alpha|\epsilon'}{\beta(\beta - c)} = \epsilon$$

定義から証明された。　□

(4) (証明) $h(x) = g(x) - f(x)$ と置くと、(1) より、$x \in (c,d)$ で $h(x) \geq 0$ ならば $\gamma = \lim\limits_{x \to a} h(x) \geq 0$ となる事を示せばいい。矛盾法により証明する。$\gamma < 0$ と仮定する。正の実数 $\epsilon > 0$ を、$\gamma < -\epsilon < 0$, $\gamma + \epsilon < 0$ となるように取る。極限の定義より、適当な $\delta > 0$ があり、$|x-a| < \delta$ ならば、$|h(x) - \gamma| < \epsilon$ である。この不等式から、

$$-\epsilon < h(x) - \gamma < \epsilon, \quad \gamma - \epsilon < h(x) < \gamma + \epsilon < 0$$

ところが、$|x-a| < \delta$ は $a - \delta < x < a + \delta$ を意味し、$a \in (c,d) \cap (a-\delta, a+\delta)$ であるから、十分 a に近い x をとると、$x \in (c,d) \cap (a-\delta, a+\delta)$ となる。これは、$x \in (c,d)$ から $h(x) \geq 0$ を、$x \in (a-\delta, a+\delta)$ から $h(x) < 0$ を意味するから、矛盾である。　□

(5) (証明) 任意の $\epsilon > 0$ に対し、定理 3.1 の注の δ を取る。$\alpha = \beta$ に注意すると、$|x-a| < \delta$ ならば、$|f(x) - \alpha| < \epsilon$, $|g(x) - \alpha| < \epsilon$ である。よって、

$$\alpha - \epsilon < f(x) \leq h(x) \leq g(x) < \alpha + \epsilon$$

から $|h(x) - \alpha| < \epsilon$ となり、極限の定義から、これは $\lim\limits_{x \to a} h(x) = \alpha$ を意味する。　□

(6) (証明) 任意の実数 $\epsilon > 0$ に対し, 定義から適当な $\delta_3 > 0$ があって, $0 < |x-\alpha| < \delta_3$ ならば $|g(x) - \gamma| < \epsilon$ となる. さらに, この $\delta_3 > 0$ に対し適当な $\delta > 0$ があって, $|x-a| < \delta$ ならば $|f(x) - \alpha| < \delta_3$ となる. 以上から, $|x-a| < \delta$ ならば $|g(f(x)) - \gamma| < \epsilon$ となる. これは $\lim_{x \to a} g(f(x)) = \gamma$ を意味する. □

問題 3.4 略

問題 3.5 (証明) (1) 定理 3.5 から、$\lim_{n \to \infty} a_n = a$ となる全ての数列 $\{a_n\}$ に対し $\lim_{n \to \infty} f(a_n) = f(a)$, $\lim_{n \to \infty} g(a_n) = g(a)$ となる. 定理 3.1 (1) から、

$$\lim_{n \to \infty} \{sf(a_n) + tg(a_n)\} = sf(a) + tg(a)$$

定理 3.5 から、$sf(x) + tg(x)$ が $x = a$ で連続である. □
(2) 以降 略

4 章の問題

問題 4.1 (1) (証明) $a > 1$ とする. $0 < a < 1$ の時の証明も同様である. $n = -n' < m = -m'$ より, $m' < n'$ であり, 自然数に対しての不等式 (4.1.3) から, $a^{m'} < a^{n'}$ である. よって、

$$a^n = a^{-n'} = \frac{1}{a^{n'}} < \frac{1}{a^{m'}} = a^{-m'} = a^m \quad □$$

(2) (証明) $a > 1$ とする. $n = \frac{p}{q} < m = \frac{s}{t}$ から $tp < sq$ であり, 正の自然数に対しての (4.1.3) から, $a^{tp} < a^{sq}$ である. もし, $a^n \geq a^m$ と仮定すると, 正の自然数に対しての不等式 (4.1.3) から、

$$(a^n)^{tq} \geq (a^m)^{tq}, \quad a^{\frac{p}{q}tq} \geq a^{\frac{s}{t}tq}, \quad a^{tp} \geq a^{sq}$$

これは、$a^{tp} < a^{sq}$ に反するから, $a^n < a^m$ である.
$0 < a < 1$ の時は, $\frac{1}{a} > 1$ であるから, 上の $a > 1$ の場合から容易にこの不等式は得られる.
次に、$n = \frac{p}{q}$, $0 < a < b$ とすると, 正の自然数に対する (4.1.3) から, $a^p < b^p$ である. もし, $a^n \geq b^n$ ならば, 正の自然数に対する (4.1.3) から、

$$(a^n)^q \geq (b^n)^q, \quad a^{\frac{p}{q}q} \geq b^{\frac{p}{q}q}, \quad a^p \geq b^p$$

よって、矛盾するから, $a^n < b^n$ である. □

問題 4.2 略

問題 4.3 (1) 32 (2) 1024 (3) 81 (4) 1 (5) 0.25 (6) 27 (7) 16 (8) 0.04

問題 4.4 略

問題 4.5 (1) 0　(2) 1　(3) $\log_2 32 = \log_2 2^5 = 5$　(4) $\log_2 1024 = \log_2 2^{10} = 10$
(5) $\log_3 81 = \log_3 3^4 = 4$　(6) $\log_2 0.25 = \log_2 \frac{1}{4} = \log_2 2^{-2} = -2$
(7) $\log_9 27 = \frac{\log_3 27}{\log_3 9} = \frac{3}{2}$　(8) $\log_{64} 16 = \frac{\log_2 16}{\log_2 64} = \frac{4}{6} = \frac{2}{3}$
(9) $\log_{125} 0.04 = \frac{\log_5 0.04}{\log_5 125} = \frac{\log_5 \frac{1}{25}}{3} = \frac{\log_5 5^{-2}}{3} = -\frac{2}{3}$
(10) 0　(11) 1　(12) $\frac{1}{2}$　(13) $-\frac{2}{3}$

問題 4.6 (1) $30°$ (2) $45°$ (3) $60°$ (4) $\frac{\pi}{2}$ (5) $\frac{7}{6}\pi$ (6) $\frac{9}{4}\pi$ (7) $-30°$ (8) $-\frac{2}{3}\pi$

問題 4.7 $\cos\frac{\pi}{4} = \sin\frac{\pi}{4} = \frac{\sqrt{2}}{2}$, $\tan\frac{\pi}{4} = 1$, $\cos\frac{\pi}{6} = \frac{\sqrt{3}}{2}$, $\sin\frac{\pi}{6} = \frac{1}{2}$, $\tan\frac{\pi}{6} = \frac{1}{\sqrt{3}}$
$\cos\frac{\pi}{3} = \frac{1}{2}$, $\sin\frac{\pi}{3} = \frac{\sqrt{3}}{2}$, $\tan\frac{\pi}{3} = \sqrt{3}$

問題 4.8 (1) $\cos 0 = 1$, $\sin 0 = 0$, $\tan 0 = 0$　(2) $\cos\frac{\pi}{2} = 0$, $\sin\frac{\pi}{2} = 1$, $\tan\frac{\pi}{2}$ 値なし
(3) $\cos\pi = -1$, $\sin\pi = 0$, $\tan\pi = 0$
(4) $\cos\left(-\frac{\pi}{2}\right) = 0$, $\sin\left(-\frac{\pi}{2}\right) = -1$, $\tan\left(-\frac{\pi}{2}\right)$ 値なし
(5) $\cos\frac{2}{3}\pi = -\frac{1}{2}$, $\sin\frac{2}{3}\pi = \frac{\sqrt{3}}{2}$, $\tan\frac{2}{3}\pi = -\sqrt{3}$
(6) $\cos\frac{11}{6}\pi = \frac{\sqrt{3}}{2}$, $\sin\frac{11}{6}\pi = -\frac{1}{2}$, $\tan\frac{11}{6}\pi = -\frac{1}{\sqrt{3}}$
(7) $\cos\frac{29}{4}\pi = -\frac{\sqrt{2}}{2}$, $\sin\frac{29}{4}\pi = -\frac{\sqrt{2}}{2}$, $\tan\frac{29}{4}\pi = 1$
(8) $\cos\frac{32}{3}\pi = -\frac{1}{2}$, $\sin\frac{32}{3}\pi = \frac{\sqrt{3}}{2}$, $\tan\frac{32}{3}\pi = -\sqrt{3}$

問題 4.9 略

問題 4.10 (1) 3　(2) 2　(3) 9　(4) $\frac{1}{2}$

問題 4.11 (1) 0　(2) $\frac{\pi}{6}$　(3) $-\frac{\pi}{3}$　(4) $-\frac{\pi}{4}$　(5) $\frac{\pi}{2}$
(6) 0　(7) $\frac{\pi}{3}$　(8) $-\frac{\pi}{4}$　(9) $-\frac{\pi}{6}$

5 章の問題

問題 5.1 略

問題 5.2 (1) $y' = 21x^6 + 10x^4 - 4$ (2) $f'(x) = 5x^4 - 12x^2 + 3$ (3) $\frac{dy}{dx} = \frac{2x^2-2x-2}{(2x-1)^2}$
(4) $\frac{df}{dx} = 8(2x+3)^3 - 4$ (5) $y' = \frac{3x}{2\sqrt[3]{x^2+1}}$ (6) $\frac{d}{dx}f(x) = \frac{3x+4}{2(3x+2)\sqrt{3x+2}}$

問題 5.3 $(e^x)' = \lim_{h \to 0}\frac{e^{x+h}-e^x}{h} = e^x \lim_{h \to 0}\frac{e^h-1}{h} = e^x$

問題 5.4 (1) $y' = x^x(\log|x|+1)$ (2) $y' = x^{\sin x}\left(\cos x \log|x| + \frac{\sin x}{x}\right)$
(3) $y' = 6(3x-1)(2x+3)^2(5x+2)$ (4) $y' = \frac{(x+1)^2(x-5)}{(x-1)^3}$

問題 5.5 （証明）
$$(\cos x)' = \lim_{h \to 0} \frac{\cos(x+h) - \cos x}{h}$$
$$= \lim_{h \to 0} \frac{\cos x \cos h - \sin x \sin h - \cos x}{h}$$
$$= \lim_{h \to 0} \frac{\cos x(\cos h - 1) - \sin x \sin h}{h}$$
$$= \cos x \lim_{h \to 0} \frac{\cos h - 1}{h} - \sin x \lim_{h \to 0} \frac{\sin h}{h}$$
$$= \cos x \cdot 0 - \sin x \cdot 1 = -\sin x$$

問題 5.6 (1) $y' = \frac{1}{\sqrt{4-x^2}}$ (2) $y' = \frac{3}{x^2+9}$ (3) $y' = \frac{3}{\sqrt{6x-9x^2}}$ (4) $y' = \frac{2}{8x^2+20x+13}$
(5) $y' = 2\sqrt{a^2 - x^2}$ (6) $y' = \frac{2(\tan x)'}{4\tan^2 x + 1} = \frac{\frac{2}{\cos^2 x}}{4\frac{\sin^2 x}{\cos^2 x}+1} = \frac{2}{4\sin^2 x + \cos^2 x} = \frac{2}{3\sin^2 x + 1}$

問題 5.7 (1) 126.506 (2) 1.01005 (3) 0.001998 (4) 0.62373

問題 5.8 (1) $\frac{1}{2}$ (2) 1 (3) 1 (4) $\frac{1}{2}$ (5) 1 (6) 0 (7) 0 (8) e^3

問題 5.9 (1) $x = 1$ で極小値 $y = -1$, $x = -1$ で極大値 $y = 3$
(2) $x = \frac{1}{2}$ で極大値 $y = \frac{1}{2e}$ (3) $x = \frac{1}{e}$ で極小値 $y = -\frac{1}{e}$
(4) $x = \frac{\pi}{2} + 2n\pi$ で極大値 $y = 1$, $x = -\frac{\pi}{2} + 2n\pi$ で極小値 $y = -1$ $(n \in \mathbf{Z})$

6 章の問題

問題 6.1 略

問題 6.2 (1) $x^3 - \frac{3}{2}x^2 + 4x + C$ (2) $3\sqrt[3]{x^5} + \frac{1}{2x^2} + C$ (3) $\frac{x^3}{3} - 2x - \frac{1}{x} + C$
(4) $\frac{3}{2}e^{2x} + \frac{4}{3}\cos 3x + C$ (5) $3\log|x| + \frac{1}{2}\sin(2x+1) + C$
(6) $\frac{1}{3}\log|3x-2| - e^{2x+3} + C$ (7) $2\sqrt{e^x} + C$ (8) $\frac{1}{2}x - \frac{1}{4}\sin 2x + C$
(9) $-\frac{1}{x} + \frac{1}{2}\operatorname{Tan}^{-1}\frac{2}{x} + C$ (10) $\frac{3}{2}\log|2x+1| + \frac{1}{2}\log\left|\frac{x-3}{x+3}\right| + C$
(11) $\frac{2}{3}\sqrt{x^3} - \operatorname{Sin}^{-1}\frac{x}{\sqrt{2}} + C$ (12) $2\sqrt{x} + \log|x + \sqrt{x^2+2}| + C$
(13) $\frac{2}{3}\sqrt{(x+3)^3} + C$ (14) $\frac{1}{2}\left(x\sqrt{3-x^2} + 3\operatorname{Sin}^{-1}\frac{x}{\sqrt{3}}\right) + C$
(15) $\frac{1}{2}\left(x\sqrt{x^2+3} + 3\log|x+\sqrt{x^2+3}|\right) + C$

問題 6.3 (1) $-\frac{3}{2}$ (2) 2 (3) $\frac{1}{2}\log\frac{5}{3}$ (4) $\frac{1}{3}\left(e^2 - \frac{1}{e}\right)$ (5) $\frac{2+\sqrt{2}}{6}$ (6) $\frac{1}{2}\log 2$ (7) $\frac{\pi}{12}$
(8) $-\frac{1}{6}\log 2$ (9) $\frac{\pi}{6}$ (10) $\log\left(\frac{1+\sqrt{5}}{2}\right)$ (11) $\frac{1}{2} + \frac{\pi}{4}$ (12) $\frac{\sqrt{3}}{2} + \log\left(\frac{\sqrt{2}+\sqrt{6}}{2}\right)$

問題 6.4 (1) $\frac{1}{3}$ (2) $\log 2$ (3) $-\frac{1}{4}\log 3$

問題 6.5 略

問題 6.6 (1) 8 (2) 2

問題 6.7 (1) $\frac{2}{3}$ (2) $\frac{3}{16}\pi$ (3) $\frac{8}{15}$

問題 6.8 (1) $\frac{1}{2}\int_0^\pi (a\theta)^2\,d\theta = \frac{1}{2}\left[a^2\frac{\theta^3}{3}\right]_0^\pi = \frac{a^2\pi^3}{6}$

(2) $\frac{1}{2}\int_0^{\frac{\pi}{3}} a^2\sin^2 3\theta\,d\theta = \frac{1}{2}\int_0^{\frac{\pi}{3}} a^2\frac{1-\cos 6\theta}{2}\,d\theta = \frac{1}{2}\left[a^2\left(\frac{1}{2}\theta - \frac{\sin 6\theta}{12}\right)\right]_0^{\frac{\pi}{3}} = \frac{\pi a^2}{12}$

(3) $\frac{\pi a^2}{8}$ (4) $\frac{3}{2}\pi a^2$ (5) a^2 (6) $\frac{3}{2}$

問題 6.9 (1) $\frac{7}{3}\pi$ (2) $2pa^2\pi$ (3) $5\pi^2 a^3$ (4) $\frac{32}{105}\pi a^3$

7 章の問題

問題 7.1 (証明) 必要ならば、$-F(x,y)$ を新たに F とする事により、$F_y(a,b) > 0$ と仮定してよい。すると y の関数 $F(a,y)$ は $y=b$ の近くで増加関数であり、$F(a,b) = 0$ より適当な実数 $\delta_1 > 0$ があり $F(a,b-\delta_1) < 0 < F(a,b+\delta_1)$ となる。変数 x について連続であるから、定理 3.4 より、ある実数 $\delta > 0$ があって、$|x-a| < \delta$ ならば

$$F(x,b-\delta_1) < 0 < F(x,b+\delta_1)$$

その時、$|x-a| < \delta$ を満たす値 x を一つ固定すると、$F(x,y)$ は y について連続であるから、中間値の定理 3.8 より

$$F(x,y_0) = 0, \quad b-\delta_1 < y_0 < b+\delta_1$$

となる値 y_0 が存在する。各 x 毎に、この y_0 を $f(x)$ とする。その時、$y = f(x)$ は (7.2.5) を満たしている。

 F が y について強い意味で単調ならば、(7.2.5) を満たす $f(x)$ はただ一つである。さらに、任意の $x \in (a-\delta, a+\delta)$ とこの区間の数列 $\{x_n\}$ で $\lim_{n\to\infty} x_n = x$ となるものを取る。$F(x_n, f(x_n)) = 0$, $|f(x_n) - b| < \delta_1$ であるから、$\{f(x_n)\}$ は有界であり、集積点 $\overline{y}$ がある。$F(x,y)$ は連続であるから $F(x,\overline{y}) = 0$。$f(x)$ はただ一つであるので $\overline{y} = f(x)$ である。これは全ての集積点が $f(x)$ になる事を意味するから

$$\lim_{n\to\infty} f(x_n) = f(x)$$

定理 3.5 より、$y = f(x)$ は連続である。

 最後に $F(x,y)$ が (a,b) で全微分可能ならば、

$$F(a+h, b+k) - F(a,b) = hF_x(a,b) + kF_y(a,b) + \epsilon, \quad \lim_{\rho\to 0}\frac{\epsilon}{\rho} = 0 \quad \rho = \sqrt{h^2+k^2}$$

ここで、$k = f(a+h) - f(a) = f(a+h) - b$ とすると
$F(a,b) = 0$, $F(a+h, b+k) = F(a+h, f(a+h)) = 0$ となるから

$$hF_x(a,b) + \{f(a+h) - f(a)\}F_y(a,b) + \epsilon = 0,$$

$$f(a+h) - f(a) = -h\frac{F_x(a,b)}{F_y(a,b)} - \frac{\epsilon}{F_y(a,b)}$$

一方で，$\lim_{h\to 0}\dfrac{k}{h}=\lim_{h\to 0}\dfrac{f(a+h)-f(a)}{h}=f'(a)$ から，

$$\lim_{h\to 0}\dfrac{\epsilon}{h}=\lim_{h\to 0}\dfrac{\epsilon}{\rho}\dfrac{\sqrt{h^2+k^2}}{h}=\lim_{h\to 0}\dfrac{\epsilon}{\rho}\sqrt{1+\dfrac{k^2}{h^2}}=0\cdot\sqrt{1+(f'(x))^2}=0$$

よって，

$$f'(a)=\lim_{h\to 0}\dfrac{f(a+h)-f(a)}{h}=-\lim_{h\to 0}\left(\dfrac{F_x(a,b)}{F_y(a,b)}+\dfrac{1}{F_y(a,b)}\dfrac{\epsilon}{h}\right)=-\dfrac{F_x(a,b)}{F_y(a,b)} \quad\square$$

問題 7.2 (1) $(-1,2)$ で極小値 $z=-3$
(2) $(1,0)$ で極小値 $f=-2$, $(-1,0)$ で極大値 $f=2$, $(0,\pm\sqrt{3})$ は極値ではない.
(3) $(0,0)$ で極小値 $z=0$, $(0,\pm 1)$ で極大値 $z=\dfrac{2}{e}$, $(\pm 1,0)$ は極値ではない.

問題 7.3 (1) $(x,y)=(1,1),(-1,-1)$ で最大値 1,
$(x,y)=(1,-1),(-1,1)$ で最小値 -1.
(2) $(x,y)=(\sqrt{2},\sqrt{2}),(-\sqrt{2},-\sqrt{2})$ で最大値 20,
$(x,y)=(\sqrt{2},-\sqrt{2}),(-\sqrt{2},\sqrt{2})$ で最小値 -4
(3) $(x,y)=(-\sqrt{2},-\dfrac{\sqrt{2}}{2})$ で最大値 $\dfrac{\sqrt{2}}{2}$, $(x,y)=(\sqrt{2},\dfrac{\sqrt{2}}{2})$ で最小値 $-\dfrac{\sqrt{2}}{2}$

8 章の問題

問題 8.1 図略 (1) $\int_0^2\left\{\int_{\frac{y}{2}}^1 f(x,y)\,dx\right\}dy$
(2) $\int_0^2\left\{\int_{\frac{y}{3}}^{\frac{y}{2}} f(x,y)\,dx\right\}dy+\int_2^3\left\{\int_{\frac{y}{3}}^1 f(x,y)\,dx\right\}dy$
(3) $\int_0^1\left\{\int_0^x f(x,y)\,dy\right\}dx+\int_1^{\sqrt{2}}\left\{\int_0^{\sqrt{2-x^2}} f(x,y)\,dy\right\}dx$

問題 8.2 (1) $\dfrac{\pi}{8}$ (2) 2π (3) $\dfrac{a^2}{16}\pi^2$ (4) $\dfrac{2}{3}\pi$

問題 8.3 (1) $\dfrac{1}{6}abc$ (2) $\dfrac{\pi}{2}$ (3) $\dfrac{16}{3}a^3$

問題 8.4 (1) $\left(\dfrac{4a}{3\pi},\dfrac{4a}{3\pi}\right)$ (2) $\left(\dfrac{3}{8},\dfrac{3}{5}\right)$

9 章の問題

問題 9.1 略

問題 9.2 (1) $y=x^n(\sin x+C)$ (2) $y=(x+1)\left(\dfrac{x^4}{4}+C\right)$ (3) $y=\cos x+C\cos^2 x$

問題 9.3 略

問題 9.4 (1) $y=Ae^{2x}+Be^{3x}$ (2) $y=e^{-2x}(A\cos 3x+B\sin 3x)$ (3) $y=(Ax+B)e^{-2x}$
(4) $y=A\cos 3x+B\sin 3x$ (5) $y=Ae^{\sqrt{2}x}+Be^{-\sqrt{2}x}$ (6) $y=(Ax+B)e^{3x}$

問題 9.5 (1) $e^{\frac{x}{2}}\left(A\sin\dfrac{\sqrt{3}}{2}x+B\cos\dfrac{\sqrt{3}}{2}x\right)+x^2+2x$ (2) $y=Ae^{-x}+Be^{3x}-\dfrac{1}{3}e^{2x}$
(3) $y=Ae^x+Be^{-3x}+\dfrac{1}{4}xe^x$ (4) $y=(Ax+B)e^{2x}+\dfrac{1}{2}x^2e^{2x}$
(5) $y=e^{2x}(A\sin x+B\cos x)+\dfrac{1}{8}\cos x-\dfrac{1}{8}\sin x$
(6) $y=A\cos 3x+B\sin 3x-x\left(\dfrac{1}{6}\sin 3x+\dfrac{1}{3}\cos 3x\right)$

索引

1 次独立 208
1 対 1 対応 4
3 葉線 151
4 葉線 151

n 次元空間 3
n 乗根 59

アークコサイン 84
アークサイン 84
アークタンジェント 84
アルキメデスの原理 26
アルゼラの定理 68

異常積分 130
位相空間 64
一様収束 67
一様有界 68
一様連続 61
ϵ 近傍 63, 161
陰関数 170

演繹法 11

オイラーの公式 106
凹 111
　　下に— 111

カーディオイド 152
開区間 3
開集合 63, 161
開集合系 63
外点 161
開被覆 65
下界 26
各点収束 66
下限 26
過剰積分 125
かつ 7
関数 4
　　奇— 133
　　偶— 133
関数値 4
完全性公理 27
ガンマ関数 147

基本解 227

基本列 25
逆関数 4
逆三角関数 83
級数 35
境界 161
境界点 161
共通集合 2
極限
　　上— 40
　　下— 40
極限値 16
　　2 変数関数の— 162
　　片側— 46
　　関数の— 46
　　左側— 47
　　右側— 46
極座標 150
極小 110
　　2 変数の— 175
極小値 110
　　2 変数の— 175
極大 110
　　2 変数の— 175
極大値 110
　　2 変数の— 175
極値 110
　　条件付き— 178
距離 161
距離空間 63
近傍 63, 161

空集合 1

原始関数 117
減少数列 28
　　強い意味での— 28

合成関数 4
恒等関数 4
項別積分定理 68
項別微分定理 68
コーシーの一様収束条件 69
コーシーの収束条件 25
コーシーの判定法 39
コーシー-リプシッツの定理 225
コーシー列 25
コサイン 80

索引

コンパクト 65
    点列— 65

最小値 26
最大値 26
サイン 80
三角関数 80
    —の加法定理 81
    —の3倍角公式 81
    —の積和公式 81
    —の倍角公式 81
    —の半角公式 81
三角不等式 20

指数関数 74
自然対数の底 28
実例 8
写像 4
集合 1
重心 191
集積点 31
重積分 181
重積分可能 181
収束 16, 63
    関数の— 46
    級数の— 35
    点列の— 161
収束半径 41
循環論法 12
上界 26
上限 26
剰余項
    コーシーの— 103
    シュレミルヒの— 102
    ラグランジュの— 101
触点 64
振動 16

数学的帰納法 11

正規形微分方程式 222
正規分布 194
    標準— 195
正規分布曲線 195
正項級数 35
積分可能 122
積分順序の交換 183
積分定数 117
接線 86
    x 方向の— 162
    y 方向の— 162
絶対収束 35
漸近線 114
線形微分方程式
    正規形— 226
全射 4
全体集合 2
全単射 4

全微分可能 167
全微分 167
増加数列 28
    強い意味での— 28
増分 86
族 63

対偶 7
対数 76
    —の底 76
    自然— 76
    常用— 76
対数微分 94
楕円関数 155
楕円積分 155
多重積分 185
ダランベールの判定法 39
タンジェント 80
単射 4
単調 57
    強い意味で— 57
単調減少 57
    強い意味で— 57
単調増加 57
    強い意味で— 57

値域 4
稠密性 26
調和級数 37

定義域 4
定積分 122
テイラー展開 103
テイラーの定理 101
デカルトの葉線 152
適当 8
展開公式 139
導関数 86
    第1次— 86
    第2次— 86
    第n次— 86
同値 7
等比級数 36
等比数列 19
凸 111
    —関数 111
    下に— 111

内点 63, 161
内部 63
長さ 154
ならば 6

ニュートンの冷却法則 205
任意 8

245

媒介変数	89
ハイネ-ボレルの定理	66
ハイネの定理	61
はさみうちの原理	21
発散	16
級数の ―	35
半区間	3
半減期	204
反例	8
ピカールの逐次近似法	224
必要十分条件	7
非同次項	207
微分可能	86
微分係数	86
微分する	86
微分方程式	199
―の一般解	199
―の解	199
―の初期条件	199
―の特異解	199
―の特殊解	199
常―	199
線形―	207
定数係数線形―	207
同次形線形―	207
非同形次線形―	207
偏―	199
変数分離形―	200
標準偏差	194
不足積分	125
不定形	108
不定積分	117
部分集合	2
部分数列	31
部分積分	142
部分分数分解	138
部分和	35
分散	194
平均	194
平均値の定理	
2変数の―	167
コーシーの―	99
ラグランジュの―	98
閉区間	3
閉集合	63, 161
閉集合系	63
閉包	64
閉領域	161
べき級数	40
ベルンシュタインの多項式	70
変曲点	111
ベン図	2
変数値	4
偏導関数	163
偏微分係数	163

補集合	2
補助方程式	215
ボルツァノ-ワイエルシュトラスの定理	66
マクローリン展開	103
または	7
密度	190
未定係数法	178
無限積分	130
無限大	16
矛盾法	11
命題	6
命題関数	6
モーメント	191
ヤコビアン	170
ヤコブ行列	169
ヤコブ行列式	170
有界	18, 26, 65
上に ―	26
下に ―	26
平面上の点の集合が―	161
有限交叉性	65
有限部分開被覆	65
有理関数	137
要素	1
ライプニッツの公式	89
ラグランジュの乗数	178
ラジアン	79
螺旋	151
ラプラス変換	147
リプシッツの条件	223
領域	161
累次積分	183
レムニスケート	152
連続	52
2変数関数の―	162
ロールの定理	99
ロンスキアン	227
ロンスキー行列式	227
ワイエルシュトラスの M 判定法	70
ワイエルシュトラスの多項式近似定理	70
ワイエルシュトラスの集積点定理	32
和集合	2

著者紹介：

疋田瑞穂（ひきだ・みずほ）
 1976 年 東京工業大学工学部電気化学科卒業
 1982 年 広島大学大学院理学研究科博士課程後期数学専攻　単位取得退学
 現　在 県立広島大学生命環境学部教授

基礎と実践
大学新入生のための微分積分

2015 年 2 月 18 日   初版 1 刷発行

著　者	疋田瑞穂
発行者	富田　淳
発行所	株式会社　現代数学社

〒 606-8425 京都市左京区鹿ヶ谷西寺ノ前町 1
TEL 075 (751) 0727 FAX 075 (744) 0906
http://www.gensu.co.jp/

検印省略

© Mizuho Hikida, 2015
Printed in Japan

印刷・製本 亜細亜印刷株式会社
カバー絵 山本大也【作品名：栗と銀杏の
         フィセル (Sammy Pooh!!)】
装　丁 Espace／espace3@me.com

ISBN 978-4-7687-0442-4   落丁・乱丁はお取替え致します。